典藏版 / 16

数林外传 系列
跟大学名师学中学数学

直线形

毛鸿翔　古成厚
章士藻　赵遂之　编著

U0190041

中国科学技术大学出版社

内 容 简 介

本书共分平面上点和直线的相关位置、三角形、四边形、合同变换、相似形和相似变换六个部分,较系统地介绍了有关直线形的性质以及平面图形中两种初等变换的知识.为了便于读者阅读,文字叙述比较详细,内容由浅入深,由易到难,循序渐进,习题、总复习题附有答案或必要的提示.

本书主要供中学生学习使用,也可供中学数学教师参考.

图书在版编目(CIP)数据

直线形/毛鸿翔,古成厚,章士藻等编著. —合肥:中国科学技术大学出版社,2020.5
(数林外传系列:跟大学名师学中学数学)
ISBN 978-7-312-04870-8

Ⅰ.直⋯　Ⅱ.①毛⋯　②古⋯　③章⋯　Ⅲ.直线形—青少年读物
Ⅳ.O123.3-49

中国版本图书馆 CIP 数据核字(2020)第 019903 号

出版	中国科学技术大学出版社 安徽省合肥市金寨路 96 号,230026 http://press.ustc.edu.cn https://zgkxjsdxcbs.tmall.com
印刷	安徽省瑞隆印务有限公司
发行	中国科学技术大学出版社
经销	全国新华书店
开本	880 mm×1230 mm　1/32
印张	9
字数	217 千
版次	2020 年 5 月第 1 版
印次	2020 年 5 月第 1 次印刷
定价	35.00 元

目　　录

第 1 章 平面上点和直线的相关位置

1.1 几何论证的依据

几何学的逻辑性非常明显,每遇到一个新的概念,都要给出它的定义;每证明一个新的定理,都要说明它的理由.但追溯上去,一定有一些概念是不能再下定义的,一定有一些理由是不能再去证明的,这就是说,必须有一组公理体系作为几何论证的依据.古希腊的欧几里得(Euclid,约公元前 330—公元前 275)早已注意到这个问题,但是他提出的公理体系不够完整.现代公理体系是德国的希尔伯特(Hilbert,1862—1943)奠定的.在希尔伯特的公理体系中,点、直线、平面是没有定义的;点在直线上和点在平面上、一点介于另两点之间、两线段相等和两角相等也是没有定义的.希尔伯特关于线段的定义也和一般书籍略有不同.他把线段 AB 定义为一对点 A 和 B,不过介于 A 和 B 之间的点仍旧叫做线段 AB 上的点.希尔伯特关于射线的定义是:直线 a 上,点 O 的同侧的点的全体,叫做从点 O 起的一条射线.不过他对于“同侧”一词是先给出了定义的,而一般书籍上则省略掉了.

希尔伯特提出了五类共计 20 条公理.

Ⅰ 结合公理

公理Ⅰ₁ 通过不同两点的直线必存在.

公理Ⅰ₂ 通过不同两点的直线至多有一条.

公理Ⅰ₃ 在每一直线上至少有两点,至少有三点不同在一直线上.

公理 I₄　通过不同在一直线上的三点的平面必存在. 在每一平面上至少有一点.

公理 I₅　通过不同在一直线上的三点的平面至多有一个.

公理 I₆　若一直线有不同的两点在某平面上, 则该直线全在这平面上.

公理 I₇　若两平面有一公共点, 则它们至少还有另一公共点.

公理 I₈　至少有四点不在同一平面上.

II　顺序公理

公理 II₁　若点 B 介于 A、C 两点之间, 则 A、B、C 是一直线上的三个不同的点, 并且 B 也介于 C、A 之间.

公理 II₂　对于任何不同的 A、B 两点, 在直线 AB 上至少有一点 C, 使得 B 介于 A、C 之间.

公理 II₃　在一直线上任何不同的三点中, 至多有一点介于其余两点之间.

公理 II₄ (帕施(Pasch)公理)　设 A、B、C 是不同在一直线上的三点, a 是平面 ABC 上的一直线, 它不通过 A、B、C 中任何一点. 若 a 有一点介于 A、B 之间, 则 a 必还有一点介于 A、C 或 B、C 之间.

III　合同公理

公理 III₁　设 AB 是给定的线段, $A'X'$ 是自点 A' 发出的一条射线, 则 $A'X'$ 上必有一点 B', 使得线段 $AB = A'B'$. 对于每条线段 AB, 都有 $AB = BA$.

公理 III₂　如果线段 $A'B' = AB$, 且 $A''B'' = AB$, 则 $A'B' = A''B''$.

公理 III₃　设点 B 介于 A、C 两点之间, 点 B' 介于 A'、C' 两点之

间,若线段 $AB = A'B'$,且线段 $BC = B'C'$,则线段 $AC = A'C'$.

公理Ⅲ₄ 设 $\angle XOY$ 是给定的一个非平角的角,$O'X'$ 是自点 O' 发出的一条射线,λ' 是自 $O'X'$ 所在直线伸出的一个半平面,则在 λ' 上必有且仅有一条自点 O' 发出的射线 $O'Y'$,使得 $\angle XOY = \angle X'O'Y'$.对于每个角 $\angle XOY$,都有 $\angle XOY = \angle XOY$ 和 $\angle XOY = \angle YOX$.

公理Ⅲ₅ 设 A、B、C 是不在同一直线上的三点,A'、B'、C' 也是不在同一直线上的三点.若线段 $AB = A'B'$,$AC = A'C'$,且 $\angle BAC = \angle B'A'C'$,则 $\angle ABC = \angle A'B'C'$.

Ⅳ 平行公理

公理Ⅳ 通过不在已知直线上的一点至多可引一条直线与已知直线平行.

Ⅴ 连续公理

公理Ⅴ₁(阿基米德(Archimedes)公理) 设 AB 和 CD 是两条给定的线段,且 $AB > CD$,则必定存在一个正整数 m,使 $m \cdot CD \leqslant AB < (m+1)CD$.

公理Ⅴ₂(康托尔(Cantor)公理) 设在直线 a 上给定无限多条线段 $A_iB_i(i = 1, 2, 3, \cdots)$,其中线段 $A_{i+1}B_{i+1}$ 的点全属于 A_iB_i.假如给定无论怎样小的线段 PQ,在这一系列线段 A_iB_i 中,总有线段 $A_kB_k < PQ$,那么在直线 a 上有且仅有一点 C 属于 A_iB_i 中的每条线段或者是其中某些线段的端点.①

根据希尔伯特所奠定的这一组公理体系,就可以推出下面的一

---

① 希尔伯特的最后一条公理与此不同,他把它叫做完备公理,但是完备公理的内容太抽象,后人都改用与它等效的康托尔公理来代替.

些定理:

定理 1.1 直线上任意两点之间至少还有一点存在.

定理 1.2 两条不同直线至多有一个公共点.

定理 1.3 一条线段必有且仅有一个中点.

定理 1.4 一个角必有且仅有一条角平分线.

定理 1.5 如果 A、B 两点在直线 l 的两侧,则线段 AB 和直线 l 必有公共点.

由此继续推导下去,就可以得到几何学的全部定理,但是推导过程异常繁冗.怎样推导是"几何基础"这一门学科的任务,不在本书的范围.

值得注意的是:希尔伯特没有把"图形可以移动到任何位置而不改变其形状和大小"作为一条公理,而一般几何书籍则把这个命题作为公理来用,有的书籍把这个命题叫做"运动公理".由于公理 III_1 已保证线段可以移置,公理 III_4 已保证角可以移置,所以图形的移置仍旧是可能的.

1.2 平面上点、直线的位置关系

平面上两点的位置关系只有两种:重合和不重合(不同).平面上点和直线的位置关系也只有两种:点在直线上和点不在直线上(点在直线外).平面上两直线的关系有三种:(1) 两直线没有公共点,这时我们说两直线平行;(2) 两直线有一个公共点,这时我们说两直线相交;(3) 两直线有两个公共点,这时,根据公理 I_2,这两直线就成为一条直线,因而有无穷多个公共点,我们就说这两直线重合.

1.3　距　离　和　角

为了研究点与点、点与直线、直线与直线的位置关系的进一步划分,现引入距离和角的概念.

1. 距离

设 A_i 是图形 F_A 的点,B_i 是图形 F_B 的点,那么图形 F_A 和图形 F_B 的距离就是指一切线段 A_iB_i 中最短的一条.

由此可以知道,两点间的距离就是连接这两点的线段.

2. 角

从一点 O 引出两条射线 OA、OB,这样得到的图形叫做角,OA 和 OB 叫做角的边. 或者说,一条射线绕着它的端点 O 由初始位置 OA 旋转到终止位置 OB,这样得到的图形叫做角,OA 叫做角的始边,OB 叫做角的终边.

如果一个角的终边和始边重合,那么这个角叫做周角;如果一个角的始边和终边在一直线上,且方向相反,那么这个角叫做平角. 如果两个角有公共的顶点和一条边,并且它们位于公共边的两侧,那么这两个角叫做邻角. 如果两个角有一边公共,而它们的另一边互为反向延长线,那么这两个角互为邻补角;如果两个角的两边都互为反向延长线,那么这两个角互为对顶角. 如果一个角等于它的邻补角,那么这个角叫做直角. 小于直角的角叫做锐角,大于直角而小于平角的角叫做钝角. 如果两个角的和等于一个平角,那么这两个角互为补角;如果两个角的和等于一个直角,那么这两个角互为余角.

习惯上,将一个周角记为 $360°$,$1°$ 分为 $60'$,$1'$ 分为 $60''$. 因此平角是 $180°$,直角是 $90°$. 平角常用 π 表示.

1.4　两相交直线

1. 两相交直线的性质

两条直线 AB 和 CD 相交于点 O,就形成了两组对顶角(图 1.1).因为同角的邻补角相等,所以 $\angle AOC = \angle BOD$,$\angle AOD = \angle BOC$,因此有:

定理 1.6　对顶角相等.

2. 垂线

(1) 垂线的定义

两条直线相交,所成四个角中如有一个是直角,则另外三个角也都是直角.这时,我们就说这两条直线互相垂直,交点叫做垂直足或垂足(图 1.2).垂直用符号"⊥"表示,直线 AB 和 CD 垂直记为 $AB \perp CD$ 或 $CD \perp AB$.

如果一条线段的垂线通过该线段的中点,那么这条直线就叫做该线段的垂直平分线.

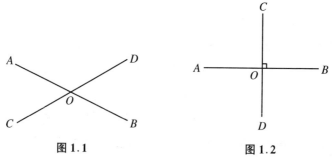

图 1.1　　　　　　　　　图 1.2

如果相交的两条直线不互相垂直,那么其中的一条直线就叫做另一条的斜线,交点叫做斜线足或斜足.

（2）垂线的性质

定理 1.7 过一点必有且仅有一条垂线垂直于已知直线.

证明 下面分两种情形来讨论：

① 点在直线上.

设 O 为直线 AB 上的一点,则点 O 将直线 AB 分成两条射线,从而构成一个平角 $\angle AOB$.设 $\angle AOB$ 的平分线是 OD,那么 OD 为 AB 的垂线(图 1.2).

因为一个角必有且只有一条平分线,所以过点 O 必有且只有一条直线和 AB 垂直.

② 点在直线外.

设 M 为直线 AB 外的一点,由公理 I_3 知,AB 上至少有两点,设其一为 D.由公理 III_4 知,必有一条射线 DN 存在,它和 DM 在 AB 的两侧,并且 $\angle BDM = \angle BDN$.由公理 III_1 知,射线 DN 上必有一点 M' 存在,使 $DM = DM'$.连 MM',由定理 1.5 知,MM' 必与 AB 相交于一

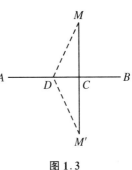

图 1.3

点 C.再由公理 III_5 知,因为 $DM = DM'$,$DC = DC$,$\angle CDM = \angle CDM'$,所以 $\angle DCM = \angle DCM'$.这就证明了 $\angle DCM$ 等于它的邻补角,所以 $MM' \perp AB$(图 1.3).

其次,设 E 为直线 AB 上除 C 以外的任一点,由定理 1.2 可知,E 不是直线 MM' 和直线 AB 的交点,所以 EM 和 EM' 不互为反向延长线,因此 $\angle BEM$ 与 $\angle BEM'$ 不互为邻补角,所以 ME 不是 AB 的垂线.证毕.

这个定理也可以通过将平面绕 AB 翻转 $180°$ 来证明,请读者自行研究.

1.5　三　线　八　角

两条直线 *AB*、*CD* 都和第三条直线 *EF* 相交,构成 8 个角(图1.4 中用数字表示).依照这些角的位置关系,它们有如下的名称:

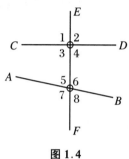

图 1.4

∠1 和∠5(同在左上方)、∠2 和∠6(同在右上方)、∠3 和∠7 (同在左下方)、∠4 和∠8(同在右下方)叫做同位角.∠3 和∠6(同在 内部,一在左下方,另一在右上方)、∠4 和∠5(同在内部,一在右下 方,另一在左上方)叫做内错角.∠3 和∠5(同在左方内部)、∠4 和 ∠6(同在右方内部)叫做同旁内角.∠1 和∠7(同在左方外部)、∠2 和∠8(同在右方外部)叫做同旁外角.∠1 和∠8(同在外部,一在左 上方,另一在右下方)、∠2 和∠7(同在外部,一在右上方,另一在左 下方)叫做外错角.

有了三线八角的概念,就可以讨论在什么条件下两条直线平行, 在什么条件下两条直线相交了.

1.6 两平行直线

1. 平行线

定理 1.8 在同一平面上,垂直于同一直线的两条直线平行.

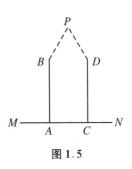

图 1.5

证明 如果 AB 和 CD 不平行,设它们相交于一点 P,那么 $PA \perp MN$,$PC \perp MN$(图 1.5).这样过点 P 就有两条直线和 MN 垂直,这与过直线外一点只能有一条直线和已知直线垂直相矛盾.所以 AB 和 CD 不能相交.这就是说,必有 $AB /\!/ CD$.

2. 平行线的唯一性

公理Ⅳ指出,过已知直线外一点至多有一条直线与已知直线平行.这是英国数学家普莱费尔(Playfair,1748—1819)首先提出来代替欧几里得的第五公设的.欧几里得的《几何原本》的第五公设是:如果两条直线和第三条直线相交,并且某一侧的一对同旁内角的和小于两直角,这两条直线一定在这一侧相交.后来许多数学家曾经企图用其他公理来证明这个命题,这种企图延续了两千年以上,但都没有成功.直到 19 世纪初期,才由俄国的罗巴切夫斯基(Лобачевский,1792—1856)、匈牙利的波尔约(Bolyai,1802—1860)和德国的高斯(Gauss,1777—1855)各自独立发现:这个命题不能由其他公理推导出来.但是高斯始终没有敢公布他的发现,而罗巴切夫斯基和波尔约则先后于 1829 年和 1832 年发表了他们的结果,创立了一种新的几何学.因为这种几何学不同于欧几里得的几何学,所以习惯上叫做非欧几何学.后来,高斯的学生黎曼(Riemann,1826—1866)于 1854 年又创立了一种非欧几何学.德国数学家克莱因(Klein,1849—1925)把罗巴切夫斯基和波尔约创立的几何学叫做双曲线几何学,把黎曼创立的几何学叫做椭圆几何学,而把欧几里得的几何学叫做抛物线几何学.

3. 平行线的判定定理

定理 1.9　两条直线都和第三条直线相交,若内错角相等,则两直线平行.

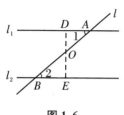

图 1.6

证明　如图 1.6 所示,设直线 l_1 和 l_2 与直线 l 分别相交于 A、B,且内错角 $\angle 1 = \angle 2$.取线段 AB 的中点 O,过点 O 作 l_1 的垂线 OD,交 l_1 于 D,交 l_2 于 E.将图形 OAD 绕点 O 旋转 $180°$ 放置到图形 OBE 上,因为 $OA = OB$,所以点 A 和点 B 重合.因为 $\angle 1 = \angle 2$,所以射线 AD 和射线 BE 重合.又因为 $\angle AOD = \angle BOE$,所以射线 OD 和射线 OE 重合.因此点 D 和点 E 重合.这样,$\angle ADO$ 和 $\angle BEO$ 完全重合.由于 $\angle ADO = 90°$,因此 $\angle BEO = 90°$,所以 $OE \perp l_2$.因为垂直于同一直线的两条直线平行,所以 $l_1 /\!/ l_2$.

推论 1　两条直线都和第三条直线相交,若同位角相等(或外错角相等),则两直线平行.

推论 2　两条直线都和第三条直线相交,若同旁内角(或同旁外角)互补,则两直线平行.

这个定理与平行公理无关.这个定理不用旋转的方法(不用运动公理)也可以证明,只需先证明"三角形的外角大于它的不相邻的内角".因为如果 l_1 和 l_2 相交,那么就和 AB 形成三角形,这时 $\angle 1$ 和 $\angle 2$ 必有一个是三角形的内角,另一个是不相邻的外角,因此不是 $\angle 1 > \angle 2$,就是 $\angle 2 > \angle 1$,这就导致矛盾.

4. 平行线的性质定理

定理 1.10　如果两条平行直线被第三条直线所截,那么:

(1) 内错角相等;

(2) 外错角相等;

(3) 同位角相等;

(4) 同旁内角互补;

(5) 同旁外角互补.

证明　(1) 设直线 $AB /\!/ CD$,并与直线 EF 分别交于 G、H(图 1.7).如果内错角 $\angle AGH \neq \angle GHD$,可设 $\angle AGH > \angle GHD$,那么由公理Ⅲ$_4$ 知,过点 G 必有一条直线 KL,能使 $\angle KGH = \angle GHD$.由定理 1.9,得 $KL /\!/ CD$,这与平行公理矛盾.同理,如果 $\angle AGH < \angle GHD$,也会与平行公理矛盾.所以 $\angle AGH = \angle GHD$.

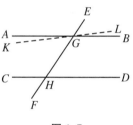

图 1.7

(2)—(5)同理可证.

推论 1　垂直于两平行直线中的一条的直线必垂直于另一条.

推论 2　平行于同一条直线的两条直线平行.

平行线的性质定理是由平行公理推导而得到的.在双曲线几何里,平行线就没有这些性质;而在椭圆几何里,平行线根本不存在.

1.7　平面上三直线的位置关系

1. 两直线相交的判定

定理 1.11　如果两条直线都和第三条直线相交,并且一对同旁内角的和小于两直角,则这两条直线相交.

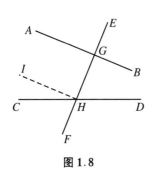

图 1.8

证明　设直线 EF 与直线 AB、CD 分别交于 G、H(图 1.8),且 $\angle BGH + \angle DHG < 180°$. 因为 $\angle BGH + \angle DHG < 180°$,$\angle DHG + \angle CHG = 180°$,所以 $\angle BGH < \angle CHG$. 以 H 为顶点,HG 为边在 $\angle CHG$ 内作 $\angle IHG = \angle BGH$,则 HI 落在 $\angle CHG$ 内. 因为 $\angle IHG = \angle BGH$,所以 $IH \parallel AB$. 但过点 H 只能作一条直线和 AB 平行,所以 CD 与 AB 必相交.

这一命题是欧几里得第五公设,它是平行公理的等价命题.

推论 1　两条直线与第三条直线相交,若内错角不等,或同位角不等,则两直线相交.

推论 2　如果一条直线和两条平行线中的一条相交,则必定也和另一条相交.

2. 平面上三直线的位置关系

根据以上讨论,我们得到三直线的位置关系有以下四种情形(图 1.9):

(1) 三直线共点;

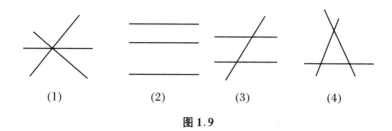

图 1.9

（2）三直线两两平行；

（3）一直线与两平行直线分别相交；

（4）三直线两两相交.

1.8　对应边互相平行或垂直的两角

定理 1.12　如果两个角的对应边互相平行：（1）若平行方向都相同或都相反，则这两个角相等；（2）若一组边平行方向相同，另一组边平行方向相反，则这两个角互补.

证明　（1）如图 1.10 所示，设在 $\angle AOB$ 与 $\angle CO'D$ 中，$OA /\!/ O'C$，$OB /\!/ O'D$，且平行方向相同. 由定理 1.11 的推论知，直线 DO' 必与直线 OA 相交于一点 F. 由定理 1.10 的（3），可得 $\angle AOB = \angle AFD = \angle CO'D$. $\angle AOB = \angle EO'F$ 的证明留给读者.

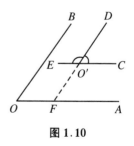

图 1.10

（2）设在 $\angle AOB$ 与 $\angle DO'E$ 中，$OA /\!/ EO'$，$OB /\!/ O'D$，则 $\angle DO'E$ 是 $\angle CO'D$ 的邻补角，由（1）知 $\angle AOB = \angle CO'D$，所以 $\angle DO'E + \angle AOB = 180°$.

定理 1.13　如果两个角的对应边互相垂直,并且从同一旋转方向(例如从逆时针方向)来说:(1) 第一个角的始边垂直于第二个角的始边,第一个角的终边垂直于第二个角的终边,那么这两个角相等;(2) 第一个角的始边垂直于第二个角的终边,第一个角的终边垂直于第二个角的始边,那么这两个角互补.

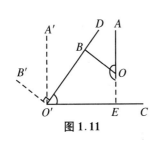

图 1.11

证明　(1) 设 $\angle AOB$ 与 $\angle CO'D$ 的旋转方向相同,$OA \perp O'C$,$OB \perp O'D$ (图 1.11).过 O' 作 $O'A' /\!/ OA$,$O'B' /\!/ OB$,并使它们的平行方向相同.由定理 1.12 知,$\angle AOB = \angle A'O'B'$.但 $\angle A'O'B'$ 和 $\angle CO'D$ 都是 $\angle DO'A'$ 的余角,所以 $\angle A'O'B' = \angle CO'D$,故 $\angle AOB = \angle CO'D$.

(2) 设 $\angle BOE$ 与 $\angle CO'D$ 的旋转方向相同,而 $OB \perp O'D$,$OE \perp O'C$,则 $\angle BOE$ 是 $\angle AOB$ 的邻补角.由(1)知 $\angle AOB = \angle CO'D$,所以 $\angle BOE + \angle CO'D = 180°$.

习　题　1

1. 如图,M 为线段 AB 的中点,C 为线段 AB 上的一点,求证:$CM = \dfrac{1}{2}(CB - CA)$.

$$A \overset{C \quad\ M}{\rule{4cm}{0.4pt}} B$$

第 1 题图

2. 如图,M 为线段 AB 的中点,C 为 AB 延长线上的一点,求证:$CM = \dfrac{1}{2}(CA + CB)$.

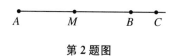

第2题图

3. 如图,OM 为 $\angle AOB$ 的平分线,射线 OC 在 $\angle AOB$ 内,求证:

$\angle COM = \dfrac{1}{2}(\angle AOC - \angle BOC)$.

4. 证明:对顶角的平分线互为反向延长线.

5. 证明:邻补角的平分线互相垂直.

6. 如图,直线 l 和两条平行线 AB、CD 分别相交于 E、F,$\angle CFE$ 和 $\angle BEF$ 是内错角.证明:这两个角的平分线互相平行.

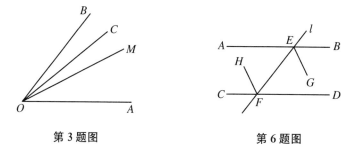

第3题图　　　　　　　　　　**第6题图**

7. 如图,已知 $AB /\!/ CD$,$\angle D = 43^\circ$,$\angle B = 39^\circ$,求 $\angle DEB$.

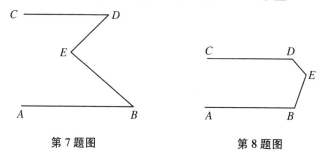

第7题图　　　　　　　　　　**第8题图**

8. 如图,已知 $AB /\!/ CD$,$\angle D = 130^\circ$,$\angle B = 110^\circ$,求 $\angle DEB$.

9. 如图,已知 $AD \parallel BC$, AD 平分 $\angle EAC$,求证: $\angle B = \angle C$.

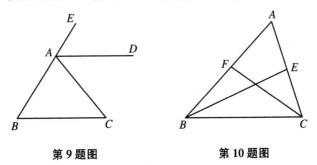

第 9 题图   第 10 题图

10. 如图,在 $\triangle ABC$ 中, BE 为 $\angle B$ 的平分线, CF 为 $\angle C$ 的平分线,求证: BE 与 CF 必定相交.

11. 如图,已知 $AC \perp BC$, $CD \perp AB$. 求证: $\angle A = \angle BCD$, $\angle B = \angle ACD$.

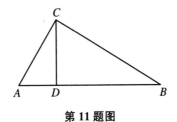

第 11 题图

第2章 三 角 形

2.1 三角形及其有关概念

三角形是经常遇到的一种图形,很多几何问题都可以化为有关三角形的问题.

三角形常用表示它的三个顶点的字母来表示,记为△ABC.每个三角形有三条边 BC、CA、AB 和三个内角∠A、∠B、∠C,称为三角形的元素.有时也用小写字母 a、b、c 分别表示△ABC 的三条边 BC、CA、AB.∠A、∠B、∠C 分别叫做边 BC、CA、AB 的对角,而 BC、CA、AB 分别叫做∠A、∠B、∠C 的对边.∠A、∠B、∠C 的邻补角叫做△ABC 的外角.在三角形中,任何一边都可以叫做底边,底边的对角叫做顶角,底边上的角叫做底角.

1. 三角形的分类

按照各边的相等与不等的关系,三角形可以分为两类:三边都不等的叫做不等边三角形(图 2.1);三边中至少有两边相等的叫做等腰三角形(图 2.2).

在等腰三角形中,相等的两边叫做腰,另一边叫做底,底所对的角叫做顶角.底和腰相等的等腰三角形(图 2.2

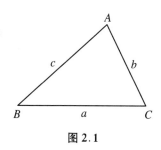

图 2.1

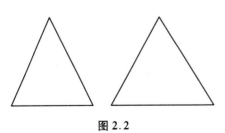

图 2.2

右)叫做等边三角形或正三角形.

按照角的大小,三角形可以分为三类:三个角都是锐角的叫做锐角三角形;有一个角是直角的叫做直角三角形;有一个角是钝角的叫做钝角三角形.

在直角三角形中,直角的两条边叫做直角边,直角的对边叫做斜边.

2. 三角形中主要的线

三角形一个角的平分线和对边相交,角的顶点和交点间的线段叫做三角形的角平分线.连接三角形一个顶点和它的对边中点的线段叫做三角形的中线.从三角形的一个顶点向它的对边或对边的延长线引垂线,顶点和垂足间的线段叫做三角形的高(三角形的高有时也指它所在的直线).每一个三角形都有三条角平分线、三条中线和三条高.三角形的角平分线、中线都在三角形的内部.锐角三角形的三条高都在形内.直角三角形斜边上的高在形内,而两直角边中任何一条直角边上的高就是另一条直角边.钝角三角形钝角对边上的高在形内,另两条边上的高在形外(图 2.3).

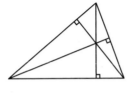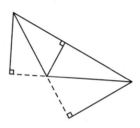

图 2.3

另外,通过三角形每一条边的中点而垂直于这条边的直线叫做这条边的垂直平分线或中垂线.

2.2 三角形的全等

1. 全等三角形

如果一个三角形的六个元素和另一个三角形的六个元素对应相等,我们就说这两个三角形全等.全等用"≌"符号表示.

推论 全等三角形的对应元素相等.

2. 全等三角形的判定定理

定理 2.1(三角形全等的判定定理 I) 如果两个三角形中有两边和它们所夹的角对应相等,则这两个三角形全等(应用本定理时,简记为 SAS).

证明 在 $\triangle ABC$ 与 $\triangle DEF$ 中,设 $AB = DE$,$AC = DF$,$\angle BAC = \angle EDF$(图 2.4).由公理 III_5,可得 $\angle ABC = \angle DEF$ 及 $\angle ACB = \angle DFE$. 现在还要证明 $BC = EF$.

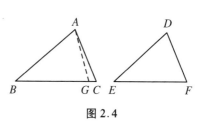

图 2.4

假设 $BC \neq EF$,由公理 III_1 知在射线 BC 上必有一点 G,使 $BG = EF$. 在 $\triangle ABG$ 与 $\triangle DEF$ 中,有 $AB = DE$,$BG = EF$,$\angle ABG = \angle DEF$,再由公理 III_5 知,应有 $\angle BAG = \angle EDF$. 所以 $\angle BAG = \angle BAC$,这和公理 III_4 相矛盾.因此 $BC \neq EF$ 是不可能的.所以 $BC = EF$. 这就证明了 $\triangle ABC \cong \triangle DEF$.

定理 2.2(三角形全等的判定定理 II) 如果两个三角形中有两

个角和它们所夹的边对应相等,则这两个三角形全等(应用本定理时,简记为 ASA).

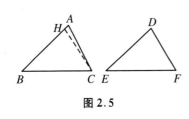

图 2.5

证明　在 $\triangle ABC$ 与 $\triangle DEF$ 中,设 $\angle ABC = \angle DEF$, $\angle ACB = \angle DFE$, $BC = EF$(图 2.5).现在要证明 $AB = DE$.

假设 $AB \neq DE$,由公理Ⅲ$_1$ 知,在射线 BA 上必有一点 H,使 $HB = DE$.在 $\triangle HBC$ 与 $\triangle DEF$ 中,有 $HB = DE$, $BC = EF$, $\angle HBC = \angle DEF$,由公理Ⅲ$_5$ 知 $\angle HCB = \angle DFE$.所以 $\angle HCB = \angle ACB$,这和公理Ⅲ$_4$ 相矛盾.因此 $AB \neq DE$ 是不可能的.于是 $AB = DE$,再由定理 2.1,即得 $\triangle ABC \cong \triangle DEF$.

以上两个定理在一般课本上都是用"叠合法"来证明的.本书的证法充分说明希尔伯特的公理体系是可以避免图形的运动的.

定理 2.3(三角形全等的判定定理Ⅲ)　如果两个三角形中有三边对应相等,则这两个三角形全等(应用本定理时,简记为 SSS).

证明　在 $\triangle ABC$ 与 $\triangle DEF$ 中,设 $AB = DE$, $BC = EF$, $CA = FD$,并设 BC 和 EF 是最大边.由公理Ⅲ$_4$ 知,必有射线 BL 使 $\angle LBC = \angle DEF$,且 BL 与 BA 分在 BC 的两侧.由公理Ⅲ$_1$

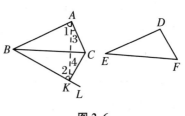

图 2.6

知,BL 上必有一点 K,使 $KB = DE$.连 KC,则 $\triangle KBC \cong \triangle DEF$(SAS),所以 $KC = DF$.连 AK(图 2.6),将 $\triangle BAK$ 先看做 $\triangle BAK$ 再

看做△BKA,那么在这两个三角形中,AB = DE = KB,KB = DE = AB,∠ABK = ∠KBA,由公理Ⅲ₅,可得∠1 = ∠2.同理,∠3 = ∠4.因此∠BAC = ∠BKC.这样,在△ABC 和△KBC 中,就有两边夹角对应相应,故△ABC≌△KBC.所以△ABC≌△DEF.

这个证法相传是古希腊数学家斐罗(Philo)所创.

例 1　在△ABC 中,AB = AC,在 AB 和 AC 的延长线上取 BF = CG,求证:BG = CF,∠BCF = ∠CBG(图 2.7).

证明　在 △ABG 和△ACF 中,AB = AC,AG = AF,∠BAG = ∠CAF,由定理 2.1 知△ABG≌△ACF.所以 BG = CF,∠BGA = ∠CFA.其次,在△BFC 和△CGB 中,BF = CG,CF = BG,∠CFB = ∠CFA = ∠BGA = ∠BGC,由 定 理 2.1, 得 △BFC ≌ △CGB,所以∠BCF = ∠CBG.

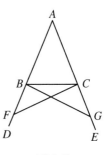

图 2.7

欧几里得在他的《几何原本》中证明了三角形全等的判定定理Ⅰ之后,就是用本例的方法来证明"等腰三角形底角相等"这个定理的.他在证明△BFC≌△CGB 之后,先证明∠CBF = ∠BCG,再证明这两个角的邻补角相等.因为在《几何原本》中,三角形全等的判定定理Ⅰ是全书的第一个定理,紧接着的第二个定理就是"等腰三角形底角相等",所以欧氏不能用"作顶角平分线"的方法来证明"等腰三角形底角相等".

例 2　已知 AB⫫CD,AD 与 BC 交于 O,过点 O 的直线分别交 AB 和 CD 于 E 和 F,求证:OE = OF(图 2.8).

证明　因为 AB // CD,所以∠A = ∠D,∠B = ∠C.又因为 AB = CD,所以△OAB≌△ODC(ASA),因此 OA = OD.在△OAE 与

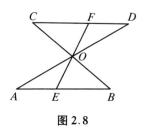

图 2.8

$\triangle ODF$ 中，$\angle A = \angle D$，$\angle AOE = \angle DOF$，$OA = OD$，所以 $\triangle OAE \cong \triangle ODF$（ASA），因此 $OE = OF$.

例 3 AA'、BB'、CC' 三条线段互相平分于点 O，求证：$\angle ABC = \angle A'B'C'$（图 2.9）.

证明 在 $\triangle AOB$ 与 $\triangle A'OB'$ 中，$OA = OA'$，$OB = OB'$，$\angle AOB = \angle A'OB'$，所以 $\triangle AOB \cong \triangle A'OB'$（SAS），故 $AB = A'B'$.同理，$BC = B'C'$，$CA = C'A'$，所以 $\triangle ABC \cong \triangle A'B'C'$（SSS），故 $\angle ABC = \angle A'B'C'$.

注意 欲证两线段相等或两角相等，最常用的方法就是证明它们是全等三角形的对应元素.

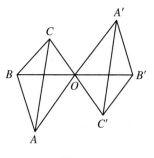

图 2.9

习 题 2

1. 如图，BD 是 $\triangle ABC$ 的中线，延长 BD 至 E，使 $DE = BD$，求证：$AB /\!/ CE$.

2. 如图，过 $\triangle ABC$ 的顶点 A 作 $AF \perp AB$ 并使 $AF = AB$，又作 $AH \perp AC$ 并使 $AH = AC$，求证：$BH = CF$.

3. 如图，BE、CF 是 $\triangle ABC$ 的高，在射线 BE 上截取 $BP = AC$，在射线 CF 上截取 $CQ = AB$，求证：$AP = AQ$.

4. 如图，在 $\triangle ABC$ 中，BD、CE 分别为 AC、AB 上的中线，分别延长 BD、CE 至 F、G，使 $DF = BD$，$EG = CE$，求证：G、A、F 三点共线.

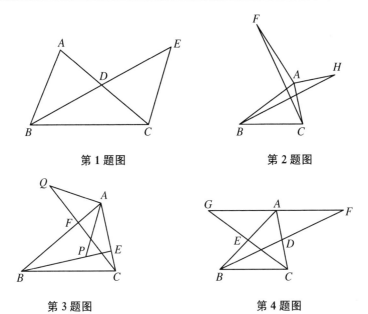

第 1 题图

第 2 题图

第 3 题图

第 4 题图

5. 如图,在 $\angle A$ 的两边上分别取 $AB = AC$,又取 $BD = CE$,BE 与 CD 相交于 O,求证:$\angle BAO = \angle CAO$.

6. 如图,$\triangle PAB$ 和 $\triangle QAB$ 在 AB 的同侧,且 $\angle 1 = \angle 2$,$\angle 3 = \angle 4$,连 PQ,求证:$\angle AQP = \angle BPQ$.

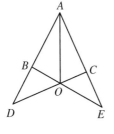

第 5 题图

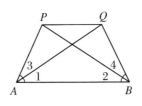

第 6 题图

2.3　三角形中边角之间的关系

1. 同一三角形中各角的关系

定理 2.4　三角形的外角大于和它不相邻的内角.

证明　设在△ABC 中,∠ACB 的外角是∠ACD,要证明∠ACD>∠BAC,用穷举法来进行证明.

首先,设∠ACD = ∠BAC,则在射线 BC 上必有一点 D,使 CD = AB.连 AD(图 2.10),则因为 CD = AB,CA = AC,∠DCA = ∠BAC,由公理Ⅲ₅,知∠CAD = ∠ACB.所以∠CAD = 180° − ∠BAC.故∠CAD 和∠BAC 是邻补角,即 D 在直线 BA 上.因此 BC 与 BA 有两个交点 B 和 D,与定理 1.2 相矛盾.这就是说∠ACD ≠ ∠BAC.

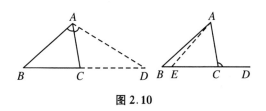

图 2.10

其次,设∠ACD < ∠BAC,则由公理Ⅲ₄ 知,必有射线 AE,使∠EAC = ∠ACD,并且 AE 与 AB 在 AC 的同侧.因为∠ACD < ∠BAC,所以∠EAC < ∠BAC,因此 AE 在∠BAC 的内部.设 AE 交 BC 于 E,则在△AEC 中,有一个外角∠ACD 等于和它不相邻的内角∠EAC,与本定理的证明的第一部分矛盾.这就是说∠ACD ≮ ∠BAC.

所以∠ACD > ∠BAC.同理,∠ACD > ∠B.

注意　本定理的证明不依赖于平行公理.

定理 2.5　三角形的三个内角之和等于 $180°$.

证明　从任意一点 O 引出四条射线 OA'、OB'、OC'、OA''，设 $OA'\!/\!/\,CB$，$OB'\!/\!/\,CA$，$OC'\!/\!/\,BA$，$OA''\!/\!/\,BC$，这四条射线显然都是存在的(图 2.11). 由定理 1.12，得 $\angle A'OB' = \angle C$，$\angle B'OC' = \angle A$，$\angle C'OA'' = \angle B$. 又由平行公理知 OA' 和 OA'' 必在一直线上，所以 $\angle A'OB' + \angle B'OC' + \angle C'OA'' = 180°$，即 $\angle C + \angle A + \angle B = 180°$.

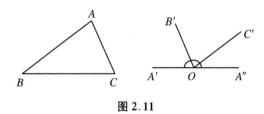

图 2.11

如果将图 2.11 右边的图形叠合在左边的图形上，使点 O 落在点 C 上，OA' 和 OB' 分别落在 CB 和 CA 上，就可以得到《几何原本》中的证法；如果将图 2.11 右边的图形倒过来再叠合在左边的图形上，使点 O 落在点 A 上，OC' 和 OB' 分别落在 AB 和 AC 上，就可以得到另一种证法，请读者自行画图验证.

这个定理是平行公理的直接结果.

推论 1　三角形的外角等于和它不相邻的两个内角之和.

推论 2　如果两个三角形中有两对角相等，那么它们的第三对角也相等.

推论 3　一个三角形最多有一个直角.

推论 4　一个三角形最多有一个钝角.

由本定理很容易推得下列定理:

定理 2.6(三角形全等的判定定理Ⅳ)　如果两个三角形中有两

个角和其中一角所对的边对应相等,则这两个三角形全等(应用本定理时,简记为 AAS 或 SAA).

这个定理的证明留给读者.

2. 同一三角形中边与角之间的关系

定理 2.7　在同一三角形中,如果两边相等,则它们所对的角也相等;如果两边不等,则它们所对的角也不等,并且大边所对的角较大.

证明　先设在 $\triangle ABC$ 中,$AB = AC$(图 2.12).将这个三角形先看做 $\triangle ABC$ 再看做 $\triangle ACB$,则因 $AB = AC$,$AC = AB$,$\angle BAC = \angle CAB$,由公理Ⅲ$_5$,可得 $\angle ABC = \angle ACB$.

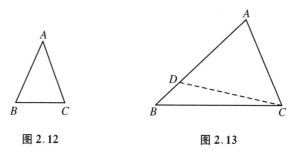

图 2.12　　　　　　　　　　　图 2.13

再设在 $\triangle ABC$ 中,$AB > AC$(图 2.13).则由公理Ⅲ$_1$ 知,在 AB 上必有一点 D,使 $AD = AC$,连 CD.由本定理第一部分的证明,得 $\angle ACD = \angle ADC$.但 $\angle ACB > \angle ACD$,而由定理 2.4 知,$\angle ADC > \angle ABC$,所以 $\angle ACB > \angle ABC$.

定理 2.8　在同一三角形中,如果两角相等,则它们所对的边也相等;如果两角不等,则它们所对的边也不等,并且大角所对的边较大.

证明　先设在 $\triangle ABC$ 中,$\angle B = \angle C$,则 AB 不能大于 AC.因为如果 $AB > AC$,由定理 2.7,应有 $\angle C > \angle B$,与已知条件矛盾.同理,

AC 也不能大于 AB. 所以 $AB = AC$.

其次,如果 $\angle B > \angle C$,用类似的方法,可以证明 $AB \neq AC$ 及 $AB \not> AC$,所以 $AC > AB$.

注意 一个命题如果将正面、反面各种情况全部包括在内,则这个命题叫做分断式命题.事实上,分断式命题是原命题与否命题合并而成的.所以分断式命题的逆命题必然成立,并且一定可以用反证法证明.定理 2.7 和定理 2.8 就是分断式命题.这类形式的命题以后还将遇到.

3. 同一三角形中边与边之间的关系

定理 2.9 在三角形中,任何两边之和一定大于第三边;任何两边之差一定小于第三边.

证明 设三角形为 ABC,在射线 BA 上必有一点 D,使 $AD = AC$,连 CD(图 2.14).由定理 2.7,得 $\angle ADC = \angle ACD$. 但 $\angle ACD < \angle DCB$,所以 $\angle ADC < \angle DCB$,即 $\angle BDC < \angle BCD$,所以 $BD > BC$,即 $AB + AC > BC$.由此可证 $BC - AB < AC$ 和 $BC - AC < AB$. 其余同理.

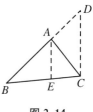

图 2.14

另一证法:由定理 1.4,得 $\angle BAC$ 必有一条角平分线,设为 AE. 则由定理 2.4,知 $\angle AEB > \angle CAE$,即 $\angle AEB > \angle BAE$. 由定理 2.8,得 $AB > BE$.同理,$AC > CE$.所以 $AB + AC > BE + CE$,即 $AB + AC > BC$.

定理 2.10(三角形全等的判定定理 V) 如果两个三角形中有两边对应相等,并且这两边中较大的边所对的角相等,则这两个三角形全等.

证明　设在△ABC 与△DEF 中，AB = DE，AC = DF，AB >
AC，DE>DF，∠C = ∠F.

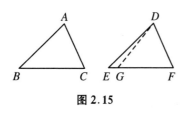

图 2.15

欲证△ABC≌△DEF，只需证
BC = EF.用反证法：设 BC<EF，
则可在 EF 上取 GF = BC，连 DG
（图 2.15）.在 △ABC 与 △DGF
中，AC = DF，BC = GF，∠C =
∠F，由定理 2.1，得 △ABC ≌

△DGF，所以 AB = DG.但 AB = DE，所以 DE = DG.由定理2.7，
得∠E = ∠DGE.由定理2.4，得∠DGE>∠F，所以∠E>∠F.再由
定理2.8，得 DF>DE，这与已知条件矛盾.所以 BC≮EF.同理，EF
≮BC.所以 BC = EF.于是，由定理2.3，得△ABC≌△DEF.

4．两双边对应相等的两个三角形

定理 2.11　如果两个三角形有两双边对应相等而夹角不等，则
夹角所对的边也不等，并且夹角大所对的边也大.

证明　设 在 △ABC 和
△A′B′C′中，AB = A′B′，AC =
A′C′，∠A>∠A′.因为线段和
角 的 移 置 总 是 可 能 的，将
△A′B′C′移置到△ABC 上，使
AC 和 A′C′重合，并且使 A′B′
和 AB 在 AC 的同侧，如图 2.16

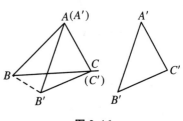

图 2.16

所示.因为∠A>∠A′，所以 A′B′落在∠BAC 的内部.设 B′落在
△ABC 的外面，连 BB′，则因为 AB = AB′，所以∠ABB′ = ∠AB′B.
但∠CBB′<∠ABB′，而∠AB′B<∠CB′B，因此∠CBB′<∠CB′B.所

以 $BC > B'C'$.

如果 B' 落在 $\triangle ABC$ 的里面，如图 2.17 所示，连 BB'. 则证明 $\angle ABB' = \angle AB'B$ 之后，可证它们的邻补角相等，即 $\angle FBB' = \angle GB'B$. 但 $\angle CBB' < \angle FBB'$，而 $\angle GB'B < \angle CB'B$，故 $\angle CBB' < \angle CB'B$，所以 $BC > B'C'$.

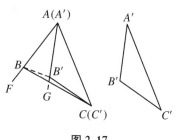

图 2.17

如果 B' 落在 BC 上，则结论是显然的.

本定理也可以通过作 $\angle BAB'$ 的平分线 AD 交 BC 于 D，利用定理 2.1 及定理 2.9 来证明，但也要考虑 B' 落在 $\triangle ABC$ 的里面及 BC 上两种情况.

定理 2.12 如果两个三角形有两双边对应相等而第三双边不等，则第三双边所对的角也不等，边大则所对的角也大.

这是定理 2.11 的逆定理. 由于定理 2.11 和定理 2.1 组成分断式命题，所以逆定理一定成立. 请读者用反证法自行证明.

例 1 如果两个三角形的各边对应平行，则各角对应相等.

证明 设在 $\triangle ABC$ 与 $\triangle A'B'C'$ 中，$BC /\!/ B'C'$，$CA /\!/ C'A'$，$AB /\!/ A'B'$. 由定理 1.12，知 $\angle A$ 与 $\angle A'$ 或者相等，或者互补；$\angle B$ 与 $\angle B'$、$\angle C$ 与 $\angle C'$ 也是如此. 因题中未给出图形，必须加以讨论：

首先，设 $\angle A + \angle A' = 180°$，$\angle B + \angle B' = 180°$，$\angle C + \angle C' = 180°$. 三式相加，得 $\angle A + \angle B + \angle C + \angle A' + \angle B' + \angle C' = 540°$. 但由定理 2.5，得 $\angle A + \angle B + \angle C = 180°$，$\angle A' + \angle B' + \angle C' = 180°$，故上式不成立. 所以三双角都互补是不可能的.

其次，设 $\angle A = \angle A'$，$\angle B + \angle B' = 180°$，$\angle C + \angle C' = 180°$. 三式

相加,得 $\angle A + \angle B + \angle C + \angle B' + \angle C' = \angle A' + 360°$,由此可得 $\angle B'$ $+ \angle C' = \angle A' + 180°$,所以 $\angle B' + \angle C' > 180°$.这也是不可能的.

最后,设 $\angle A = \angle A'$,$\angle B = \angle B'$.这时,两个三角形中已有两双角对应相等,由定理 2.5 的推论 2 知,它们的第三双角必然相等.所以不论第三双角是否互补,本题都已经得证.

例 2　设三角形的一边不大于另一边的一半,则其对角小于另一边对角的一半.

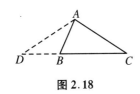

图 2.18

证明　如图 2.18 所示,设在 $\triangle ABC$ 中,$AB \leqslant \dfrac{1}{2} AC$.延长 CB 至 D,使 $BD = AB$,连 AD.因为 $AB \leqslant \dfrac{1}{2} AC$,所以 $2AB \leqslant AC$.由定理 2.9,得 $AD < AB + BD$,即 $AD < 2AB$,所以 $AD < AC$.由定理 2.7,知 $\angle C < \angle D$,并且 $\angle D = \angle DAB$.由定理 2.5 的推论 1,得 $\angle D + \angle DAB = \angle ABC$,即 $2\angle D = \angle ABC$,因此 $\angle D = \dfrac{1}{2} \angle ABC$.所以 $\angle C < \dfrac{1}{2} \angle ABC$.

注意　(1) 欲作一个角等于三角形内角的一半,常反向延长夹这个内角的一边,使延长部分等于夹这个内角的另一边,连接得等腰三角形,则等腰三角形的底角等于原三角形内角的一半.

(2) 欲证两角不等,常设法将它们移置到同一三角形中,利用大边对大角的定理来证明.反之,欲证两线段不等,也常设法将它们移置到同一三角形中,利用大角对大边的定理来证明.

例 3　在三角形中,一边上的中线小于另两边之和的一半.

证明　在 $\triangle ABC$ 中,延长 AD 至 E,使 $DE = AD$(图 2.19),连 BE,则 $\triangle BDE \cong \triangle CDA$(SAS),所以 $BE = AC$.在 $\triangle ABE$ 中,$AE <$

$AB + BE$. 而 $AE = 2AD$，$AB + BE = AB + AC$，所以 $2AD < AB + AC$，即 $AD < \dfrac{1}{2}(AB + AC)$.

注意　（1）欲证两线段之和大于另两线段之和时，可设法作出另两线段的"和线段"，再设法移置到同一三角形内，利用三角形中边与边之间的关系（或边与角之间的关系）进行证明.

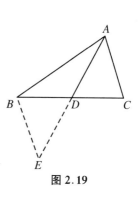

图 2.19

（2）已知条件中有中线时，常采用将中线延长一倍的方法进行证明. 这在以后出现平行四边形时，尤为便利.

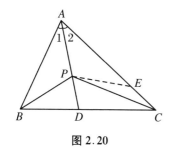

图 2.20

例4　在△ABC 中，$AC > AB$，AD 为∠BAC 的平分线，P 为 AD 上任一点（图2.20），求证：$PC - PB < AC - AB$.

证明　在 AC 上取 $AE = AB$，连 PE. 因为 $AB = AE$，$AP = AP$，∠1 = ∠2，所以△$APB \cong △APE$，故 $PB = PE$. 在△PEC 中，$PC - PE < EC$，由此立得 $PC - PB < AC - AB$.

注意　（1）欲证两线段之差大于另两线段之差，可设法作出另两线段的"差线段"，再设法移置到同一三角形内，利用三角形中边与边之间的关系（或边与角之间的关系）进行证明.

（2）已知条件中有角平分线时，常采用以角平分线为轴将图形所在平面翻转 180° 的方法进行证明.

例5　三角形中如果有两个内角的平分线相等，则此三角形为等腰三角形.

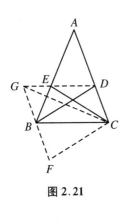

图 2.21

证明　如图 2.21 所示,设在△ABC 中,
BD、CE 分别为∠ABC、∠ACB 的平分线.将
△BEC 绕 BC 翻转 180°,设点 E 的新位置为
F,则△BEC≌△BFC. 又将△BFC 沿着 CA
向上移动,因 FC = CE = BD,故可使 FC 落
在 BD 上,并设点 B 的新位置为 G,则△BFC
≌△GBD,连 CG. 在△BCG 与△DGC 中,
BC = DG,GC = GC.并且,∠GBC = ∠GBD
+ ∠DBC = ∠BFC + $\frac{1}{2}$∠ABC = ∠BEC +

$\frac{1}{2}$∠ABC,而∠BEC = ∠A + $\frac{1}{2}$∠ACB,所以∠GBC = ∠A +

$\frac{1}{2}$∠ACB + $\frac{1}{2}$∠ABC = $\frac{1}{2}$∠A + $\frac{1}{2}$(∠A + ∠ACB + ∠ABC) =

$\frac{1}{2}$∠A + 90°. 因为∠CDG = ∠CDB + ∠BDG,而∠CDB = ∠A +

$\frac{1}{2}$∠ABC,∠BDG = ∠BCF = ∠BCE = $\frac{1}{2}$∠ACB,所以∠CDG = ∠A

+ $\frac{1}{2}$∠ABC + $\frac{1}{2}$∠ACB = $\frac{1}{2}$∠A + $\frac{1}{2}$(∠A + ∠ABC + ∠ACB) =

$\frac{1}{2}$∠A + 90°.于是∠GBC = ∠CDG,并且它们都是钝角,必定分别是

△BCG 与△DGC 中最大边所对的角.由定理 2.10,得△BCG≌△DGC,
所以 BG = DC.但 BG = BF = BE,所以 BE = DC.由此可证△EBC≌
△DCB,所以∠EBC = ∠DCB,即∠ABC = ∠ACB,所以 AB = AC.

　　本题用反证法可稍简单,用直接证法则比较困难.上面这个证法
是德国数学家黑塞(Hesse)给出的.原证法中没有"将△BEC 翻转成
△BFC"这一步,这里为了阅读方便,将△BEC 先翻转再移置.

例 6　在 $\triangle ABC$ 中，$\angle C > \angle B$，E 是中线 AD 上的任一点（图 2.22），求证：$\angle ECB > \angle EBC$.

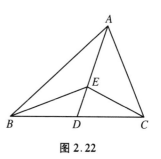

图 2.22

证明　因为 $\angle C > \angle B$，所以 $AB > AC$. 在 $\triangle ABD$ 和 $\triangle ACD$ 中，$BD = CD$，$AD = AD$，$AB > AC$，由定理 2.12，得 $\angle ADB > \angle ADC$. 在 $\triangle BDE$ 和 $\triangle CDE$ 中，$BD = CD$，$ED = ED$，$\angle EDB > \angle EDC$，由定理 2.11，得 $BE > EC$. 所以 $\angle ECB > \angle EBC$.

注意　欲证两线段或两角不等，而这两线段或两角分布在两个三角形中，且能证明这两个三角形有两双边对应相等时，常用定理 2.11 和定理 2.12 进行证明.

习　题　3

1. D 是 $\triangle ABC$ 内任意一点，求证：(1) $\angle BDC > \angle A$；(2) $BD + DC < AB + AC$.

2. 如图，已知 $AD = BC$，$\angle BAD > \angle ABC$，求证：$\angle BCD > \angle ADC$.

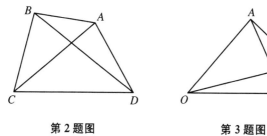

第 2 题图　　　　　　　　第 3 题图

3. 如图，已知 $OA = OB$，$\angle ABP > \angle BAP$，求证：$\angle AOP$

$>\angle BOP$.

4.如图,在线段 BC 的同侧作等腰三角形 ABC 和任意三角形 DBC,且 $AD\parallel BC$,求证:$AB+AC<DB+DC$.

5.在 $\triangle ABC$ 中,D 是 $\angle BAC$ 的外角平分线上任意一点,求证:$DB+DC>AB+AC$.

6.设 D 为 $\triangle ABC$ 内的一点,若 $AB>AC>BC$,求证:$AB+AC>DB+DC+DA$.

7.CD 为直角三角形 ABC 的斜边 AB 上的高,求证:$AB+CD>AC+BC$.

8.如图,在 $\triangle ABC$ 中,$AB=AC$,P 为 $\triangle ABC$ 外一点,且 $PB+PC=AB+AC$,PB 与 AC 交于 Q,求证:$AQ>PQ$.

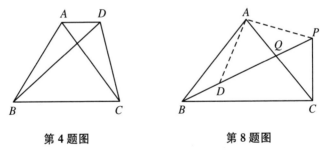

第 4 题图　　　　　　　　第 8 题图

2.4　等腰三角形和直角三角形

1. 等腰三角形全等和直角三角形全等的判定定理

定理 2.13　两个等腰三角形如果有顶角和一腰对应相等,则这两个等腰三角形全等.

定理 2.14　两个等腰三角形如果有顶角和底边对应相等,则这两个等腰三角形全等.

定理 2.15　两个等腰三角形如果有一腰和一底角对应相等,则这两个等腰三角形全等.

定理 2.16　两个等腰三角形如果有底边和一底角对应相等,则这两个等腰三角形全等.

定理 2.17　两个等腰三角形如果有一腰和底边对应相等,则这两个等腰三角形全等.

定理 2.18　两个直角三角形如果有两直角边对应相等,则这两个直角三角形全等.

定理 2.19　两个直角三角形如果有一锐角和一直角边对应相等,则这两个直角三角形全等.

定理 2.20　两个直角三角形如果有斜边和一锐角对应相等,则这两个直角三角形全等.

定理 2.21　两个直角三角形如果有斜边和一直角边对应相等,则这两个直角三角形全等.

以上这几个定理都可由三角形全等的判定定理 I—V 推得,请读者自行证明.

2.等腰三角形的性质和判定

定理 2.22　等腰三角形的底角相等.

这个定理可以直接用公理 III₅ 来证明.欧几里得的证法可参看 2.2 节的例 1.下列证法相传是古希腊数学家泰勒斯(Thales)给出的.

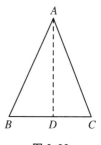

图 2.23

证明　设 $\angle BAC$ 的平分线交 BC 于 D(图 2.23),在 $\triangle ABD$ 与 $\triangle ACD$ 中,$AB = AC$,$AD = AD$,$\angle BAD = \angle CAD$,所以 $\triangle ABD \cong \triangle ACD$(SAS).因此 $\angle B = \angle C$.

推论 1　等腰三角形顶角的平分线也是底边上的中线和高,又是底边的垂直平分线.

推论 2　等边三角形的各角都相等,并且每个角都等于 60°.

定理 2.23　如果一个三角形有两个角相等,那么这个三角形就是等腰三角形.

这是定理 2.8 的直接结果.

推论 1　三个角都相等的三角形是等边三角形.

推论 2　有一个角是 60°的等腰三角形是等边三角形.

推论 3　如果三角形的一个角的平分线和它的对边上的高、对边上的中线以及对边的垂直平分线这四线中有任何两线重合,则这个三角形是等腰三角形.

3. 直角三角形的性质和判定

定理 2.24　直角三角形的两个锐角互为余角.

这是定理 2.5 的直接结果.

推论　等腰直角三角形的两个锐角都等于 45°.

定理 2.25　直角三角形斜边上的中线等于斜边的一半.

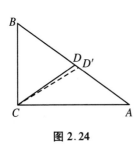

图 2.24

证明　设在 $\triangle ABC$ 中,$\angle C = 90°$,D 为斜边 AB 的中点. 在 $\angle ACB$ 内部作 $\angle ACD' = \angle A$,设 CD' 与 AB 交于 D'(图 2.24),则 $AD' = CD'$. 又因为 $\angle ACB = 90° = \angle A + \angle B$,所以 $\angle D'CB = \angle B$,因此 $BD' = CD'$. 于是 $AD' = BD'$,D' 是 AB 的中点. 因此 D' 与 D 重合,由此可得 $CD = AD = BD = \dfrac{1}{2}AB$.

要证明本定理,也可将 CD 延长一倍至 E,连 AE.先证$\triangle ADE \cong$ $\triangle BDC$,再证$\triangle ABC \cong \triangle CEA$,由此可证明$\angle BAC = \angle ECA$,从而得 $AD = CD$.请读者自行画图证明.

定理 2.26　有两个角互为余角的三角形是直角三角形.

这是定理 2.5 的直接结果.

定理 2.27　在三角形中,如果一边上的中线等于这边的一半,则这边所对的角是直角.

证明　设在$\triangle ABC$ 中,CD 是 AB 上的中线,$CD = AD = BD$(图 2.25),则$\angle A =$ $\angle ACD$,$\angle B = \angle BCD$.所以$\angle A + \angle B =$ $\angle ACD + \angle BCD = \angle ACB$.由定理 2.5,即可推得$\angle ACB = 90°$.

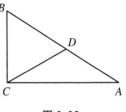

图 2.25

定理 2.28　如果直角三角形有一个锐角为 $30°$,则 $30°$ 角所对的边等于斜边的一半.

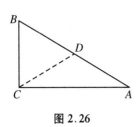

图 2.26

证明　在$\triangle ABC$ 内作中线 CD(图 2.26),由定理 2.25,得 $CD = AD = BD$,所以$\angle ACD = \angle A = 30°$,因此$\angle BCD = 60°$.由定理 2.23 的推论 2,知$\triangle BCD$ 是等边三角形,所以 $BC = CD = \dfrac{1}{2} AB$.

定理 2.29　在直角三角形中,如果有一条直角边等于斜边的一半,则这条直角边所对的角等于 $30°$.

证明留给读者自己完成.

例 1　在$\triangle ABC$ 中,$AB = AC$,过 BC 上的一点 D 作垂线,分别

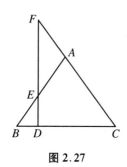

图 2.27

交 AB、AC 的延长线于 E、F,求证: $AE = AF$ (图 2.27).

证明　因为 $AB = AC$,所以 $\angle B = \angle C$. 在 $\triangle CFD$ 中,因为 $FD \perp BC$,所以 $\angle C + \angle AFD = 90°$. 同理,在 $\triangle BED$ 中,$\angle B + \angle BED = 90°$.所以 $\angle AFD = \angle BED$,由此可得 $\angle AFD = \angle AEF$,所以 $AE = AF$.

注意　(1)欲证两线段相等,而这两线段在同一三角形中,常通过等角对等边的关系进行证明.

(2)欲证两角相等,如条件中有直角三角形,常利用同角(或等角)的余角相等进行证明.

例 2　在 $\triangle ABC$ 中,BD、CE 分别为 AC、AB 上的高,F 为 BC 的中点,求证: $\angle FED = \angle FDE$.

证明　因 $BD \perp AC$,$CE \perp AB$,故 $\triangle BDC$ 和 $\triangle BEC$ 皆为直角三角形,且 BC 为公共斜边.因为 F 为 BC 的中点,所以 $EF = \dfrac{1}{2}BC$,$DF = \dfrac{1}{2}BC$,因此 $EF = DF$,所以 $\angle FED = \angle FDE$.

图 2.28 画的是锐角三角形,但本题对于钝角三角形也成立,请读者自行画图证明.

注意　(1)欲证两角相等,而这两角在同一三角形中,常通过等边对等角的关系进行证明.

(2)在条件中有直角三角形时,应

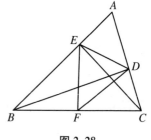

图 2.28

想到直角三角形斜边上的中线等于斜边的一半.

例 3 如图 2.29 所示,在 △ABC
中,$AB > AC$,$\angle BAC = 90°$,AE 是
$\angle BAC$ 的平分线,M 是斜边 BC 的中
点,作 $MD \perp BC$,交 AE 的延长线于 D,
求证:$MA = MD$.

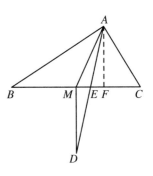

图 2.29

证明 因为 AM 为直角△ABC 的
斜边 BC 上的中线,所以 $MA = MB$,因此
$\angle B = \angle MAB$.同理,$\angle C = \angle MAC$.但
$\angle BAE = \angle CAE$,所以 $\angle MAB + \angle MAE$
$= \angle MAC - \angle MAE$,即 $\angle B + \angle MAE = \angle C - \angle MAE$,所以 $\angle MAE = \frac{1}{2}(\angle C - \angle B)$.作 $AF \perp BC$,垂足为 F.则 $AF /\!/ MD$,所以 $\angle D = \angle FAE$.
又因为 $\angle CAF = 90° - \angle C = \angle B$,$\angle BAF = 90° - \angle B = \angle C$,而 $\angle BAF - \angle FAE = \angle CAF + \angle FAE$,即 $\angle C - \angle FAE = \angle B + \angle FAE$,所以 $\angle FAE = \frac{1}{2}(\angle C - \angle B)$.因此 $\angle MAE = \angle FAE = \angle D$,所以 $MA = MD$.

在本例中,同时也证明了直角三角形斜边上的中线和斜边上的
高所夹的角被直角的平分线所平分.

例 4 如图 2.30 所示,在 △ABC 中,AD 为 $\angle BAC$ 的平分线,
$CE \perp AD$,交 AD 于 G,交 AB 于 E,$EF /\!/ BC$,交 AC 于 F,求证:EC
平分 $\angle DEF$.

证明 因为 AD 平分 $\angle BAC$,$AD \perp CE$,所以 △AEC 为等腰三角
形,故 G 为 EC 的中点.在 △DEC 中,DG 为 EC 上的高,又为 EC 上的
中线,所以 △DEC 为等腰三角形,因此 $\angle DEC = \angle DCE$.因为 $EF /\!/$
BC,所以 $\angle DCE = \angle FEC$,因此 $\angle DEC = \angle FEC$,即 EC 平分 $\angle DEF$.

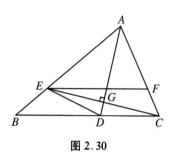

图 2.30

注意　(1) 欲证一三角形为等腰三角形,而条件中又有底边上的高(或中线),常证明该边上的高(或中线)也是该边上的中线(或高).

(2) 在已知条件中,如有直线垂直于一角的平分线,应想到此直线截角的两边所得的三角形为等腰三角形.

例5　∠E 和 ∠F 的两边相交于 A、B、C、D 四点,如图 2.31 所示,∠ABC + ∠D = 180°,∠E 的平分线和 ∠F 的平分线相交于 G,求证:EG⊥FG.

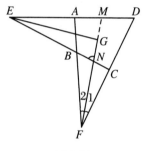

图 2.31

证明　设 FG 与 ED 交于 M,与 EC 交于 N. 因为 ∠ABC + ∠D = 180°,∠ABC + ∠FBC = 180°,所以 ∠D = ∠FBC. 因为 ∠EMN = ∠D + ∠1,∠ENM = ∠FBC + ∠2,而 ∠1 = ∠2,所以 ∠EMN = ∠ENM. 由此可知 △EMN 为等腰三角形,所以顶角平分线 EG⊥MN,即 EG⊥FG.

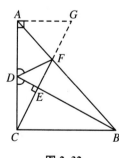

图 2.32

例6　从等腰直角 △ABC 的直角顶点 C 向 AC 边上的中线 BD 引垂线 CE,延长后交 AB 于 F,求证:∠BDC = ∠ADF(图 2.32).

证明　作 AG⊥AC,延长 CF,与 AG 交于 G. 在直角 △CAG 和 △BCD 中,因为 CE⊥BD,CD⊥BC,所以 ∠DCE = ∠CBD;又因为 CA = BC,所以 △CAG≌△BCD,因

此∠G = ∠BDC,并且 AG = CD.在△ADF 和△AGF 中,AD = CD = AG,AF = AF,∠DAF = 45° = ∠GAF,所以△ADF≌△AGF,因此∠ADF = ∠G.所以∠BDC = ∠ADF.

注意 (1)已知条件中有等腰直角三角形时,应注意它的两个锐角都为45°.

(2)已知条件中如有直角三角形及斜边上的高,应注意高与一直角边的夹角等于斜边与另一直角边的夹角.

习 题 4

1. 在△ABC 中,AB = AC,∠A = 36°,CD 平分∠ACB,交 AB 于D,求证:△BCD 是等腰三角形.

2. △ABC 的两角∠B 和∠C 的平分线相交于O,过 O 作BC 的平行线,与 AB、AC 分别交于D、E,求证:DE = BD + CE.

3. 在直角三角形 ABC 的斜边AC 上取两点D、E,使 AD = AB,CE = CB,求∠DBE.

4. 在△ABC 中,AB = AC,BD 为 AC 上的高,求证:∠DBC = $\frac{1}{2}$∠A.

5. 在△ABC 中,∠B 与 ∠C 的平分线交于 I,IH∥AB,IG∥AC,分别与 BC 交于H、G,求证:△IHG 的周长等于BC.

6. 在△ABC 中,CE 是∠ACB 的平分线,AD∥EC,AD 与 BC 的延长线交于D,F 为 AD 的中点,求证:EC⊥CF.

7. 在△ABC 中,∠B 的平分线与∠C 的外角平分线交于D,过 D 作DE∥CB,分别交 AB、AC 于E、F,求证:EF = |EB − FC|.

8. △ABC 为等边三角形,∠A 与∠B 的平分线交于F,作 FG∥CA,FH∥CB,分别与 AB 交于G、H,求证:AG = GH = HB.

9. 在△ABC 中，∠ACB = 90°，CD 和 CE 分别为斜边上的高和中线，且∠BCD 与∠ACD 之比为 3∶1，求证：CD = DE.

10. 如图，△ABC 为等腰三角形，在腰 AC 上取一点 E，在腰 BA 的延长线上取一点 D，使 AD = AE，DE 交 BC 于 F，求证：DF⊥BC.

11. 如图，MN∥PQ，自 MN 上一点 A 向 PQ 引斜线 AB 和垂线 AC，过 B 作直线 BD，交 MN 于 D，交 AC 于 E，若线段 ED = 2AB，求证：$\angle DBC = \dfrac{1}{2}\angle ABD$.

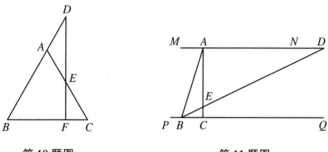

第 10 题图　　　　　　　　第 11 题图

12. 在△ABC 中，∠C = 2∠B，AD⊥AB，AD 交 BC（或延长线）于 D，求证：BD = 2AC.

13. 如图，在△ABC 中，∠ABC = 2∠C，AD⊥BC，延长 AB 至 E，使 BE = BD，ED 的延长线交 AC 于 F，求证：AF = DF = FC.

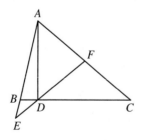
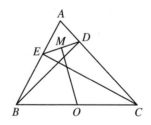

第 13 题图　　　　　　　　第 14 题图

14. 如图,在△ABC 中,BD⊥AC,CE⊥AB,若 BC 的中点为 O,线段 DE 的中点为 M,求证:OM⊥DE.

15. 如图,以△ABC 的 AB 和 AC 为一边在形外分别作等边三角形 ABD 和等边三角形 ACE,则 DC = BE.又设 DC 与 BE 相交于 O,求证:∠BOC = 120°.

16. 如图,C 为线段 AB 上的一点,△ACD 和△BCE 都是等边三角形,且在 AB 的同侧,AE 交 CD 于 P,BD 交 CE 于 Q,求证:CP = CQ.

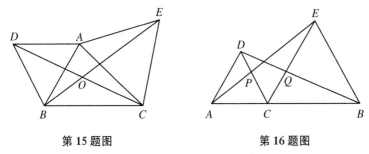

第 15 题图   第 16 题图

17. 如图,在等腰直角三角形 ABC 中,P 为斜边 BC 的中点,D 为 BC 上任一点,DE⊥AB,DF⊥AC,求证:PE = PF,PE⊥PF.

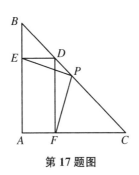

第 17 题图

18. 在△ABC 中,AD 是∠BAC 的平分线,G 是 BC 的中点,过 G 作直线平行于 AD,分别交 AB、AC 的延长线于 E、F,求证:BE = CF = $\frac{1}{2}$(AB + AC).

2.5　垂线、斜线和射影

1.垂线的长和斜线的长

从直线外一点向这条直线引垂线和斜线,则从这点到垂线足的线段叫做垂线的长;从这点到斜线足的线段叫做斜线的长.

定理 2.30　从直线外一点向这条直线引垂线和若干条斜线,则垂线的长小于任何一条斜线的长.

这个定理是定理 2.8 的直接结果.

由此定理可知,从直线外一点到这条直线的垂线的长是连接这点和直线上任一点所得诸线段中最短的.因此,我们把直线外一点到这条直线的垂线的长叫做这点到直线的距离.

定理 2.31　两条直线平行,则从任一直线上任一点向另一直线所引垂线的长都相等.

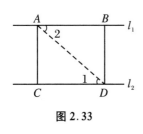

图 2.33

证明　设 $l_1 // l_2$,A、B 为 l_1 上任意两点,$AC \perp l_2$,$BD \perp l_2$(图 2.33).由定理 1.10 的推论 1 知,AC 和 BD 也垂直于 l_1.连 AD,在直角 $\triangle ACD$ 与直角 $\triangle DBA$ 中,$AD = DA$,$\angle 1 = \angle 2$,所以 $\triangle ACD \cong \triangle DBA$,故 $AC = BD$.

由本定理可知,在 l_1 和 l_2 上任意各取一点,则这两点的距离必然大于或等于 AC.因此,我们把同时垂直于两条平行线并且夹在两平行线之间的线段叫做这两条平行线的距离.

推论　两条平行线的距离处处相等.

2．斜线和射影

从直线外一点向这条直线引垂线和斜线,在垂线足和斜线足之间的线段叫做斜线在这条直线上的正射影,简称射影.

定理2.32 从直线外一点向这条直线引垂线和两条斜线,如果两条斜线的射影相等,则这两条斜线相等;如果两条斜线的射影不等,则这两条斜线也不等,射影较长的斜线较长.

证明 设 A 为直线 MN 外的一点,$AB \perp MN$,AC、AD、AE 为斜线,且 $BD = BC$,$BE > BC$(图2.34).

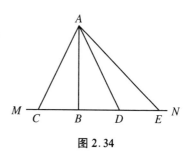

图 2.34

首先,易见$\triangle ABC \cong \triangle ABD$ (SAS),所以 $AC = AD$. 其次,在 $\triangle ADE$ 中,$\angle ADC > \angle AEC$,而 $\angle ADC = \angle ACD$,所以$\angle ACD > \angle AEC$.因此在$\triangle ACE$ 中,$AE > AC$,即 $AE > AD$.

定理2.33 从直线外一点向这条直线引垂线和两条斜线,如果两条斜线相等,则它们在这条直线上的射影相等;如果两条斜线不等,则它们在这条直线上的射影也不等,斜线较长则其射影也较长.

本定理易用反证法证明,请读者自行补足.

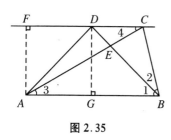

图 2.35

例1 $\triangle ABD$ 为等腰直角三角形,过直角顶点 D 作直线 $DC /\!/ AB$,C 是 DC 上的点,且 $AC = AB$,AC 与 DB(或延长线)交于 E,求证:$BC = BE$(图2.35).

较难的问题往往不能立刻解决.这时需要从"求证"逆推,如能推得一个已知的结果,问题就可以解决了.这样的思维方法叫做"分析法".

分析　欲证 $BC=BE$,只需证 $\angle BCE=\angle BEC$.因为 $AB=AC$,所以 $\angle BCE=\angle ABC=\angle 1+\angle 2$;又因 $\angle BEC=\angle 1+\angle 3$,故只需证 $\angle 2=\angle 3$.但在 $\triangle ABC$ 中,有 $2(\angle 1+\angle 2)+\angle 3=180°$,而 $\angle 1=45°$,所以 $2\angle 2+\angle 3=90°$.如果 $\angle 2=\angle 3$,应有 $3\angle 3=90°$,故只需证 $\angle 3=30°$.由定理 2.29 知只需证明有一直角三角形,它的一个锐角等于 $\angle 3$,而此角所对的边等于斜边的一半即可.作 $AF\perp CD$,交 CD 的延长线于 F,又过 D 作 $DG\perp AB$,交 AB 于 G.因 $\triangle ABD$ 为等腰直角三角形,故 DG 也是斜边上的中线,所以 $DG=\dfrac{1}{2}AB=\dfrac{1}{2}AC$.又因为 $CD\parallel AB$,所以 $AF=DG$,因此 $AF=\dfrac{1}{2}AC$,这便可以证明 $\angle 4=30°$,问题即可解决.

证明　作 $DG\perp AB$,$AF\perp CD$,G、F 分别为垂足.因为 $CD\parallel AB$,所以 $DG=AF$.又因为 $\triangle ABD$ 为等腰直角三角形,所以 DG 为 AB 上的中线,$DG=\dfrac{1}{2}AB$.而 $AB=AC$,所以 $AF=\dfrac{1}{2}AC$,故 $\angle 4=30°$.因为 $\angle 3=\angle 4$,所以 $\angle 3=30°$.在 $\triangle ABC$ 中,因为 $AB=AC$,所以 $\angle ACB=\angle ABC=75°$.因为 $\triangle ABD$ 为等腰直角三角形,所以 $\angle 1=45°$,因此 $\angle 2=30°$.而 $\angle BEC=\angle 1+\angle 3=75°$,所以 $\angle BEC=\angle ACB$,故 $BC=BE$.

如果 C 在 DF 的延长线上,本题仍旧成立,请读者自行画图证明.

注意　(1)条件中有平行线时,应想到两平行线的距离处处相等.

(2)条件中有一些线段不相联系时,常可利用平行移动使其发生联系.

例2 从直线 l 外一点 P 向 l 作垂线 PH，又在 PH 的同侧作斜线 PA、PB、PC（图 2.36），如果 PA、PB、PC 之长成等差数列，证明：$AB > BC$.

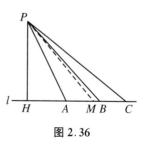

图 2.36

证明 因为 $PA - PB = PB - PC$，所以 $2PB = PA + PC$. 在 $\triangle PAC$ 中，作 AC 边上的中线 PM，由 2.3 节的例 3 得 $2PM < PA + PC$，所以 $PM < PB$. 由定理 2.33 得 $HM < HB$，从而 $AM < AB$，即 $AB > \frac{1}{2}AC$. 但 $BC < CM$，即 $BC < \frac{1}{2}AC$，所以 $AB > BC$.

习 题 5

1. AD 是 $\triangle ABC$ 中 BC 边上的高，P 是 AD 上任一点，若 $\angle ABC < \angle ACB$，求证：$\angle PBC < \angle PCB$.

2. AB、CD 两线段互相垂直相交于 O，若 $AC > AD$，求证：$\angle ACB < \angle ADB$.

3. 等腰三角形底边（或延长线）上任一点到两腰距离的代数和等于定值（等于腰上的高）. 这里，线段正负的决定方法如下：从一点到三角形一边的距离，如果这点与这边所对顶点在这边的同侧，则线段之前附以正号；如果这点与这边所对顶点在这边的异侧，则线段之前附以负号.

4. 等边三角形所在平面内任一点到三边距离的代数和等于定值. 线段正负的决定方法同上题.

2.6　平行线截等分线段

1. 平行线截等分线段定理

定理 2.34　夹在两平行线间的平行线段相等.

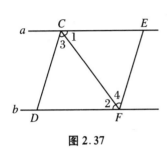

图 2.37

证明　设直线 a // 直线 b，C、E 在直线 a 上，D、F 在直线 b 上，且 CD // EF（图 2.37），连 CF. 在 $\triangle CDF$ 与 $\triangle FEC$ 中，$\angle 1 = \angle 2$，$\angle 3 = \angle 4$，$CF = FC$，所以 $\triangle CDF \cong \triangle FEC$，因此 $CD = EF$.

定理 2.35　一组平行线若在一条直线上截得的线段相等，则在其他直线上截得的线段也相等.

证明　设直线 AB // CD // EF，交直线 GH 于 A、C、E，交直线 KL 于 B、D、F，且 $AC = CE$（图 2.38）. 过 B、D 作 GH 的平行线，分别交 CD 于 M，交 EF 于 N. 因为 AB // CD，BM // AC，所以 $BM = AC$，同理 $DN = CE$. 但 $AC = CE$，所以 $BM = DN$. 又因为 BM // GH，DN // GH，所以 BM // DN. 在 $\triangle BDM$ 与 $\triangle DFN$ 中，

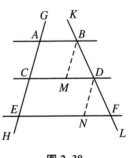

图 2.38

$BM = DN$，$\angle MBD = \angle NDF$，且 CD // EF，因此 $\angle BDM = \angle DFN$，所以 $\triangle BMD \cong \triangle DNF$，故 $BD = DF$.

推论　经过三角形一边中点而与另一边平行的直线必平分第三边.

证明　设 D 是△ABC 中 AB 的中点，DE // BC，DE 交 AC 于 E（图 2.39），过 A 作 MN // BC，则 MN、DE、BC 这组平行线截 AB 成相等的线段，亦必截 AC 成相等的线段，所以 $AE = EC$.

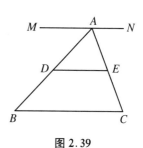

图 2.39

2. 三角形中位线定理

连接三角形两边中点的线段叫做三角形的中位线.

定理 2.36　三角形的中位线平行于第三边且等于第三边的一半.

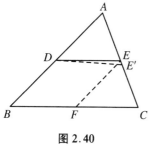

图 2.40

证明　设 D、E 分别是△ABC 中 AB、AC 的中点（图 2.40）.过 D 作 DE' // BC，交 AC 于 E'，由定理 2.35 的推论可知，E' 必定是 AC 的中点，所以 E' 重合于 E.因为 DE' // BC，所以 DE // BC.再过 E 作 EF // AB，交 BC 于 F，则 F 亦为 BC 的中点，即 $BF = \dfrac{1}{2} BC$.因为 EF // AB，DE // BC，由定理 2.34 知，$DE = BF$，即 $DE = \dfrac{1}{2} BC$.

例 1　过△ABC 的顶点 A 任作直线 PQ，从 B、C 向直线 PQ 分别引垂线 BP、CQ，P、Q 为垂足.又知 M 为 BC 的中点，求证：$MP = MQ$（图 2.41）.

证明　作 $MN \perp PQ$，因为 $BP \perp$

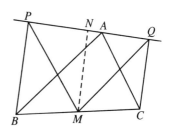

图 2.41

PQ，$CQ \perp PQ$，所以 $MN \parallel BP \parallel CQ$．因为 $BM = MC$，所以 $PN = NQ$．在直角 $\triangle MPN$ 和直角 $\triangle MQN$ 中，$MN = MN$，$PN = NQ$，所以 $\triangle MPN \cong \triangle MQN$，故 $MP = MQ$．

若 PQ 通过 $\triangle ABC$ 的内部，本题仍旧成立，请读者自行画图证明．

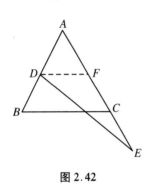

图 2.42

例 2　在 $\triangle ABC$ 中，$AB = AC$，在 AB 上取 BD，在 AC 的延长线上取 CE，使 $BD = CE$，求证：BC 平分 DE（图 2.42）．

证明　过 D 作 $DF \parallel BC$，交 AE 于 F．因为 $AB = AC$，所以 $\angle B = \angle ACB$．因为 $DF \parallel BC$，所以 $\angle ADF = \angle B$，$\angle AFD = \angle ACB$，故 $\angle ADF = \angle AFD$，因此 $AD = AF$．但 $AB = AC$，所以 $BD = CF$．因为 $BD = CE$，所以 $CF = CE$．由定理 2.35 的推论，得 BC 平分 DE．

例 3　在 $\triangle ABC$ 中，分别以 AB 和 AC 为一边作等边三角形 ABD 和 ACE，F、G、H 分别为 BC、BD、CE 的中点，求证：$FG = FH$（图 2.43）．

证明　连 BE、CD．因为 $\triangle ABD$ 和 $\triangle ACE$ 都是等边三角形，所以 $\angle BAD = \angle CAE = 60°$．

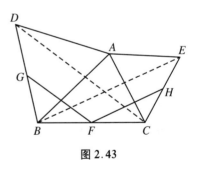

图 2.43

在 $\triangle ABE$ 和 $\triangle ADC$ 中，$AB = AD$，$AE = AC$，$\angle BAE = 60° + \angle BAC = \angle DAC$，所以 $\triangle ABE \cong \triangle ADC$，因此 $BE = CD$．因为 F、H 分别为 BC、CE 的中点，所以 FH 是 $\triangle CBE$ 的中位线，因此 $FH = \dfrac{1}{2} BE$．同

理,$FG = \frac{1}{2}CD$.因为 $BE = CD$,所以 $FG = FH$.

注意　欲证两线段相等,而条件有其他线段的中点时,常可利用三角形中位线定理,作出该两线段的两倍或一半,再证其相等.

例 4　线段 $AD = BC$,连 AB 及 CD,设 AB、CD 的中点分别为 E,F,连 EF,求证:直线 EF 与直线 AD、BC 成等角.

证明　设 EF 与 AD、BC 延长后分别相交于 G、H(图 2.44).连 AC,设 AC 的中点为 M,连 ME、MF,则 $ME \parallel BC$,$ME = \frac{1}{2}BC$；$MF \parallel AD$,$MF = \frac{1}{2}AD$.但 $AD = BC$,所以 $ME = MF$,因此 $\angle MEF = \angle MFE$.又因为 $\angle AGE = \angle MFE$,$\angle BHE = \angle MEF$,所以直线 AD、BC 与直线 EF 成等角.

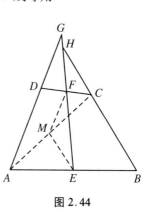

图 2.44

不论线段 AD、BC 的位置关系如何(例如线段 AD 与线段 BE 相交,或其中任一条延长后与另一条相交),本题都成立,请读者自行画图证明.

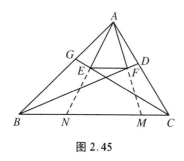

图 2.45

例 5　从三角形的一个顶点向另外两角的平分线作垂线,则两个垂足的连线平行于底边.

证明　设在 $\triangle ABC$ 中,AE 垂直于 $\angle ACB$ 的平分线 CG,AF 垂直于 $\angle ABC$ 的平分线 BD,垂足分别为 E、F(图 2.45).延长 AE、

AF,分别与 BC 交于 N、M.因为 AE 垂直于 $\angle ACN$ 的平分线,所以 $\triangle CAN$ 为等腰三角形,E 为底边 AN 的中点.同理,F 为 AM 的中点.所以 $EF \parallel NM$,即 $EF \parallel BC$.

本题尚可扩充如下:

从三角形的一个顶点向另外两角的内、外角平分线作垂线,则四个垂足和两腰的中点共六点在一直线上,此直线平行于底边.

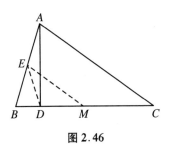

图 2.46

例 6　在 $\triangle ABC$ 中,$\angle B = 2\angle C$,$AD \perp BC$,M 为 BC 的中点,求证:$DM = \dfrac{1}{2}AB$(图 2.46).

证明　作直角 $\triangle ABD$ 斜边上的中线 DE,则 $DE = \dfrac{1}{2}AB$.连 EM,则 EM 为 $\triangle BAC$ 的中位线,$EM \parallel AC$,所以 $\angle EMD = \angle C$.因为 $\angle B = 2\angle C$,所以 $\angle B = 2\angle EMD$.因为 $BE = ED$,所以 $\angle B = \angle BDE$,因此 $\angle BDE = 2\angle EMD$.但 $\angle BDE = \angle EMD + \angle DEM$,所以 $\angle DEM = \angle DME$,因此 $DM = DE$,故 $DM = \dfrac{1}{2}AB$.

注意　欲证一线段等于另一线段的一半时,常设法作出短线段的两倍,证其等于长线段,或设法作出长线段的一半,证其等于短线段.在此,直角三角形斜边上中线定理及三角形中位线定理往往有用.

习　题　6

1. 如图,在 $\triangle ABC$ 中,BD 是 $\angle ABC$ 的平分线,$AD \perp BD$,E 是 AC 的中点,求证:$DE \parallel BC$.

2. 如图，AD 是 $\triangle ABC$ 中 $\angle BAC$ 的平分线，$CE \perp AD$，$EF /\!/ BA$，EF 交 AC 于 F，求证：$EF = \dfrac{1}{2}AC$.

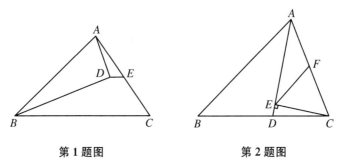

第1题图　　　　　　　　　　第2题图

3. 在 $\triangle ABC$ 中，$AB = AC$，延长 AB 至 D，使 $BD = AB$，E 是 AB 的中点，连 CE，求证：$CD = 2CE$.

4. 如图，$AB > CD$，E、F 分别为 BC、AD 的中点，连 EF，延长后分别交 BA、CD 的延长线于 G、H，求证：$\angle CHE > \angle BGE$.

5. 如图，在 $\triangle ABC$ 中，$AB = 3AC$，AD 为 $\angle BAC$ 的平分线，$BE \perp AD$，交 AD 的延长线于 E，求证：$AD = DE$.

6. 在 $\triangle ABC$ 中，$AB = AC$，$AD \perp BC$，E 是 AD 的中点，CE 延长后交 AB 于 F，求证：$AF = \dfrac{1}{3}AB$.

7. 如图，在 $\triangle ABC$ 中，D 是 AB 的中点，E 在 AC 上且 $AE = 2EC$，BE 与 CD 交于 F，求证：$EF = \dfrac{1}{4}BE$.

8. E、F 分别是 AB、CD 的中点，连 EF，求证：$EF < \dfrac{1}{2}(AD + BC)$.

9. 过等腰 $\triangle ABC$ 的顶点 A 任作一直线 MN，与过 B、C 且垂直于 BC 的两条垂线分别交于 M、N，求证：A 为 MN 的中点.

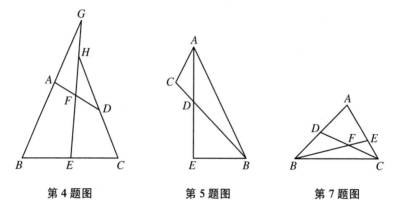

第 4 题图　　　第 5 题图　　　第 7 题图

10. 已知 $AC = BD$，AC 与 BD 相交于 E，M、N 分别为 AB、CD 的中点. 连 MN，交 AC 于 G，交 BD 于 F，求证：$EF = EG$.

2.7　三角形中主要线的一些性质

1. 线段的垂直平分线和角的平分线

定理 2.37　线段的垂直平分线上任意一点到这条线段两端的距离相等.

定理 2.38　如果一点到线段的两端距离相等，则这点在这条线段的垂直平分线上.

定理 2.39　角的平分线上任意一点到这角的两边距离相等.

定理 2.40　如果一点到角的两边距离相等，则这点在这角的平分线上.

以上四个定理的证明都很容易，请读者自行补足.

2. 三角形的心

定理 2.41　在三角形中，三边的垂直平分线交于一点，这点到三角形各顶点等距离(图 2.47).

证明 设在 $\triangle ABC$ 中，AB、BC、CA 的垂直平分线分别为 DH、EG、FJ. 因为 AB 和 AC 相交于 A，所以它们的垂直平分线 DH 与 FJ 不可能平行.设 DH 与 FJ 相交于 O，连 AO、BO、CO，则因为 O 在 AB 的垂直平分线上，所以 $AO = BO$.同理 $AO = CO$.所以 $BO = CO$，因此 O 也在 BC 的垂直平分线上，所以 DH、EG、FJ 三线共点.

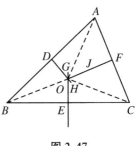

图 2.47

三角形三边的垂直平分线的交点叫做三角形的外心.

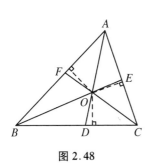

图 2.48

定理 2.42 在三角形中，三个内角的平分线交于一点，这点到三角形各边等距离(图 2.48).

证明 设在 $\triangle ABC$ 中，AD、BE、CF 分别为 $\angle BAC$、$\angle ABC$、$\angle ACB$ 的平分线.因为 $\angle EBC + \angle FCB < 180°$，所以 BE 与 CF 必相交，设交点为 O.因为 O 在 $\angle ABC$ 的平分线上，所以 O 到 BC 与 O 到 AB 的距离相等.同理，O 到 BC 与 O 到 AC 的距离也相等.所以 O 到 AB 与 O 到 AC 的距离相等，因此 O 也在 $\angle BAC$ 的平分线上，所以 AD、BE、CF 三线共点.

三角形三个内角的平分线的交点叫做三角形的内心.

定理 2.43 在三角形中，一个内角的平分线与不相邻的两外角的平分线交于一点，这点到三角形的一边和到三角形的另两边所在直线等距离(图 2.49).

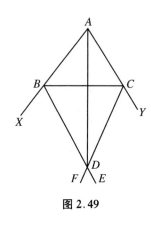

图 2.49

证明　设 BE、CF 分别为△ABC 中两外角∠CBX 和∠BCY 的平分线,因为∠EBC + ∠FCB<$180°$,所以 BE 与 CF 必相交,设交点为 D.因为 D 在∠CBX 的平分线上,所以 D 到 BC 与 D 到 AX 的距离相等.同理,D 到 BC 与 D 到 AY 的距离也相等.因此 D 到 AX 与 D 到 AY 的距离相等,故 D 也在∠XAY 的平分线上,所以 BE、CF 与∠BAC 的平分线三线共点.

三角形一个内角的平分线与不相邻两外角的平分线的交点叫做三角形的旁心.三角形有三个旁心.

定理 2.44　在三角形中,三条高(所在直线)交于一点(图 2.50).

证明　设 AD、BE、CF 为△ABC 的三条高,过 A、B、C 分别作对边的平行线,相交于 A'、B'、C'(图 2.50).在△ABC 与△ABC' 中,∠CAB = ∠$C'BA$,∠CBA = ∠$C'AB$,$AB = BA$,所以

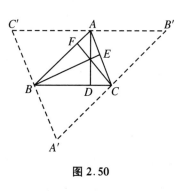

图 2.50

△ABC≌△BAC',因此 $AC' = BC$.同理,$AB' = BC$.而 $AD⊥BC$,$BC // B'C'$,所以 $AD⊥B'C'$.因此 AD 是 $B'C'$ 的垂直平分线.同理,BE 和 CF 分别是 $C'A'$ 和 $A'B'$ 的垂直平分线.由定理 2.41 知,AD、BE、CF 三线共点.

三角形三条高的交点叫做三角形的垂心.

定理 2.45 在三角形中,三条中线交于一点,这点到任何一边中点的距离等于这边上中线的三分之一.

证明 设 AD、BE、CF 为 $\triangle ABC$ 的三条中线(图 2.51).因为 $\angle EBC + \angle FCB < 180°$,所以 BE 与 CF 必相交,设交点为 O,连 EF,则 $EF \parallel BC$,$EF = \frac{1}{2}BC$.取 BO、CO 的中点 M、N,连 MN,

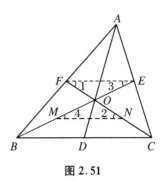

图 2.51

则 $MN \parallel BC$,$MN = \frac{1}{2}BC$.所以 $MN \underline{\parallel} EF$.因此 $\angle 1 = \angle 2$,$\angle 3 = \angle 4$,立得

$\triangle OMN \cong \triangle OEF$,所以 $OM = OE$,但 $OM = \frac{1}{2}OB$,所以 $OE = \frac{1}{3}BE$.

因此,BE 与 CF 的交点 O 是 BE 上到 E 的距离等于 $\frac{1}{3}BE$ 的分点.同理,中线 AD 与 BE 的交点也应当是 BE 上到 E 的距离等于 $\frac{1}{3}BE$ 的分点.但在 BE 上,这样的分点只有一个,所以 AD、BE、CF 三线共点.

同理可证,$OD = \frac{1}{3}AD$,$OF = \frac{1}{3}CF$.

三角形三条中线的交点称为三角形的重心.

定理 2.46 在等边三角形中,外心、内心、垂心、重心四心合为一点(这点叫做等边三角形的中心).

推论 如果一个三角形的外心、内心、垂心、重心四心中有两个重合,则这个三角形就是等边三角形.

这个定理和推论请读者自行证明.

3. 三角形的边、角与主要线之间的关系

定理 2.47 在等腰三角形中,两腰上的中线相等,两底角的平分线相等,两腰上的高相等.

本定理的证明留给读者.

推论 在等边三角形中,各边上的高、各边上的中线、各内角的平分线都相等.

定理 2.48 如果三角形的两边不等,那么这两边上的中线也不等,大边上的中线较小.

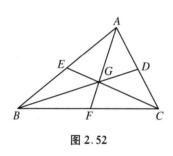

图 2.52

证明 设在 △ABC 中,$AB > AC$,BD、CE 分别为 AC、AB 上的中线(图 2.52). 设 BD 与 CE 交于 G,连 AG,交 BC 于 F,则 F 为 BC 的中点. 在 △ABF 与 △ACF 中,因为 $AB > AC$,$BF = CF$,$AF = AF$,所以 $\angle AFB > \angle AFC$. 在 △GBF 与 △GCF 中,$BF = CF$,$GF = GF$,$\angle GFB > \angle GFC$,所以 $BG > CG$. 但 $BG = \frac{2}{3}BD$,$CG = \frac{2}{3}CE$,因此 $\frac{2}{3}BD > \frac{2}{3}CE$,所以 $BD > CE$.

定理 2.49 如果三角形的两边不等,则这两边所对的角的平分线也不等,大边所对的角的平分线较小.

证明 设在 △ABC 中,$AB > AC$,BE、CF 分别为 $\angle ABC$、$\angle ACB$ 的平分线,则 $\angle ABC < \angle ACB$,所以 $\angle ABE < \angle ACF$. 在 $\angle ACF$ 内作 $\angle GCF = \angle ABE$(图

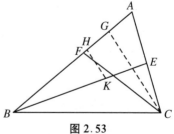

图 2.53

2.53),则∠GBC<∠GCB,所以 BG>CG.故可在 BG 上取 BH=CG,作 HK∥CG.在△BHK 和△CGF 中,BH=CG,∠HBK=∠GCF,∠BHK=∠FGC,因此△BHK≌△CGF,所以 CF=BK.而 BK<BE,所以 CF<BE.

定理 2.50　如果三角形的两边不等,则这两边上的高也不等,大边上的高较小.

证明　设在△ABC 中,AB>AC,BD、CE 分别为 AC、AB 上的高.将 BD、CE 分别延长一倍至F、G,连 CF、BG(图 2.54).则直角△BCD≌直角△FCD,直角△CBE≌直角△GBE,所以 FC=BC=GB,∠FCD=∠ACB,∠GBE=∠ABC.因为 AB>

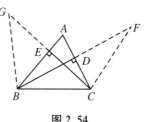

图 2.54

AC,所以∠ABC<∠ACB,因此∠GBC<∠FCB.在△FCB 和△GBC 中,FC=BC=GB,∠FCB>∠GBC,所以 FB>GC.但 FD=BD,GE=CE,所以 BD>CE.

如果允许利用面积定理,则本定理的证明将非常简单.因为

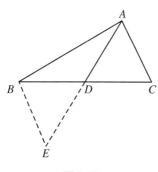

图 2.55

$S_{\triangle ABC}=\dfrac{1}{2}AC\cdot BD=\dfrac{1}{2}AB\cdot CE$,由 AB>AC,即得 BD>CE.

定理 2.51　如果三角形的两边不等,则第三边上的中线与小边所夹之角大于它与大边所夹之角.

证明　设在△ABC 中,AB>AC,AD 为 BC 上的中线,延长 AD

至 E，使 $DE = AD$，连 BE（图 2.55）．则 $\triangle BED \cong \triangle CAD$（SAS），所以 $BE = AC$，$\angle BED = \angle CAD$．因为 $AB > AC$，所以 $AB > BE$，因此 $\angle BEA > \angle BAE$，即 $\angle BED > \angle BAD$，故 $\angle CAD > \angle BAD$．

定理 2.52 在三角形中，任一边上的中线小于另两边之和的一半．

证明 由定理 2.51 的证明及图 2.55 可见，$AE < AB + BE$，但 $BE = AC$，$AE = 2AD$，所以 $2AD < AB + AC$，即 $AD < \dfrac{1}{2}(AB + AC)$．

定理 2.53 在三角形中，顶角的平分线与底边上的高所夹的角等于两底角之差的一半．

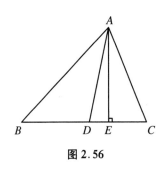

图 2.56

证明 设在 $\triangle ABC$ 中，$AB > AC$，AD 为 $\angle A$ 的平分线，AE 为 BC 上的高（图 2.56）．因为 $AB > AC$，所以 $\angle C > \angle B$，因此 $\angle A + \angle C + \angle C > \angle A + \angle B + \angle C$，即 $\angle A + 2\angle C > 180°$，所以 $\dfrac{\angle A}{2} > 90° - \angle C$．而 $\angle CAD = \dfrac{\angle A}{2}$，$\angle CAE = 90° - \angle C$，所以 $\angle CAD > \angle CAE$，故 AE 在 $\angle CAD$ 的内部．因此 $\angle DAE = \angle CAD - \angle CAE = \dfrac{\angle A}{2} - (90° - \angle C) = \dfrac{\angle A}{2} - \left(\dfrac{\angle A}{2} + \dfrac{\angle B}{2} + \dfrac{\angle C}{2} - \angle C\right) = \dfrac{1}{2}(\angle C - \angle B)$．

若 $AB < AC$，同理可证；若 $AB = AC$，则 AD 重合于 AE，而 $\angle DAE = 0°$．

例 1 三角形的垂心到一个顶点的距离等于其外心到这个顶点所对边的距离的 2 倍．

证明 设在 $\triangle ABC$ 中,三条高
AD、BE、CF 相交于垂心 H,BC 和
AB 的垂直平分线 OM、ON 相交于外
心 O. 取 AH、CH 的中点 I、J,连 IJ、
MN(图 2.57). 则 $IJ /\!/ AC$,$IJ =$
$\frac{1}{2}AC$;又因为 $MN /\!/ AC$,$MN =$
$\frac{1}{2}AC$,所以 $IJ \underline{/\!/} MN$. 因为 $OM \perp$

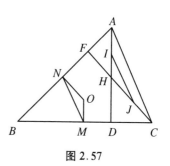

图 2.57

BC,$AD \perp BC$,所以 $OM /\!/ AD$. 同理,$ON /\!/ CF$. 由定理 1.12 知,
$\angle OMN = \angle HIJ$,$\angle ONM = \angle HJI$. 因此 $\triangle OMN \cong \triangle HIJ$,所以 OM
$= HI$,$ON = HJ$,即 $AH = 2OM$,$CH = 2ON$. 余同理.

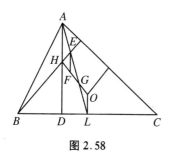

图 2.58

例 2 三角形的外心、重心和垂
心三点共线,且重心将连接外心与垂
心的线段分成 $1:2$ 的两部分.

证明 设在 $\triangle ABC$ 中,L 是 BC
的中点,O 是外心,AD 是 BC 上的
高,H 是垂心,连 HO,设交中线 AL
于 G(图 2.58).

取 AG 和 HG 的中点 E、F,连 EF,则 $EF /\!/ AH$,$EF = \frac{1}{2}AH$. 由前
面例 1 知,$OL /\!/ AH$,$OL = \frac{1}{2}AH$. 因此 $EF \underline{/\!/} OL$,所以 $\angle GEF =$
$\angle GLO$,$\angle GFE = \angle GOL$,故 $\triangle GEF \cong \triangle GLO$. 所以 $GE = GL$,$GF =$
GO. 因此 $GL = \frac{1}{3}AL$. 但 AL 为 BC 边上的中线,所以 G 为 $\triangle ABC$ 的
重心. 这就证明了 O、G、H 三点共线,且 $OG:GH = 1:2$.

三角形的外心、重心、垂心所在直线称为三角形的欧拉(Euler)线.

例 3　如果三角形中有两个内角的平分线相等,则它们所对的边也相等.

本题的直接证法前面已经介绍过(见 2.3 节的例 5),现在介绍一种反证法.

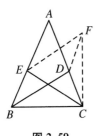

图 2.59

证明　设在 $\triangle ABC$ 中,BD、CE 分别为 $\angle ABC$、$\angle ACB$ 的平分线.过 D、E 分别作 BE、BD 的平行线,相交于 F,连 CF(图 2.59).由定理 2.34 知,$DF = BE$,$EF = BD$.又由定理 1.12 知,$\angle DFE = \angle ABD$.

先设 $AC < AB$,则 $\angle ABC < \angle ACB$,所以 $\angle ABD < \angle ACE$,即 $\angle DFE < \angle DCE$.因为 $EF = BD = CE$,所以 $\angle EFC = \angle ECF$.因此 $\angle DFC > \angle DCF$,所以 $DC > DF$,即 $DC > BE$.在 $\triangle DBC$ 与 $\triangle ECB$ 中,$BC = CB$,$BD = CE$,而 $DC > BE$,所以 $\angle DBC > \angle ECB$,因此 $\angle ABC > \angle ACB$,所以 $AC > AB$,与假设矛盾.因此 $AC < AB$ 是不可能的.

同理,$AB < AC$ 也是不可能的.所以 $AB = AC$.

例 4　在 $\triangle ABC$ 中,$AB > AC$,AM 为 BC 上的中线,AD 为 $\angle BAC$ 的平分线,AH 为 BC 上的高,求证:$AM > AD > AH$(图 2.60).

证明　由定理 2.51 知,$\angle BAM <$ $\angle CAM$,所以 $\angle BAM < \dfrac{\angle A}{2}$,即 AM 在

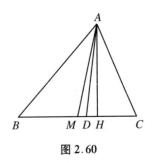

图 2.60

$\angle BAD$ 的内部. 由定理 2.53 的证明可知, AH 在 $\angle CAD$ 的内部. 所以点 D 在点 M、H 之间, $HM > HD$. 由定理 2.32, 得 $AM > AD$, 由定理 2.30, 得 $AD > AH$, 所以 $AM > AD > AH$.

习　题　7

1. 三角形任一内角的平分线小于两夹边之和的一半.

2. 三角形的三条中线之和小于周长而大于周长的四分之三.

3. 三角形内任意一点到三边(所在直线)的距离之和介于最长与最短的两条高之间.

4. 设 G 是 $\triangle ABC$ 的重心, 分别延长 BG、CG 至 E、F, 使 $GE = 2BG$, $GF = 2CG$, 求证: E、A、F 三点共线.

5. 设 O 是正三角形的中心, 求证: BO 与 CO 的垂直平分线必三等分 BC 边.

6. 设 I、I_1、I_2、I_3 依次是 $\triangle ABC$ 的内心及对着 A、B、C 的旁心, 求证:

(1) $\angle BIC = 90° + \dfrac{1}{2}\angle A$;

(2) $\angle BI_1C = 90° - \dfrac{1}{2}\angle A$;

(3) $\angle BI_2C = \angle BI_3C = \dfrac{1}{2}\angle A$.

7. 设 O 是 $\triangle ABC$ 的外心, 求证: $\angle BOC$ 等于 $2\angle A$ 或等于 $360° - 2\angle A$.

8. 设 H 为 $\triangle ABC$ 的垂心, 求证: $\angle BHC$ 等于 $180° - \angle A$ 或等于 $\angle A$.

2.8　有关三角形的作图题

例 1　已知三条线段 h_a、m_b、m_c，求作 $\triangle ABC$，使 BC 边上的高 $AD = h_a$，CA 边上的中线 $BE = m_b$，AB 边上的中线 $CF = m_c$.

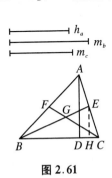

图 2.61

分析　设 $\triangle ABC$ 已作出(图 2.61)，BE 和 CF 相交于重心 G.过 E 作 $EH \perp BC$，因为 $AD \perp BC$，所以 $EH /\!/ AD$.又因为 E 为 AC 的中点，所以 EH 为 $\triangle CAD$ 的中位线，$EH = \frac{1}{2}AD$.在直角 $\triangle BEH$ 中，$BE = m_b$，$EH = \frac{1}{2}h_a$，所以直角 $\triangle BEH$ 可以作出.BE 的位置确定后，因为 $GE = \frac{1}{3}BE$，所以点 G 的位置可以确定.又因为 $GC = \frac{2}{3}CF = \frac{2}{3}m_c$，所以点 C 的位置也可以确定，于是点 A 就不难求得了.

作法　作 $EH = \frac{1}{2}h_a$.过 H 作 EH 的垂线，以 E 为圆心、m_b 为半径作弧，交这垂线于 B.在 BE 上取点 G，使 $GE = \frac{1}{3}BE$，以 G 为圆心、$\frac{2}{3}m_c$ 为半径作弧，交 BH 于 C.连 CE 并延长一倍至 A，连 AB，则 $\triangle ABC$ 为所求的三角形.

证明　作 $AD \perp BC$，因为 $AE = CE$，所以 $AD = 2EH = h_a$，$BE = m_b$.因为 $GE = \frac{1}{3}BE$，所以 G 是 $\triangle ABC$ 的重心，因此 CG 延长后是 AB

边上的中线. 因为 $GC = \dfrac{2}{3}m_c$,所以 $CF = m_c$. 因此 $\triangle ABC$ 符合条件.

讨论　要使本题有解,首先必须有直角 $\triangle BEH$ 存在. 所以 $EH \leqslant$ BE,即 $\dfrac{1}{2}h_a \leqslant m_b$,所以 $h_a < 2m_b$. 同理,$h_a \leqslant 2m_c$(这两个条件中最多只能有一式取等号). 其次,以 G 为圆心、$\dfrac{2}{3}m_c$ 为半径作弧时,可能与直线 BH 交于两点,故上述两个条件满足时,本题有两解.

注意　像这样的作图题,先作出 $\triangle BEH$,再以它为基础,作出所需的图形,这种方法叫做三角形莫基法.

例 2　已知底角 β、底边与一腰的和 l,求作等腰三角形.

分析　设 $\triangle ABC$ 已作出,$AB = AC$,$\angle B = \beta$,$AB + BC = l$(图 2.62).延长 BC 至 D,使 $CD = AC$,连 AD,则 $BD = l$. 在 $\triangle ACD$ 中,$\angle ACB = \angle D + \angle CAD$,而 $\angle D = \angle CAD$,所以 $\angle D = \dfrac{1}{2}\angle ACB$ $= \dfrac{1}{2}\beta$.因此,点 D 确定后,$\angle D$ 可以作出,点 A 随之确定,关键问题是要求出点 C.因为 $AC = DC$,所以点 C 在 AD 的垂直平分线上,于是点 C 可以作出.

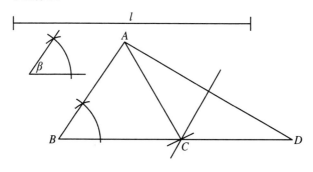

图 2.62

作法　作$\angle XBY = \beta$，在 BX 上取 $BD = l$. 以 D 为顶点、DB 为一边在 $\angle B$ 的同侧作 $\angle BDA = \dfrac{1}{2}\beta$，设这角的另一边交 BY 于 A. 连 AD. 作 AD 的垂直平分线，交 BX 于 C，连 AC，则△ABC 为所求的三角形.

证明　因为点 C 在 AD 的垂直平分线上，所以 $CA = CD$，因此 $\angle ACB = 2\angle D = \beta$，$BC + AC = BC + CD = l$. 又因为 $\angle B = \beta$，所以 $AB = AC$. 因此△ABC 符合条件.

讨论　$\beta > 90°$时无解，否则本题必有一解.

例 3　已知△ABC 及线段 d，在 BC 上求一点 P，使点 P 到 AB 的距离减点 P 到 AC 的距离等于 d.

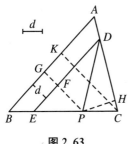

图 2.63

作法　在△ABC 内作 $DE /\!/ AB$，并使 DE 与 AB 之间的距离等于 d，设 DE 与 AC、BC 分别相交于 D、E，作 $\angle CDE$ 的平分线，交 BC 于 P（图 2.63），则点 P 为所求的点.

证明　过 P 作 $PG \perp AB$ 及 $PH \perp AC$，PG 与 DE 交于 F. 因为 $DE /\!/ AB$，所以 $PF \perp DE$. 又因为 P 在 $\angle CDE$ 的平分线上，所以 $PF = PH$. 因此 $PG - PH = PG - PF = d$. 故点 P 符合条件.

讨论　作 $CK \perp AB$，若 $d < CK$，本题必有一解；若 $d = CK$，所求的点就是点 C；若 $d > CK$，本题无解.

注意　例 2 是利用"与线段两端等距离的点的轨迹是这条线段的垂直平分线"的原理进行作图的；例 3 是利用"与角的两边等距离的点的轨迹是这角的平分线"的原理进行作图的. 像这样利用轨迹来

求所需的点的作图法叫做轨迹交截法.

习　题　8

在下列各题中,以 a、b、c 表示三角形的三边,以 m_a、m_b、m_c 表示各边上的中线,以 h_a、h_b、h_c 表示各边上的高.

1. 已知∠A、m_b、h_c,求作三角形.

2. 已知∠A、$b+c$、h_c,求作三角形.

3. 已知∠A、∠B、$c-b$,求作三角形.

4. 已知斜边和一直角边的差,又知另一直角边,求作直角三角形.

5. 已知斜边与一直角边的和,又知一锐角,求作直角三角形.

6. 已知∠A、b、$a-c$,求作三角形.

7. 已知 a、∠B、$b+c$,求作三角形.

第3章　四　边　形

3.1　多边形的概念

1．折线

有限个已知点 A、B、C、$\cdots$、K、L 及线段 AB、BC、$\cdots$、KL 所组成的图形叫做折线 $ABC\cdots KL$. 所有已知点及各线段上的点叫做折线上的点. 点 A 和 L 叫做折线的端点；B、C、$\cdots$、K 叫做折线的顶点；线段 AB、BC、$\cdots$、KL 叫做折线的边.

折线的任意两边都不相交，任意顶点都不在边上. 任意两顶点都不重合时，这条折线叫做简单折线. 图 3.1 中 (1)、(2) 为简单折线，(3)、(4)、(5) 为非简单折线.

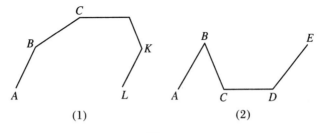

(1)　　　　　　　　(2)

图 3.1

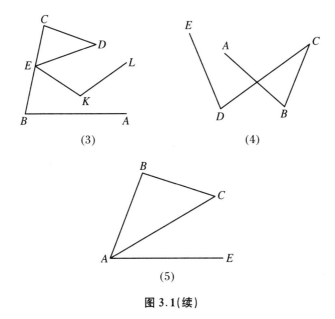

图 3.1(续)

把折线的每一条边向两方延长成直线,如果这条折线的其他各边都在这条直线的同侧,那么这样的折线叫做凸折线.图 3.1 中的 (1)为凸折线,(2)为非凸折线.

凸折线一定是简单折线,简单折线不一定是凸折线.

2. 多边形

端点重合的折线叫做多边形,折线的边叫做多边形的边.或者说,有限个点(不少于三个)A、B、C、$\cdots$、K、L 及所有线段 AB、BC、$\cdots$、KL、LA 组成的图形叫做多边形.

由简单折线所构成的多边形叫做简单多边形.图 3.2 中,(2)、(3)、(5)、(6)为简单多边形.非简单多边形叫做星形多边形.图 3.2 中,(1)、(4)为星形多边形.

由凸折线所构成的多边形叫做凸多边形.凸多边形都是简单多

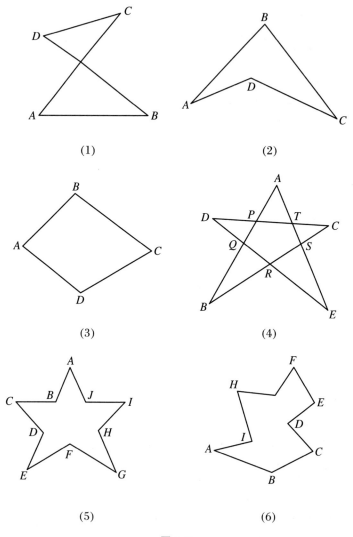

图 3.2

边形,但简单多边形不一定是凸多边形.如果多边形的每三条邻接边中,第一边和第三边位于第二边所在直线的一侧,那么这样的多边形叫做局部凸多边形,如图 3.2 中的(3)、(4).

多边形按边数分类,有三边的叫三边形(习惯上叫做三角形),有四边的叫四边形……

多边形的相邻两边所组成的角叫做多边形的角.多边形的边和角叫做多边形的元素.

连接多边形不相邻两顶点的线段叫做多边形的对角线.

凸多边形的每条对角线上的所有点都在多边形的内部.由 n 边形的每个顶点可以引 $n-3$ 条对角线.由 n 个顶点共可引 $n(n-3)$ 条对角线,但每条对角线都算了两次,因而 n 边形的对角线的总数为 $\dfrac{1}{2}n(n-3)$ 条.

例如:四边形有 $\dfrac{1}{2}\times 4\times 1=2$ 条对角线;五边形有 $\dfrac{1}{2}\times 5\times 2=5$ 条对角线;等等.

本书重点研究凸多边形,今后在本书中说到多边形而不加说明时,都是指凸多边形.

3. 多边形的内角和

定理 3.1 n 边形的内角和等于 $n-2$ 个平角.

证明 由 n 边形的一个顶点可引 $n-3$ 条对角线,从而将多边形分成 $n-2$ 个三角形.

因为每个三角形的内角和为 $180°$,所以 $n-2$ 个三角形的内角和为 $(n-2)\cdot 180°$,因此 n 边形的内角和为 $(n-2)\cdot 180°$.

推论 1 顺次延长凸多边形的各边所得的凸多边形的外角(每一顶点仅取一个)之和等于 2 个平角.

推论 2 正 n 边形每个内角都等于 $\dfrac{(n-2)\cdot 180°}{n}$,每个外角都

等于 $\dfrac{360°}{n}$.

4. 多边形的全等

如果两个多边形的对应边相等,对应角也相等,那么这两个多边形叫做全等多边形.

定理 3.2 如果两个多边形能够分解成个数相等并且排列位置相同的全等三角形,那么这两个多边形全等(必要时须将其中一个多边形翻转 $180°$).

证明 设多边形 $ABC\cdots K$ 可以分解为 $\triangle ABC$、$\triangle CDE$、$\triangle ACE$、$\cdots$,多边形 $A'B'C'\cdots K'$ 可以分解为 $\triangle A'B'C'$、$\triangle C'D'E'$、$\triangle A'C'E'$、$\cdots$,并且 $\triangle ABC \cong \triangle A'B'C'$,$\triangle CDE \cong \triangle C'D'E'$,$\triangle ACE \cong \triangle A'C'E'$,$\cdots$(图 3.3).因为全等三角形的对应元素相等,所以 $AB = A'B'$,$BC = B'C'$,$CD = C'D'$,并且 $\angle ABC = \angle A'B'C'$,$\angle ACB = \angle A'C'B'$,$\angle ECD = \angle E'C'D'$,$\angle ACE = \angle A'C'E'$,因此 $\angle BCD = \angle B'C'D'\cdots\cdots$所以这两个多边形中对应元素分别相等,因此这两个多边形全等.

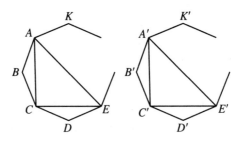

图 3.3

推论 在两个 n 边形中,如果有 $2n-3$ 个相邻的元素对应相等,那么这两个多边形全等,但这 $2n-3$ 个元素中,至多只能有 $n-1$

个是角(一个角和组成这个角的任何一条边叫做相邻的元素).

习　题　9

1. 简单四边形的一双对角的平分线相交所成的角中,有一个角等于另一双对角的差的一半.

2. 星形四边形的一双对角的平分线相交所成的角中,有一个角等于另一双对角的和的一半.

3. 四边形的两条对角线的和小于周长而大于周长的一半.

4. 凸多边形的锐角不能多于三个.

5. 如图,证明任意五角星形的五个角之和等于 180°. 任意七角星形呢?

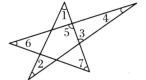

第 5 题图

3.2　平行四边形

1. 平行四边形的判定

在四边形中,没有公共顶点的两条边叫做对边;没有公共边的两个角叫做对角.

两双对边分别平行的四边形叫做平行四边形.

平行四边形的任意一边都可以作为底边.那么这一边和它的对

边之间的距离叫做平行四边形的高.平行四边形的两条对角线的交点叫做平行四边形的中心.

定理 3.3　在四边形中,如果下列诸条件有任何一个成立,这个四边形就是平行四边形:

(1) 两双对边分别相等;

(2) 两双对角分别相等;

(3) 两条对角线互相平分;

(4) 一双对边既平行又相等.

2. 平行四边形的性质

定理 3.4　如果一个四边形是平行四边形,则下列结论全部成立:

(1) 两双对边分别平行;

(2) 两双对边分别相等;

(3) 两双对角分别相等;

(4) 两条对角线互相平分.

定理 3.3 和定理 3.4 的证明留给读者.

例 1　证明三角形的中位线定理.

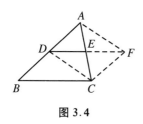

图 3.4

证明　设 D、E 分别是△ABC 中 AB 和 AC 的中点.延长 DE 至 F,使 $EF = DE$,连 AF、CD、CF(图 3.4).因为 $AE = EC$,$DE = EF$,所以 $AFCD$ 是平行四边形.因此 $CF \underset{=}{\parallel} AD$.但 AD 与 DB 在同一直线上,且 $AD = DB$,所以 $CF \underset{=}{\parallel} DB$,故 $CFDB$ 是平行四边形,因此 $DF \underset{=}{\parallel} BC$.但 DE 与 DF 在同一直线上,且 $DE =$

$\frac{1}{2}DF$,所以 $DE \parallel BC$,$DE = \frac{1}{2}BC$.

注意 欲证两线平行或相等,常可利用平行四边形的性质.

例 2 从 $\square ABCD$ 的各顶点作对角线的垂线 AF、BE、CG、DH,F、E、G、H 分别是垂足(图 3.5),求证:$EF = GH$.

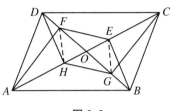

图 3.5

证明 设 AC、BD 交于 O,连 FH、EG.因为 $ABCD$ 为平行四边形,所以 $AD = BC$,$\angle ADF = \angle CBG$,因此直角 $\triangle ADF \cong$ 直角 $\triangle CBG$,所以 $DF = BG$.同理,$AH = CE$.因为 $AO = CO$,$BO = DO$,所以 $FO = GO$,$HO = EO$,因此 $EFHG$ 为平行四边形,所以 $EF = HG$.

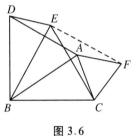

图 3.6

例 3 在 $\triangle ABC$ 中,$\angle BAC \neq 60°$,以 BC 为一边在 $\triangle ABC$ 的同侧作正 $\triangle BCE$,又以 AB、AC 为一边在 $\triangle ABC$ 外分别作正 $\triangle ABD$ 和正 $\triangle ACF$,求证:$AF \parallel DE$(图 3.6).

证明 连 EF.在 $\triangle DBE$ 和 $\triangle ABC$ 中,$DB = AB$,$BE = BC$,$\angle DBE = 60° - \angle EBA = \angle ABC$,所以 $\triangle DBE \cong \triangle ABC$,因此 $DE = AC$.在 $\triangle FEC$ 和 $\triangle ABC$ 中,$FC = AC$,$EC = BC$,$\angle FCE = 60° + \angle ACE = \angle ACB$,所以 $\triangle FEC \cong \triangle ABC$,因此 $FE = AB$.因为 $\triangle ABD$ 和 $\triangle ACF$ 都是等边三角形,所以 $DE = AC = AF$,$FE = AB = AD$,而 $\angle BAC \neq 60°$,所以 D、A、F 三点不在一直线上,因此 $AFED$ 是平行四边形,于是 $AF \parallel DE$.

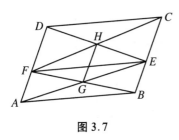

图 3.7

例 4　ABCD 为平行四边形，EF // AB，EF 分别交 BC、AD 于 E、F，DE 与 CF 交于 H，AE 与 BF 交于 G，求证：GH // BC（图 3.7）．

证明　因为 ABCD 为平行四边形，所以 AD // BC，AB // DC．因为 EF // AB，所以 EF // DC．因此 ABEF 及 EFDC 均为平行四边形，所以 G 为 FB 的中点，H 为 FC 的中点，故 GH // BC．

习 题 10

1. E、F 是 □ABCD 的对角线 AC 上的两点，AE = CF，求证：DEBF 为平行四边形．

2. 在 □ABCD 中，∠A、∠C 的平分线分别交对角线 BD 于 E、F，求证：AECF 为平行四边形．

3. 如图，在 △ABC 中，AK 为 ∠A 的平分线，在 BA、CA 上取 BD = CE，G、F 分别为 DE 与 BC 的中点，求证：GF // AK．

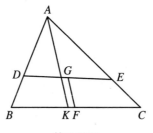

第 3 题图

4. 在 $\square ABCD$ 中，G、H 分别是 AB、CD 的中点，DG、BH 分别与对角线 AC 交于 E、F，求证：$AE = EF = FC$.

5. 在 $\square ABCD$ 中，过 A 和 C 作两条平行线，分别交 CD、AB 于 E 和 F，BE、DF 分别交 CF、AE 于 H、G，求证：$EG = FH$.

6. 如图，在 $\triangle ABC$ 中，M 为 AB 的中点，D 为 AB 上任一点，N、P 分别为 CD、BC 的中点，Q 为 MN 的中点，PQ 与 AB 相交于 E，求证：$AE = ED$.

7. 如图，AD、BE、CF 是 $\triangle ABC$ 的三条中线，又有 $FG \parallel BE$，$EG \parallel AB$，求证：$AD \underline{\parallel} GC$.

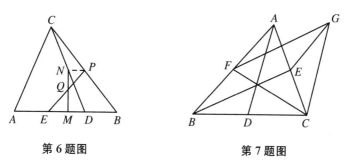

第 6 题图　　　　　　　　第 7 题图

8. $\triangle ABC$ 的三边 BC、CA、AB 的中点分别为 P、Q、R，PR 的中点为 M，延长 AM、QP，相交于 N，求证：$BM \parallel CN$.

9. 在 $\square ABCD$ 中，$AD = 2AB$，将 CD 向两侧延长至 E 和 F，使 $CE = DF = CD$，求证：$AE \perp BF$.

10. 在 $\square ABCD$ 的两边 AD 和 CD 上各取一点 F 和 E，使 $AE = CF$，AE 与 CF 交于 P，求证：BP 是 $\angle APC$ 的平分线.

11. 在四边形 $ABCD$ 中，AB 和 CD 的中点分别为 E 和 F，AD 和 BC 的中点分别为 G 和 H，对角线 AC 和 BD 的中点分别为 M 和 N，求证：EF、GH、MN 三线共点（本题中的四边形不一定是凸四边形）.

3.3　特殊平行四边形

1. 矩形

有一个角是直角的平行四边形叫做矩形.

定理 3.5　在平行四边形中,如果两条对角线相等,则这个平行四边形就是矩形.

定理 3.6　在四边形中,如果下列两条件有任何一个成立,这个四边形就是矩形:

(1) 有三个角是直角;

(2) 两条对角线相等且互相平分.

矩形是平行四边形的一种,所以除了具有平行四边形的一切性质之外,它还具有一些特殊的性质.

定理 3.7　矩形具有下列性质:

(1) 四个角都是直角;

(2) 两条对角线相等;

(3) 任何一双对边中点的连线垂直于这双对边.

2. 菱形

有一组邻边相等的平行四边形叫做菱形.

定理 3.8　在平行四边形中,如果下列两条件有任何一个成立,这个平行四边形就是菱形:

(1) 两条对角线互相垂直;

(2) 一条对角线平分一对内角.

定理 3.9　在四边形中,如果四条边都相等,则这个四边形就是菱形.

菱形也是平行四边形的一种,所以除了具有平行四边形的一切性质之外,它还具有一些特殊的性质.

定理 3.10 菱形具有下列性质:

(1) 四条边都相等;

(2) 两条对角线互相垂直;

(3) 每一条对角线平分一组对角.

3．正方形

有一个角是直角,并且有一组邻边相等的平行四边形叫做正方形.

定理 3.11 在矩形中,如果下列诸条件有任何一个成立,这个矩形就是正方形:

(1) 一组邻边相等;

(2) 两条对角线互相垂直;

(3) 一条对角线平分任何一个内角.

定理 3.12 在菱形中,如果下列两条件有任何一个成立,这个菱形就是正方形:

(1) 一个角等于直角;

(2) 两条对角线相等.

定理 3.13 在平行四边形中,如果下列诸条件有任何一个成立,这个平行四边形就是正方形:

(1) 一个角是直角并且一组邻边相等;

(2) 两条对角线互相垂直且相等;

(3) 两条对角线相等并且有一条对角线平分任何一个内角.

定理 3.14 在四边形中,如果下列两条件有任何一个成立,这个四边形就是正方形:

(1) 四角都相等,且四边都相等;

(2) 两条对角线互相垂直、平分且相等.

正方形是矩形的一种,也是菱形的一种,同时又是平行四边形的一种,所以除了具有矩形、菱形、平行四边形的一切性质外,它还具有一些特殊的性质.

定理 3.15　正方形的任何一条对角线与任何一条边所夹的角等于 45°.

从定理 3.5 至定理 3.15,这几条定理的证明都比较容易,请读者自己完成.

例 1　以 $\triangle ABC$ 的边 AB、AC 为边向外作正方形 $ABDE$ 和 $ACFG$,正方形 $ABDE$ 的对角线相交于 P,正方形 $ACFG$ 的对角线相交于 Q,又 BC 的中点为 M,EG 的中点为 N,求证:

(1) $MQNP$ 是正方形;

(2) $AM = \dfrac{1}{2} EG$,$AN = \dfrac{1}{2} BC$;

(3) $AM \perp EG$,$AN \perp BC$.

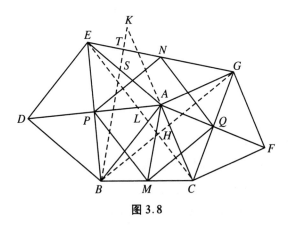

图 3.8

证明　(1) 连 BG、CE,相交于 H(图 3.8).在 $\triangle ABG$ 和 $\triangle AEC$ 中,$AB = AE$,$AG = AC$,$\angle BAG = \angle BAC + 90° = \angle EAC$,所以 $\triangle ABG \cong \triangle AEC$,因此 $BG = EC$,$\angle ABG = \angle AEC$.设 CE 与 AB 的交点为 L,在 $\triangle EAL$ 和 $\triangle BHL$ 中,$\angle AEL = \angle HBL$,$\angle ALE =$

$\angle HLB$,所以 $\angle EAL = \angle BHL$,故 $\angle BHL = 90°$,即 $BG \perp CE$.

但 MP 是 $\triangle BCE$ 的中位线,所以 $MP \parallel CE$, $MP = \dfrac{1}{2} CE$.同理,

$MQ \parallel BG$, $MQ = \dfrac{1}{2} BG$.所以 $MP \perp MQ$, $MP = MQ$.同理,在四边形 $MQNP$ 中,任何两条邻边都相等且互相垂直,所以 $MQNP$ 的四条边都相等,四个角都是直角,因此 $MQNP$ 为正方形.

（2）将 CA 延长一倍至 K,连 BK,交 AE 于 S,交 EG 于 T.在 $\triangle ABK$ 和 $\triangle AEG$ 中, $AB = AE$, $AK = AC = AG$, $\angle BAK = 180° - \angle BAC$, $\angle EAG = 360° - \angle BAC - 90° - 90° = 180° - \angle BAC$,所以 $\angle BAK = \angle EAG$,因此 $\triangle ABK \cong \triangle AEG$,所以 $BK = EG$, $\angle ABK = \angle AEG$.又因为 AM 是 $\triangle CBK$ 的中位线,所以 $AM \parallel BK$, $AM = \dfrac{1}{2} BK = \dfrac{1}{2} EG$.同理, $AN = \dfrac{1}{2} BC$.

（3）在 $\triangle BAS$ 和 $\triangle ETS$ 中, $\angle ABS = \angle TES$, $\angle ASB = \angle TSE$,所以 $\angle BAS = \angle ETS$,因此 $\angle ETS = 90°$,即 $BK \perp EG$.而 $AM \parallel BK$,所以 $AM \perp EG$.同理, $AN \perp BC$.

例 2　E 是正方形 $ABCD$ 中 BC 边上的一点, AF 是 $\angle DAE$ 的平分线, AF 交 CD 于 F,求证: $AE = FD + BE$.

证明　延长 FD 至 G,使 $DG = BE$(图 3.9),则 $FG = FD + BE$,连 AG.在直角 $\triangle ABE$ 和直角 $\triangle ADG$ 中, $AB = AD$, $BE = DG$,所以 $\triangle ABE \cong \triangle ADG$,因此 $AE = AG$, $\angle 3 = \angle 4$.因为 AF 为 $\angle EAD$ 的平分线,所以 $\angle 1 = \angle 2$,故 $\angle 2 + \angle 3 = \angle 1 + \angle 4$,即 $\angle BAF = \angle GAF$.但 $AB \parallel CD$,因此 $\angle BAF = \angle GFA$,所以

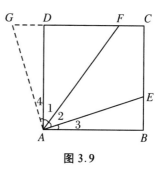

图 3.9

$\angle GAF = \angle GFA$,因而 $AG = FG$,所以 $AE = FG$,即 $AE = FD + BE$.

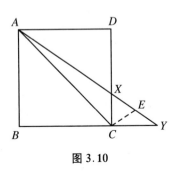

图 3.10

例 3 自正方形 $ABCD$ 的顶点 A 引一直线,交 CD 于 X,交 BC 的延长线于 Y,求证: $AX + AY > 2AC$ (图3.10).

证明 取 XY 的中点 E,则 $AX + AY = AE - EX + AE + EY = 2AE$. 连 CE,则 $CE = EX$. 所以 $\angle XCE = \angle CXE = \angle ACX + \angle CAX > 45°$,因此 $\angle ACE > 90°$,于是 $\angle ACE > \angle AEC$,所以 $AE > AC$, $2AE > 2AC$,即 $AX + AY > 2AC$.

例 4 作平行四边形各内角的平分线,求证:

(1) 四条角平分线围成一个矩形;

(2) 这个矩形的对角线平行于平行四边形的相应边且等于平行四边形的两条邻边之差.

证明 (1) 设 AE、BF、CG、DH 是 $\square ABCD$ 各内角的平分线,分别交 CD、AB 于 E、F、G、H,并两两相交于 M、P、N、Q(图 3.11). 因为 $AB /\!/ CD$,所以 $\angle DAB + \angle ADC = 180°$,因此 $\angle DAE + \angle ADH = 90°$,故 $\angle AMD = 90°$,所以 $\angle PMQ = 90°$. 同理, $\angle MPN$、$\angle PNQ$、$\angle NQM$ 都等于 $90°$. 因此 $MPNQ$ 是矩形.

图 3.11

(2) 因为 $AB /\!/ CD$,所以 $\angle DEA = \angle EAB$,但 $\angle EAB = \angle DAE$,所以 $\angle DEA = \angle DAE$,因此 $DE = AD$,所以 $EC = DC - AD$. 同理, $AG = AB - BC$. 所以 $EC = AG$,但 $EC /\!/ AG$,因此 $AGCE$ 是平行四

边形,$AE \underline{\underline{\parallel}} CG$.又因为 $\triangle DAE$ 是等腰三角形,DM 是它的顶角的平分线,所以 M 是 AE 的中点.同理,N 是 CG 的中点.所以 $AM \underline{\underline{\parallel}} GN$,因而 $AGNM$ 是平行四边形,因此 $MN \underline{\underline{\parallel}} AG$,且 $MN = AB - BC$.

例 5 证明:菱形的各边的垂直平分线又围成一个菱形.

证明 设 E、F、G、H 分别是菱形 $ABCD$ 中 AB、BC、CD、DA 的中点,各边的垂直平分线两两相交于 M、P、N、Q(图 3.12).因为 $QE \perp AB$,$PG \perp CD$,而 $AB \parallel CD$,所以 $QE \parallel PG$.同理,$QF \parallel PH$.所以 $MPNQ$ 是平行四边形.连 AM,则在直角 $\triangle AME$ 和直角 $\triangle AMH$ 中,$AE = \dfrac{1}{2} AB = \dfrac{1}{2} AD = AH$,$AM = AM$,所以 $\triangle AME \cong \triangle AMH$,故 $\angle MAE = \angle MAH$.这就是说,

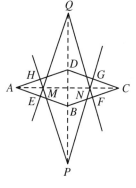

图 3.12

点 M 在菱形 $ABCD$ 的对角线 AC 上.同理,点 N 也在 AC 上.又有 P 和 Q 都在菱形的对角线 BD 的延长线上.因此,平行四边形 $MPNQ$ 的对角线互相垂直.所以 $MPNQ$ 是菱形.

习　题　11

1. 顺次连接矩形四边的中点得一菱形.

2. 顺次连接菱形四边的中点得一矩形.

3. 在 $\triangle ABC$ 中,AD 是 $\angle BAC$ 的平分线,AD 的垂直平分线分别交 AB、AC 于 E、F,求证:$AEDF$ 是菱形.

4. 平行四边形各外角的平分线围成一个矩形,这个矩形的对角

线平行于平行四边形的相应边,且等于平行四边形的两条邻边之和.

5. 如图,$ABCD$ 为矩形,$AB = 2BC$,$\angle DAE = 60°$,求证:$\angle CBE = 15°$.

6. 如图,在 $\square ABCD$ 中,$AB = 2AD$,F 为 AB 的中点,$CE \perp AD$,CE 交 AD 的延长线于 E,求证:$\angle BFE = 3\angle AEF$.

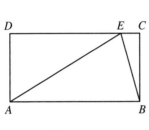

第 5 题图　　　　　　　第 6 题图

7. P 是正方形 $ABCD$ 的对角线 BD 上的任一点,引 $PE \perp BC$,$PF \perp CD$,E、F 分别为垂足,求证:$AP = EF$,$AP \perp EF$.

8. 如图,AA_1 为等腰 $\triangle ABC$ 的底边 BC 上的高,CD 为 $\angle ACB$ 的平分线,作 $DE \perp BC$,$DF \perp DC$,DF 与 BC 交于 F,求证:$A_1 E = \dfrac{1}{4} CF$.

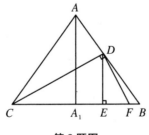

第 8 题图

9. 在 $\triangle ABC$ 中,$AB = AC$,D 为 BC 上任一点,由 D 作 BC 的垂线,与 AB、AC(或延长线)分别相交于 E、F,又有 AH 为 BC 上的高,

求证:$ED + FD = 2AH$.

10. 以正方形 $ABCD$ 的边 AB 为一边在形内作一个等腰 $\triangle ABE$,若$\angle EAB = \angle EBA = 15°$,求证:$\triangle ECD$ 是等边三角形.

11. 如图,$ABCD$ 为正方形,$CE \parallel BD$ 且 $DE = BD$,延长 ED,交 CB 的延长线于F,求证:$BF = BE$.

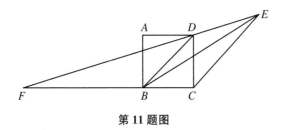

第 11 题图

12. 如图,$ABCD$ 为矩形,过 C 作$CE \perp BD$,与$\angle BAD$ 的平分线交于F,求证:$AC = CF$.

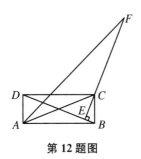

第 12 题图

13. 以平行四边形的各边为一边在形外作正方形,求证:四个正方形的中心又连成一个正方形.

14. 以任意四边形 $ABCD$ 的各边为一边在形外作正方形,设 AB、BC、CD、DA 各边上的正方形的中心分别为 M、N、P、Q,求证:$MP = NQ$,$MP \perp NQ$.

3.4　梯形及筝形

1. 梯形

一组对边平行而另一组对边不平行的四边形叫做梯形.平行的一组对边叫做梯形的底,不平行的一组对边叫做梯形的腰.两底间的距离叫做梯形的高.梯形两腰中点的连线叫做梯形的中位线.

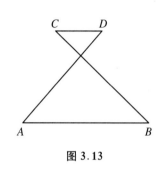

图 3.13

有一腰垂直于底的梯形叫做直角梯形.在直角梯形中,垂直于两底的边叫做直角边,不垂直于两底的边叫做斜边.两腰相等的梯形叫做等腰梯形.有一组对边平行的星形四边形叫做自交梯形.如图 3.13 所示,$AB /\!/ CD$,AD 和 BC 相交,$ABCD$ 就是自交梯形.

定理 3.16　梯形的中位线平行于上下两底且等于两底之和的一半;自交梯形的中位线平行于上下两底且等于两底之差的一半(或者说:梯形的两条对角线中点的连线平行于上下两底且等于两底之差的一半).

证明　设在梯形 $ABCD$ 中,E、F 分别为两腰 AB、CD 的中点,连 AF,延长后交 BC 的延长线于 G(图 3.14).在△AFD 和△GFC 中,因为 $AD /\!/ BC$,所以 $\angle FAD = \angle FGC$,$\angle FDA = \angle FCG$,又因为 $FD = FC$,所以

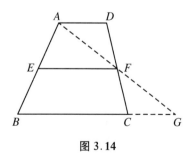

图 3.14

$\triangle AFD \cong \triangle GFC$,因此 $CG = AD$,$FA = FG$.于是 $BG = BC + CG = BC + AD$.在 $\triangle ABG$ 中,EF 是中位线,所以 $EF \parallel BG$,$EF = \dfrac{1}{2} BG$,

即 $EF \parallel BC \parallel AD$,$EF = \dfrac{1}{2}(BC + AD)$.

再设在自交梯形 $ABCD$ 中,E、F 分别为 AD、BC 的中点(图3.15).用完全类似的方法,可证 $EF \parallel AB \parallel CD$ 及 $EF = \dfrac{1}{2} AG$,

所不同的仅仅是 $AG = \dfrac{1}{2}(AB - CD)$.如果在图 3.15 中,连 AC 和 BD,则 $ABDC$ 为梯形,AD 和 BC 是它的两条对角线,所以梯形的两条对角线中点的连线也平行于上下两底且等于两底之差的一半.

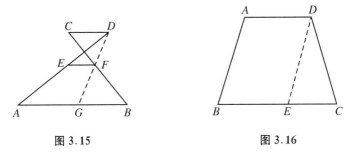

图 3.15　　　　　　　　图 3.16

定理 3.17　在梯形中,如果同底上的两角相等,这个梯形就是等腰梯形.

证明　设在梯形 $ABCD$ 中,$AD \parallel BC$,$\angle B = \angle C$.过 D 作 $DE \parallel AB$,交 BC 于 E,则 $ABED$ 为平行四边形(图3.16),所以 $AB = DE$,$\angle DEC = \angle B$,故 $\angle DEC = \angle C$,所以 $DE = DC$.因此 $AB = DC$.

定理 3.18　在梯形中,如果两条对角线相等,这个梯形就是等腰梯形.

证明　设在梯形 $ABCD$ 中,$AD \parallel BC$,$AC = BD$.过 A 和 D 分别

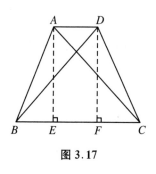

图 3.17

作 BC 的垂线 AE、DF(图 3.17).因为 $AD /\!/ BC$,所以 $AE = DF$.又因为 $AC = BD$,所以直角 $\triangle AEC \cong$ 直角 $\triangle DFB$,因此 $\angle ACB = \angle DBC$. 在 $\triangle ABC$ 和 $\triangle DCB$ 中,$AC = BD$,$BC = BC$,$\angle ACB = \angle DBC$,所以 $\triangle ABC \cong \triangle DCB$,因此 $AB = DC$.

等腰梯形是梯形的一种,所以除了具有梯形的一般性质外,它还具有一些特殊的性质.

定理 3.19　等腰梯形具有下列性质:

(1) 在同一底上的两个角相等;

(2) 两条对角线相等.

这个定理的证明留给读者.

2．筝形

一组邻边相等、另一组邻边也相等的四边形叫做筝形.

定理 3.20　筝形具有下列性质:

(1) 两条对角线互相垂直,且其中的一条被另一条所平分;

(2) 一组对角相等,且不相等的一组对角被对角线所平分.

证明　(1) 设在筝形 $ABCD$ 中,$AB = AD$,$CB = CD$,AC 与 BD 交于 O(图 3.18),则 A 和 C 都在 BD 的垂直平分线上,所以 AC 就是 BD 的垂直平分线,即 $AC \perp BD$,$BO = DO$.

(2) 因为 $\triangle ABC \cong \triangle ADC$(SSS),所以 $\angle ABC = \angle ADC$,$\angle BAC = \angle DAC$,$\angle BCA = \angle DCA$.

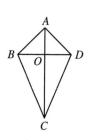

图 3.18

例 1　从 $\square ABCD$ 各顶点向任意直线 l 作四

条垂线 AA'、BB'、CC'、DD'，垂足分别为 A'、B'、C'、D'，则 AA' 与 CC' 的代数和等于 BB' 与 DD' 的代数和（垂线符号的选择如下：若四条垂线全在 l 的同侧，则全取正号；若三条垂线与一条垂线分在 l 的两侧，则在同侧的三条取正号，另一条取负号；若两条垂线与另两条垂线分在 l 的两侧，则在同侧而较长的两条取正号，另两条取负号）.

证明 设 AC、BD 相交于 O（图 3.19），作 $OO' \perp l$. 因为 $ABCD$ 为平行四边形，所以 $AO = CO$, $BO = DO$. 又因为 AA'、BB'、CC'、DD' 都垂直于 l，所以 $AA' /\!/ BB' /\!/ CC' /\!/ DD'$，因此 $AA'C'C$ 为自交梯形，$BB'D'D$ 为梯形，而 OO' 是它们公共的中位线，

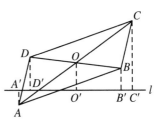

图 3.19

故 $OO' = \dfrac{1}{2}(CC' - AA') = \dfrac{1}{2}(BB' + DD')$，因此 $CC' - AA' = BB' + DD'$.

例 2 O 是 $\triangle ABC$ 的重心，l 是过 O 的任意直线，自顶点 A、B、C 向 l 作垂线 AG、BH、CK，则这三段垂线中，单独在 l 一侧的一段等于在 l 另一侧的两段之和.

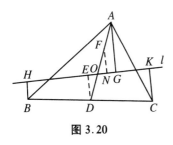

图 3.20

证明 设 AG 在直线 l 的一侧，BH、CK 在 l 的另一侧，D 为 BC 的中点，AD 为中线（图 3.20）. 作 $DE \perp l$，又设 AO 的中点为 F，作 $FN \perp l$. 因为 AG、BH、CK 都垂直于 l，所以 $AG /\!/ BH /\!/ CK /\!/ DE /\!/ FN$. 因为 D 是 BC 的中点，所以 E 是 HK 的中点，故 $DE = \dfrac{1}{2}(BH + CK)$. 又因为 F 是 AO 的中点，所以 N 是 OG

的中点, 故 $FN = \dfrac{1}{2}AG$. 在直角 $\triangle DOE$ 与直角 $\triangle FON$ 中, $OD =$

$\dfrac{1}{3}AD = OF, \angle DOE = \angle FON$, 所以 $\triangle DOE \cong \triangle FON$, 故 $DE = FN$,

因此 $\dfrac{1}{2}(BH + CK) = \dfrac{1}{2}AG$, 即 $AG = BH + CK$.

若 BH 或 CK 单独在 l 的一侧, 同理可证.

例 3　在等腰梯形中, 上下两底中点的连线垂直于两底.

图 3.21

证明　设在梯形 $ABCD$ 中, $AB \parallel CD$, $AD = BC$, M、N 分别为 AB、CD 的中点. 过 N 作 $NE \parallel AD$, $NF \parallel BC$ (图 3.21), 则 $AEND$ 和 $BFNC$ 都是平行四边形, 所以 $NE = AD = BC = NF$. 又因为 $DN = AE$, $CN = BF$, 而 $AM = BM$, 所以 $ME = MF$. 因此 $\triangle NEF$ 是等腰三角形, NM 是它的底边上的中线, 所以 $NM \perp EF$, 即 $NM \perp AB$. 又因为 $AB \parallel CD$, 所以 $NM \perp CD$.

例 4　在直角梯形中, 如果中位线等于斜边的一半, 则从直角边的中点向斜边所作垂线等于直角边的一半.

证明　设在梯形 $ABCD$ 中, $\angle A = \angle B = 90°$, M、N 分别为 AB、CD 的中点, $ME \perp CD$, 连 MD (图 3.22). 因为 $MN \parallel AD$, 所以 $\angle DMN = \angle MDA$. 又因为 $MN = \dfrac{1}{2}CD = DN$, 所以 $\angle DMN = \angle MDN$. 因此 $\angle MDA = \angle MDN$. 在直角 $\triangle MDA$ 与直角 $\triangle MDE$ 中, $MD = MD$, $\angle MDA = \angle MDE$, 因此 $\triangle MDA \cong \triangle MDE$, 所以 $MA = ME$. 同理 $MB = ME$. 所以 $ME = \dfrac{1}{2}AB$.

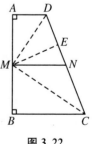

图 3.22

例 5 筝形的四个内角的平分线交于一点.

证明 设在筝形 $ABCD$ 中，$AB = AD$，BC $= DC$，则 AC 为 $\angle BAD$ 和 $\angle BCD$ 的平分线. 设 $\angle ABC$ 的平分线交 AC 于 O，连 DO （图 3.23），则 $\triangle ABO \cong \triangle ADO$（SAS），所以 $\angle ADO = \angle ABO$. 但 $\angle ABO = \dfrac{1}{2} \angle ABC$，而

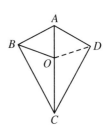

图 3.23

$\angle ABC = \angle ADC$，所以 $\angle ADO = \dfrac{1}{2} \angle ADC$，故

DO 是 $\angle ADC$ 的平分线.因此筝形的四个内角的平分线交于一点.

习 题 12

1. 顺次连接等腰梯形各边的中点得一菱形.

2. 顺次连接筝形各边的中点得一矩形.

3. 在梯形 $ABCD$ 中，腰 AB 等于两底 AD 与 BC 之和，E 是另一腰 CD 的中点，求证：AE、BE 分别是 $\angle DAB$ 与 $\angle CBA$ 的平分线.

4. O 是 $\triangle ABC$ 的重心，从 A、B、C、O 向形外一直线 XY 作垂线，垂足分别为 G、H、K、L，求证：$AG + BH + CK = 3OL$.

5. 在梯形中，若同一底上的两个底角不等，则较大的底角所对的对角线大于较小的底角所对的对角线.

6. 在梯形 $ABCD$ 中，M 为腰 AD 的中点，若 MC 平分 $\angle DCB$，MB 平分 $\angle ABC$，求证：$AB + DC = BC$.

7. 若梯形下底的两底角和为一直角，则两底中点的连线等于两底之差的一半.

8. 等腰梯形各外角的平分线围成一个筝形；等腰梯形各内角的平分线如果不交于一点也能围成一个筝形.

9. 筝形各外角的平分线围成一个等腰梯形.

3.5　正 多 边 形

若一个凸多边形所有的边都相等,且所有的角都相等,则它叫做正多边形.

边数为偶数的凸多边形,若其中所有的边都相等,且相间的角相等,则叫做等边半正多边形(等边半正多角形).

边数为偶数的凸多边形,若其中相间的边相等,且所有角都相等,则叫做等角半正多边形(等角半正多角形).

局部凸的星形多边形,若它的所有边都相等,且所有角都相等,则叫做正星形多边形(正星形多角形),例如正五角星形.

边数为偶数的局部凸的星形多边形,若所有的边相等,相间的角相等,则叫做等边半正星形多边形(等边半正星形多角形).

边数为偶数的局部凸的星形多边形,若所有的角相等,相间的边相等,则叫做等角半正星形多边形.

等边半正多边形、等角半正多边形、等边半正星形多边形、等角半正星形多边形见图 3.24.

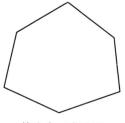

等边半正多边形

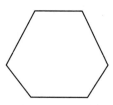

等角半正多边形

图 3.24

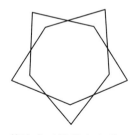 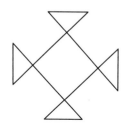

等边半正星形多边形　　　　　等角半正星形多边形

图 3.24(续)

定理 3.21 正多边形各边的垂直平分线共点,各角的平分线共点,且这两点是同一点.

证明 在正多边形 $ABC\cdots K$ 中,设 AB 与 BC 的垂直平分线 NO 与 MO 相交于 O,连 OA、OB、OC、OD(图 3.25).因为点 O 在 AB、BC 的垂直平分线上,所以 $OA = OB = OC$;又因为 $AB = BC$,所以 $\triangle OAB \cong \triangle OCB$(SSS),因此 $\angle OBA = \angle OBC = \dfrac{1}{2}\angle ABC$. 又因为 $\angle OBC =$

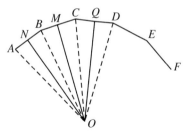

图 3.25

$\angle OCB$,所以 $\angle OCB = \dfrac{1}{2}\angle ABC = \dfrac{1}{2}\angle BCD$,故 $\angle OCB = \angle OCD$.

在 $\triangle OBC$ 与 $\triangle ODC$ 中,$BC = CD$,$OC = OC$,$\angle OCB = \angle OCD$,所以 $\triangle OBC \cong \triangle ODC$,故 $OD = OB = OC$,因此点 O 也在 CD 的垂直平分线上.同理可证,点 O 也在其他各边的垂直平分线上,因此正多边形各边的垂直平分线共点.

其次,由上面的证明可知:OB 是 $\angle ABC$ 的平分线,OC 是 $\angle BCD$ 的平分线.又因为 $OC = OD$,所以 $\angle ODC = \angle OCD = \frac{1}{2}\angle BCD = \frac{1}{2}\angle CDE$,因此 OD 是 $\angle CDE$ 的平分线.同理可证,点 O 也在其他各角的平分线上,因此正多边形各角的平分线也都要通过点 O.

在正多边形中,各边的垂直平分线与各角的平分线所共的一点叫做正多边形的中心;中心在每一边上所张的角叫做正多边形的中心角,连接中心和任一顶点的线段叫做正多边形的半径.

推论　正多边形的中心到各顶点等距离,到各边也等距离,并且中心角等于 $\frac{360°}{n}$(n 为边数).

定理 3.22　等角半正多边形各边的垂直平分线共点,这点到各顶点等距离.

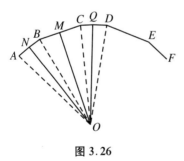

图 3.26

证明　在等角半正多边形 $ABC\cdots K$ 中,设 AB 与 BC 的垂直平分线相交于 O,连 OA、OB、OC、OD(图 3.26).则 $OA = OB = OC$,所以 $\angle OBC = \angle OCB$.又因为 $\angle ABC = \angle BCD$,所以 $\angle OBA = \angle OCD$.在 $\triangle OBA$ 与 $\triangle OCD$ 中,$AB = DC$,$OB = OC$,$\angle OBA = \angle OCD$,所以 $\triangle OBA \cong \triangle OCD$,因此 $OD = OA$.又因为 $OA = OC$,所以 $OD = OC$,因此点 O 在 CD 的垂直平分线上.同理,点 O 也在其他各边的垂直平分线上.因此等角半正多边形各边的垂直平分线共点,这点到各顶点等距离.

定理 3.23 等边半正多边形各角的平分线共点,这点到各边等距离.

证明 在等边半正多边形 $ABC\cdots K$ 中,设 $\angle ABC$、$\angle BCD$ 的平分线相交于 O,连 OA、OD(图 3.27).因为 $BC = CD$,$OC = OC$,$\angle OCB = \angle OCD$,所以 $\triangle OCB \cong \triangle OCD$,故 $\angle OBC = \angle ODC$.

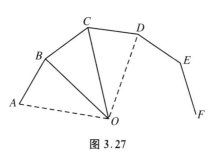

图 3.27

又因为 $\angle OBC = \dfrac{1}{2} \angle ABC$,$\angle ABC = \angle CDE$,所以 $\angle ODC = \dfrac{1}{2} \angle CDE$,因此点 O 也在 $\angle CDE$ 的平分线上.同理,点 O 也在其他各角的平分线上.因此等边半正多边形各角的平分线交于一点.因为角的平分线上的点到角的两边等距离,所以这点到各边等距离.

习 题 13

1. 如图,以正六边形的每边为一边在形外作六个正方形,再将这六个正方形中距离较近的顶点连接起来,求证:所得是一个正十二边形.

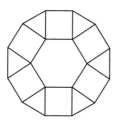

第 1 题图

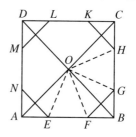

第 2 题图

2. 如图,正方形 $ABCD$ 的对角线相交于 O,在各边上截取 $AF =$ $AM = BE = BH = CG = CL = DK = DN = AO$,求证:$EFGHKLMN$ 是一个正八边形.

3. 将第 1 题中的正六边形换成正八边形,问:所得是什么图形?

4. 将正方形的每条边分为三等份,以每边上中间的一段为一边在形外作正三角形,再将所得四个正三角形中不在正方形边上的顶点与正方形中距离较近的顶点连接起来,问:所得是什么图形?

3.6　有关四边形的作图题

例 1　已知平行四边形的一边为 a,两条对角线的和为 l,两条对角线的夹角为 θ,求作这个平行四边形.

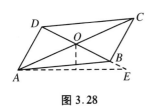

图 3.28

分析　设 $\square ABCD$ 已作,$AD = a$,$AC + BD = l$,$\angle AOD = \theta$.延长 OB 至 E,使 $OE = OA$,连 AE(图 3.28),则 $DE = OE + OD = \frac{1}{2}(AC + BD) = \frac{1}{2}l$,$\angle E = \angle OAE = \frac{1}{2}\theta$.又因为 $AD = a$,所以 $\triangle ADE$ 可作.$\triangle ADE$ 作出后,因点 O 在 AE 的垂直平分线上,故点 O 可求,于是 $\square ABCD$ 不难作出.

作法　作 $\angle E = \frac{1}{2}\theta$,在 $\angle E$ 的一边上取 $ED = \frac{1}{2}l$.以 D 为圆心、a 为半径作弧,交 $\angle E$ 的另一边于 A(或 A').作 AE(或 $A'E$)的垂直平分线,交 ED 于 O(或 O').连 AO(或 O')并延长一倍至 C(或 C'),又在 OE 上取 $OB = OD$(或 $O'B' = O'D$).顺次连接 A、B、C、

D(或 A'、B'、C'、D),则 $ABCD$(或 $A'B'C'D$)是所求的平行四边形(图 3.28).

证明 请读者自行补足.

讨论 以 D 为圆心、a 为半径作弧时,如果与 $\angle E$ 的另一边相交于两点,则本题有两解;如果相切于一点,则只有一解;如果不交,则无解.

例 2 已知四条线段 a、b、c、d,求作梯形 $ABCD$,使 $AB = a$,$BC = b$,$CD = c$,$DA = d$.

作法 作 $\triangle ADE$,使 $AE = a - c$,$AD = d$,$DE = b$.延长 AE 至 B,使 $EB = c$.过 D 作 $DC \parallel AB$ 且使 $DC = c$,连 BC.则 $ABCD$ 即为所求的梯形(图 3.29).

证明 请读者自行补足.

讨论 因三角形中两边之和大于第三边,故当 d、b、$a - c$ 三线段中最大者小于其他两线段之和时方有解;否则无解.

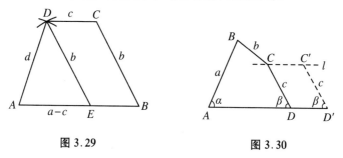

图 3.29　　　　　　　　图 3.30

例 3 已知三边及未知边上的两角,求作四边形.

分析 设四边形 $ABCD$ 已作,$AB = a$,$BC = b$,$CD = c$,$\angle A = \alpha$,$\angle D = \beta$.在这个图形中,$\angle A$ 是可以先作出的,点 B 也可以决定,问题是要决定点 C 或点 D.因为 CD 与 AD 的夹角 $\angle D$ 及 CD 的长 c 均为已知,所以点 C 到 AD 的距离为定长,这就是说点 C 在一条平

行于 AD 的直线上. 又因为 $BC = b$ 为定长, 因此点 C 可以作出, 整个四边形也就不难作出了.

作法　作 $\angle A = \alpha$, 在它的一边上取 $AB = a$, 在另一边上任取一点 D', 过 D' 作 $D'C' = c$, 使 $\angle C'D'A = \beta$ 且 $D'C'$ 与 AB 在 AD' 的同侧. 过 C' 作直线 $l \parallel AD'$, 以 B 为圆心、b 为半径作弧, 交 l 于点 C, 过 C 作 $CD \parallel C'D'$, 交 AD' 于 D, 连 BC, 则四边形 $ABCD$ 即为所求 (图 3.30).

证明　请读者自行补足.

讨论　以 B 为圆心、b 为半径所作的弧, 如果与 l 相交于两点, 则本题有两解; 如果相切, 则只有一解; 如果不交, 则无解. 但本题的解中可能有一解不是凸四边形, 也可能两解都不是凸四边形, 或有一解退化为三角形.

习　题　14

1. 已知两邻边及其中一边上的高, 求作平行四边形.

2. 已知一边上的高和两条对角线, 求作平行四边形.

3. 已知一边、一角及过这角顶的一条对角线, 求作平行四边形.

4. 已知周长及对角线的长, 求作矩形.

5. 已知一边及两对角线的和, 求作菱形.

6. 已知对角线与一边的和 (或差), 求作正方形.

7. 已知一底、一腰、高及中位线, 求作梯形.

8. 已知高、一底及两对角线, 求作梯形.

9. 已知两腰、一对角线, 又知两底之差, 求作梯形.

10. 已知两对角线及一边, 求作等形.

第4章 合同变换

4.1 图形的合同

1. 合同图形

如果两个图形 F 与 F' 的点之间能够建立一一对应的关系,并且图形 F 内任意两点所连成的线段等于图形 F' 内两个对应点所连成的线段,则称图形 F 合同于图形 F',这两个图形叫做合同图形.

关于合同图形的性质有以下定理.

定理 4.1 每个图形都合同于它自身.如果图形 F 合同于图形 F',则图形 F' 也合同于图形 F.如果两图形都合同于第三个图形,则这两个图形也彼此合同.

简而言之,图形的合同具有反身性、对称性和传递性.

这个定理的证明是显然的.

定理 4.2 图形 F 内的共线点在它的合同图形内的对应点仍然共线.

证明 设 A、B、C 是图形 F 内三个共线的点,A'、B'、C' 分别是图形 F' 内与前三点对应的点.共线三点必有一点介于其他两点之间,设点 B 介于 A、C 之间,则 $AB + BC = AC$.因为 $AB = A'B'$,$BC = B'C'$,$AC = A'C'$,所以 $A'B' + B'C' = A'C'$.这个等式当且仅当

A'、B'、C'三点共线且 B'介于 A'、C' 之间时才能成立.所以 A'、B'、C'三点共线,且B'介于 A'、C' 之间.

推论　射线的合同图形仍是射线,角的合同图形仍是角,n 边形的合同图形仍是 n 边形.

定理 4.3　两合同图形的对应角相等.

证明　设$\angle BAC$ 是图形 F 内的任意角,而点 A'、B'、C'是图形 F'内分别与 A、B、C 对应的点.因为 $AB = A'B', BC = B'C', AC = A'C'$,所以$\triangle ABC \cong \triangle A'B'C'$,因此$\angle BAC = \angle B'A'C'$.

定理 4.4　若图形 F 内的两点 C、D 在直线 AB 的异侧,点 A'、B'、C'、D'是合同图形 F'内分别与 A、B、C、D 对应的点,则 C'、D' 也在直线 $A'B'$的异侧;若 C、D 在 AB 的同侧,则 C'、D' 也在 $A'B'$ 的同侧.

证明　由定理 4.3,得$\angle BAC = \angle B'A'C'$,$\angle BAD = \angle B'A'D'$.设 C、D 在直线 AB 的异侧(图 4.1),则 $\angle CAD = \angle BAC + \angle BAD$,所以$\angle C'A'D' = \angle B'A'C' + \angle B'A'D'$,因此 C'、D' 在 $A'B'$的异侧.用类似的方法可证,若 C、D 在直线 AB 的同侧,则 C'、D' 也在 $A'B'$的同侧.

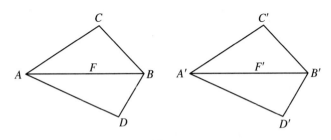

图 4.1

定理 4.5　合同图形是全等形.

证明　设图形 F 合同于图形 F'，A、B、C 为 F 中的三点，A'、B'、C' 为 F' 中的对应点.因为 F 合同于 F'，所以 $AB = A'B'$，$AC = A'C'$，$BC = B'C'$，故 $\triangle ABC \cong \triangle A'B'C'$.设 M 是图形 F 上的任意一点，M' 是图形 F' 内的对应点(图 4.2).将图形 F 移置到 F' 上，使 $\triangle ABC$ 与 $\triangle A'B'C'$ 重合.设 M、C 在直线 AB 的异侧，则 M'、C' 也在直线 $A'B'$ 的异侧.当 $\triangle ABC$ 与 $\triangle A'B'C'$ 重合后，M 与 M' 在 $A'B'$ 的同侧.因 $\angle ABM = \angle A'B'M'$，$\angle BAM = \angle B'A'M'$，故射线 BM 与射线 $B'M'$ 重合，射线 AM 与射线 $A'M'$ 重合，所以 M 与 M' 重合.这就是说，F 内的任意点与 F' 内的对应点重合，所以 F 内的一切点都要与 F' 内的对应点重合，因此图形 F 与图形 F' 全等.

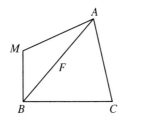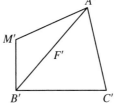

图 4.2

显然，如果两图形 F 与 F' 全等，则 F 与 F' 必为合同图形.因此两图形 F 与 F' 的点之间一一对应且连接对应点的线段相等是两图形 F 与 F' 全等的充要条件.

2. 合同图形实例

（1）有向线段与有向角

给定一条线段 AB，如果我们约定将点 A 叫做始点，点 B 叫做终点，这条线段就叫做有向线段，记为 $\overrightarrow{AB}$，从始点到终点的方向叫做有向线段的方向.

一条直线 AB 有两个方向,即 AB 和 BA.选定其中的一个作为正向,则另一个就为负向.直线上的线段,其方向与直线正向相同者叫做正线段,与直线负向相同者叫做负线段.设线段 AB 对应的长度为 a,若有向线段 $\overline{AB}$ 是正线段,则所对应的数为 $+a$,而有向线段 $\overline{BA}$ 所对应的数就是 $-a$.

给定一个角 $\angle(h,k)$ 或 $\angle BAC$(不是平角),如果我们约定将边 h 或 AB 叫做它的始边,将边 k 或 AC 叫做它的终边,则这个角就叫做有向角,记为 $\angle\overline{(h,k)}$ 或 $\angle\overline{BAC}$.

将角的始边绕着它的顶点转动到达终边,若转动方向为逆时针方向,就说这角为正向;若为顺时针方向,就说这角为负向.

(2) 有向三角形

设三角形的顶点依一定的次序给出,如 A、B、C,则 $\triangle ABC$ 叫做有向三角形,记为 $\triangle\overline{ABC}$.

在 $\triangle ABC$ 中,由 A 转至 B 再转至 C 的旋转方向若为逆时针方向,则称 $\triangle\overline{ABC}$ 为正向;若为顺时针方向,则称 $\triangle\overline{ABC}$ 为负向(图 4.3).

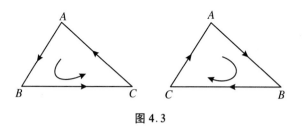

图 4.3

定理 4.6　有向三角形有下列性质:

① $\triangle\overline{ABC}$、$\triangle\overline{BCA}$、$\triangle\overline{CAB}$ 同向;

② $\triangle\overline{ABC}$ 与 $\triangle\overline{BAC}$ 异向;

③ $\triangle \overline{ABC}$ 与 $\triangle \overline{A'B'C'}$ 同向,$\triangle \overline{ABC}$ 与 $\triangle \overline{A''B''C''}$ 同向,则 $\triangle \overline{A'B'C'}$ 与 $\triangle \overline{A''B''C''}$ 同向;

④ $\triangle \overline{ABC}$ 与 $\triangle \overline{A'B'C'}$ 异向,$\triangle \overline{ABC}$ 与 $\triangle \overline{A''B''C''}$ 异向,则 $\triangle \overline{A'B'C'}$ 与 $\triangle \overline{A''B''C''}$ 同向;

⑤ $\triangle \overline{ABC}$ 的顶点 A、B 与 $\triangle ABC'$ 的两顶点重合,若 C、C' 在 AB 的同侧,则 $\triangle \overline{ABC}$ 与 $\triangle \overline{ABC'}$ 同向;若 C、C' 在 AB 的异侧,则 $\triangle \overline{ABC}$ 与 $\triangle \overline{ABC'}$ 异向(图 4.4).

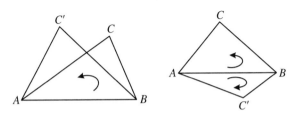

图 4.4

(3) 两种合同图形

设 F 与 F' 为两个合同图形,则 F 内任一个 $\triangle ABC$ 与 F' 内的对应 $\triangle A'B'C'$ 是合同的.这时两个三角形可能同向,也可能异向,对于两图形中的其他三角形,有下列定理.

定理 4.7　若两合同图形中,任意一双对应的 $\triangle \overline{ABC}$、$\triangle \overline{A'B'C'}$ 同向,则这两个图形中所有的对应三角形都同向;若 $\triangle \overline{ABC}$ 与 $\triangle \overline{A'B'C'}$ 异向,则所有的对应三角形都异向.

证明　设在两合同图形中,$\triangle \overline{ABC}$ 与 $\triangle \overline{A'B'C'}$ 同向,$\triangle XYZ$ 与 $\triangle X'Y'Z'$ 为任意一双对应三角形.

若 Z 和 C 在 AB 的异侧,则 Z' 和 C' 也在 $A'B'$ 的异侧(图 4.5).此时 $\triangle \overline{ABC}$ 与 $\triangle \overline{ABZ}$ 异向,$\triangle \overline{A'B'C'}$ 与 $\triangle \overline{A'B'Z'}$ 异向.因 $\triangle \overline{ABC}$ 与 $\triangle \overline{A'B'C'}$ 同向,故 $\triangle \overline{ABZ}$ 与 $\triangle \overline{A'B'Z'}$ 同向.

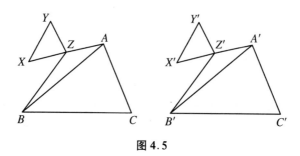

图 4.5

若 Z 和 C 在 AB 的同侧,则 Z' 和 C' 也在 $A'B'$ 的同侧(图 4.6). 此时 $\triangle\overline{ABC}$ 与 $\triangle\overline{ABZ}$ 同向,$\triangle\overline{A'B'C'}$ 与 $\triangle\overline{A'B'Z'}$ 同向. 因为 $\triangle\overline{ABC}$ 与 $\triangle\overline{A'B'C'}$ 同向,所以 $\triangle\overline{ABZ}$ 与 $\triangle\overline{A'B'Z'}$ 同向.

这就是说,若 $\triangle\overline{ABC}$ 与 $\triangle\overline{A'B'C'}$ 同向,将 C 与 C' 换成两图形中另一双对应点 Z 与 Z',则所得 $\triangle\overline{ABZ}$ 与 $\triangle\overline{A'B'Z'}$ 仍为同向.

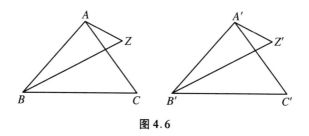

图 4.6

因为 $\triangle\overline{ABZ}$ 与 $\triangle\overline{A'B'Z'}$ 同向,所以 $\triangle\overline{ZAB}$ 与 $\triangle\overline{Z'A'B'}$ 同向. 同理,再将 B 与 B' 换成两图形中任意一双对应点 Y 与 Y',则所得 $\triangle\overline{ZAY}$ 与 $\triangle\overline{Z'A'Y'}$ 仍为同向.

因为 $\triangle\overline{ZAY}$ 与 $\triangle\overline{Z'A'Y'}$ 同向,所以 $\triangle\overline{YZA}$ 与 $\triangle\overline{Y'Z'A'}$ 同向. 重复上述过程,将 A 与 A' 换成两图形中任意一双对应点 X 与 X',则所得 $\triangle\overline{YZX}$ 与 $\triangle\overline{Y'Z'X'}$ 仍为同向. 所以 $\triangle\overline{XYZ}$ 与 $\triangle\overline{X'Y'Z'}$ 同向.

类似可以证明,若 $\triangle\overline{ABC}$ 与 $\triangle\overline{A'B'C'}$ 异向,则 $\triangle\overline{XYZ}$ 与

$\triangle \overline{X'Y'Z'}$异向.

在两个合同图形中,若对应三角形同向,则称这两个图形为真正合同;若对应三角形异向,则称这两个图形为镜像合同.

4.2　合同变换的性质和类型

将一个图形内的每一点按照一定的方法对应于另一个图形内的点,叫做图形的变换.若变换后的图形与原图形合同,则这种变换叫做合同变换.

由上面的定义,易知合同变换具有下列性质:

(1) 合同变换的逆变换仍然是合同变换.

(2) 连续施行两次合同变换所得的结果仍然是合同变换.连续施行两次变换叫做变换的乘法;连续施行两次变换所得的结果叫做变换的积.所以合同变换的积仍然是合同变换.

(3) 在合同变换中,共线点对应于共线点;射线对应于射线;角对应于角;三角形对应于三角形,并且对应角相等;对应三角形全等.

合同变换有下列几种类型.

1. 直线反射

设点 A 和 A' 连成的线段 AA' 被直线 l 所垂直平分,则点 A 叫做点 A 关于直线 l 的对称点,也可以说点 A 是点 A' 关于直线 l 的对称点,直线 l 叫做这两点的对称轴.如果两个图形 F 与 F' 的一切点都是关于直线 l 的对称点,则图形 F 与 F' 叫做轴对称图形,直线 l 叫做这两个图形的对称轴(图4.7).由此可知,如果一点在对称轴上,则它的对称点就是它自身.

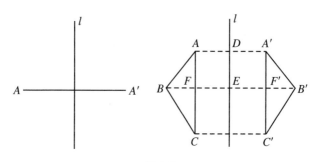

图 4.7

定理 4.8　两个轴对称图形中的对应线段相等.

证明　设 AB 和 $A'B'$ 是两个轴对称图形 F 与 F' 中的任一双对应线段, AA' 与对称轴 l 交于 D, BB' 与 l 交于 E(图 4.7 右). 将图形 F 绕对称轴 l 翻转到图形 F' 上, 因为 AA' 被 l 垂直平分, 所以 AD 和 $A'D$ 重合, 点 A 和点 A' 重合. 同理, 点 B 和点 B' 重合. 因此 AB 和 $A'B'$ 重合, 所以 $AB = A'B'$.

定理 4.9　两个轴对称图形是合同图形并且是镜像合同.

证明　首先, 由定理 4.8 可知两个轴对称图形的对应线段相等, 故为合同图形.

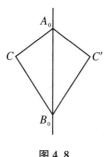

图 4.8

其次, 设 A_0 和 B_0 是对称轴上的两点, C 和 C' 是图形 F 和 F' 内的任意双对应点, 则与 $\triangle \overline{A_0 B_0 C}$ 对应的是 $\triangle \overline{A_0 B_0 C'}$ (图 4.8). 因为点 C 和 C' 在直线 $A_0 B_0$ 的异侧, 所以 $\triangle \overline{A_0 B_0 C}$ 与 $\triangle \overline{A_0 B_0 C'}$ 异向. 由定理 4.7 可知, 两个轴对称图形内所有的对应三角形都异向, 所以这两个轴对称图形是镜像合同图形.

定理 4.10　与对称轴相交的直线的对称

直线仍与对称轴相交,并且交点不变.

证明　设直线 a 与对称轴 l 交于 A,a'
为 a 关于 l 的对称直线(图 4.9),则点 A 关
于 l 的对称点必在 a' 上.但点 A 关于 l 的对
称点就是 A 自身,它在 l 上.所以点 A 既在
a' 上又在 l 上,即 a' 与 l 交于点 A.

定理 4.11　与对称轴平行的直线的对
称直线仍平行于对称轴.

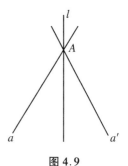

图 4.9

证明　设直线 a 平行于对称轴 l,a' 为
a 关于 l 的对称直线.若 a' 不平行于 l,则 a' 与 l 相交,由定理 4.10
知,a' 的对称直线 a 亦必与 l 相交,与已知条件矛盾.所以 $a'/\!/ l$.

由以上所述可知,两个轴对称图形是合同图形,它们的点与点之
间的对应关系是合同变换.我们称这种合同变换为直线反射,简称反
射.其中的对称轴称为反射轴.

在任何一个直线反射中,反射轴上的点虽经反射仍不变,反射轴
自身和反射轴的任何垂线也不因反射而变化.我们把这种经过某种
变换而保持不变的点叫做二重点或不变点;不变的直线叫做二重线
或不变直线.但应注意,通过二重点的直线未必是二重线;二重线上
的点未必是二重点.

现在我们来考虑两次反射的积.假设反射 S_1 把图形 F 变做 F',
反射 S_2 把 F' 变做 F'',那么 S_1、S_2 的积把 F 变做 F''.因为 F 与 F'、F'
与 F'' 都镜像合同,所以 F 与 F'' 真正合同.这就是说,两次反射的积是
一个合同变换.这个合同变换按照两反射轴平行或相交分为两种情
形.下面我们分别来讨论这两种情形.

2. 平移

定理 4.12 两反射轴平行时,两次反射的积是具有下列性质的合同变换:两图形内所有对应点的连接线段平行、相等且有同一方向;这些线段中每一线段都等于两反射轴间距离的两倍.

证明 设 l_1 是反射 S_1 的反射轴,l_2 是反射 S_2 的反射轴,$l_1 /\!/ l_2$,S_1 将图形 F 变为 F',S_2 将 F' 变成 F'',A、B 为图形 F 内任意两点,A'、B' 为图形 F' 内 A、B 的对应点,A''、B'' 为图形 F'' 内 A'、B' 的对应点.

因为 $AA' \perp l_1$,$A'A'' \perp l_2$,$l_1 /\!/ l_2$,所以 $AA' \perp l_2$,因此 A、A'、A'' 三点共线,且 $AA'' \perp l_2$.同理,B、B'、B'' 三点共线,且 $BB'' \perp l_2$.所以 $AA'' /\!/ BB''$(若 AB 垂直于两轴,则 AA'' 与 BB'' 重合).

设 AA'、BB' 分别交 l_1 于 P_1、Q_1,$A'A''$、$B'B''$ 分别交 l_2 于 P_2、Q_2(图 4.10).因 l_1 平分 AA' 和 BB',l_2 平分 $A'A''$ 和 BB'',故

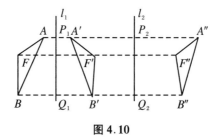

图 4.10

$$\overline{AA''} = \overline{AA'} + \overline{A'A''} = 2(\overline{P_1A'} + \overline{A'P_2})$$
$$= 2\overline{P_1P_2},$$
$$\overline{BB''} = \overline{BB'} + \overline{B'B''} = 2(\overline{Q_1B'} + \overline{B'Q_2})$$
$$= 2\overline{Q_1Q_2},$$

所以

$$\overline{AA''} = \overline{BB''} = 2\overline{P_1P_2}.$$

这就证明了定理.

若两图形的点与点之间一一对应,对应点的连接线段平行、相等且具有同向,则称这两个图形的点与点之间的对应关系为平移.

显然平移是合同变换,且两合同图形为真正合同.我们把其中每一点移动的方向叫做平移方向,移动的距离叫做平移距离.

由以上的研究可得下列定理:

定理 4.13 平移有以下一些性质:

(1) 对应线段互相平行(或共线)且相等;

(2) 平移没有二重点,但有无数多条二重线,它们是所有平行于平移方向的直线;

(3) 任意平移可以看成两次反射的积,两反射轴 l_1、l_2 垂直于平移方向,两轴间的距离等于对应点所连线段的一半.

3. 点反射

定理 4.14 两反射轴相交且互相垂直时,两次反射的积是具有下列性质的合同变换:两图形上所有对应点的连接线段都被同一个点所平分.

证明 设 l_1、l_2 分别是反射 S_1、S_2 的反射轴,S_1 将图形 F 变为 F',S_2 将图形 F' 变为 F'',A 为图形 F 内的任意一点,A' 为点 A 关于 l_1 的对称点,A'' 为 A' 关于 l_2 的对称点,l_1 与 l_2 交于 O. AA' 与 l_1 交于 P_1,$A'A''$ 与 l_2 交于 P_2(图 4.11).

因为点 O 在 AA' 的垂直平分线

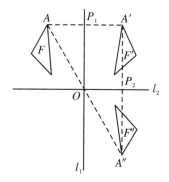

图 4.11

上,所以 $OA = OA'$. 同理,$OA' = OA''$. 所以 $OA = OA''$. 又因为
$\angle AOP_1 = \angle A'OP_1$,$\angle A'OP_2 = \angle A''OP_2$,所以 $\angle AOP_1 +$
$\angle A'OP_1 + \angle A'OP_2 + \angle A''OP_2 = 180°$,故 A、O、A'' 三点共线,因
此 AA'' 过点 O 且被点 O 所平分.这就证明了定理.

若两图形的点与点之间一一对应,且所有对应点的连线都被同
一点所平分,则称这两个图形的点与点之间的对应关系为点反射.两
个图形叫做中心对称图形,对应点的连接线段的中点叫做反射中心
(或对称中心).

显然两个中心对称图形是合同图形,它们的点与点之间的对应
关系是合同变换,所以点反射是合同变换.

由以上的研究可得下列定理:

定理 4.15　点反射有以下性质:

(1) 点反射中的对应线段反向平行(或共线)且相等;

(2) 点反射有一个二重点,即反射中心;有无数多条二重线,它
们是通过反射中心的所有直线;

(3) 任意点反射可以看成两次直线反射的积;两反射轴都过反
射中心且互相垂直.

4. 旋转

定理 4.16　两反射轴相交但不垂直时,两次反射的积是具有下
列性质的合同变换:两图形上任一双对应点 A、A'' 到一定点 O 的距
离相等,且 $\angle AOA''$ 等于定角.

证明　设 l_1、l_2 分别是反射 S_1、S_2 的反射轴,S_1 将图形 F 变为
F',S_2 将图形 F' 变为 F'',A 为 F 上任意一点,A' 为 A 关于 l_1 的对称
点,A'' 为 A' 关于 l_2 的对称点,AA' 与 l_1 交于 P_1,$A'A''$ 与 l_2 交于 P_2
(图 4.12).

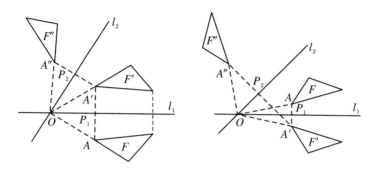

图 4.12

因为 O 在 AA' 的垂直平分线 l_1 上,所以 $OA = OA'$. 同理, OA'
$= OA''$. 因此 $OA = OA''$. $\angle AOA'' = |\angle AOA' \pm \angle A'OA''| =$
$2|\angle P_1OA' \pm \angle A'OP_2| = 2\angle P_1OP_2$. 这就证明了定理.

若两图形 F 与 F' 的点与点之间一一对应,且任一双对应点 A、
A' 到一定点 O 的距离都相等, $\angle AOA'$ 都等于定角,则称这两个图形
的点与点之间的对应关系为旋转. 定点 O 叫做旋转中心,定角叫做
旋转角. 这就是说,当图形 F 变到 F' 时,其中所有的点(旋转中心 O
除外)都绕着定点 O 转动,并且转动的角度一定.

由定义可知,图形 F 中任意两点 A、B 的连接线段与 F' 中的对应
线段 $A'B'$ 相等,所以旋转是合同变换. 若旋转角为平角,则 O 为
AA'' 的中点,这就是前面所讲的点反射,所以点反射是旋转的特殊
情形.

由以上的研究可得下列定理:

定理 4.17　旋转有以下性质:

（1）旋转有一个二重点,它就是旋转中心;

（2）不是点反射的旋转没有二重线;

（3）任意旋转可以看成两个反射的积,两反射轴 l_1 和 l_2 通过旋

转中心,两轴间的夹角(取自 l_1 到 l_2 的方向)等于旋转角的一半且与它同向.

4.3　合同变换的分解

以上讨论了直线反射、平移、点反射、旋转四种合同变换及其相互之间的关系,下面进一步研究如果两个图形 F 与 F' 合同,那么使它们彼此互变的是哪几种合同变换.我们分两种情形来研究.

1. 两图形真正合同

两图形 F 与 F' 真正合同时,有三种情况:

(1) F 与 F' 中至少有一双对应线段同向平行(包括共线)

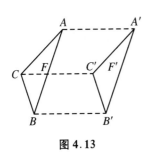

图 4.13

设 AB 与 $A'B'$ 是这样的一双对应线段,连 AA'、BB'.因为 $AB \underline{\underline{\parallel}} A'B'$,所以 $ABB'A'$ 是平行四边形,因此 AA' 与 BB' 同向平行且相等.设 C 和 C' 为 F 与 F' 中任一双对应点,若 C 和 C' 分别在直线 AB 和 $A'B'$ 上,因为 $AC \underline{\underline{\parallel}} A'C'$,所以 $AA' \underline{\underline{\parallel}} CC'$,即 CC' 与 AA' 同向平行且相等.若 C 和 C' 不在直线 AB 和 $A'B'$ 上(图 4.13),则 $\triangle \overline{ABC}$ 与 $\triangle \overline{A'B'C'}$ 真正合同,作 CC'' 与 AA' 同向平行且相等,则 $\triangle \overline{A'B'C''}$ 与 $\triangle ABC$ 真正合同,于是 C'' 重合于 C',所以 CC' 与 AA' 及 BB' 同向平行且相等.由此可知,F 和 F' 是平移关系.经过平移可将 F 变换为 F',并且这种变换是唯一的.

(2) F 与 F' 中至少有一双对应线段反向平行(包括共线)

设 AB 与 $A'B'$ 是这样的一双对应线段,连 AA'、BB'.因为 AB 与

$A'B'$ 反向平行且相等,所以 AA' 与 BB' 必交于一点 O,且被这点所平分. 设 C 和 C' 为 F 与 F' 中任一双对应点,若 C 和 C' 分别在直线 AB 和 $A'B'$ 上,连 CO、$C'O$. 因为 $AC = A'C'$, $OA = OA'$,$\angle CAO = \angle C'A'O$, 所以 $\triangle AOC \cong \triangle A'OC'$. 因为

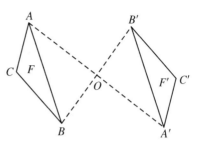

图 4.14

C、C' 在 AA' 的异侧,所以 C、O、C' 三点共线,即 C 与 C' 的连线过点 O 且被点 O 平分. 若 C 和 C' 不在直线 AB 和 $A'B'$ 上(图 4.14),则 $\triangle \overline{ABC}$ 与 $\triangle \overline{A'B'C'}$ 真正合同. 取点 C 关于点 O 的中心对称点 C'',则 $\triangle \overline{ABC}$ 与 $\triangle \overline{A'B'C'}$ 也真正合同,于是 C'' 与 C' 重合,即 CC' 过点 O 且被点 O 平分. 由此可知,图形 F 与 F' 是中心对称图形. 也就是说,经过点反射可以将图形 F 变为 F',并且这种变换是唯一的.

(3) F 与 F' 中没有平行的对应线段

设 AB 和 $A'B'$ 为 F 与 F' 中任意一双对应线段,连 AA'、BB',这两条线段或者不平行或者平行. 若 AA' 不平行于 BB',作 AA' 和 BB' 的垂直平分线 a 和 b,相交于点 O. 若 $AA' /\!\!/ BB'$,则取 AB 和 $A'B'$ 的交点 O 代替 a、b 的交点. 不论在哪种情形里,都有 $OA = OA'$,$OB = OB'$. 在图 4.15 左图中,$\triangle OAB \cong \triangle OA'B'$,所以 $\angle AOB = \angle A'OB'$,因此 $\angle AOA' = \angle BOB'$. 在图 4.15 右图中,显然 $\angle AOA' = \angle BOB'$. 设 C 和 C' 为 F 与 F' 中另一双对应点,若 C、C' 分别在 AB、$A'B'$ 上,则易证 $OC = OC'$,$\angle COC' = \angle AOA'$. 若 C、C' 不在 AB、$A'B'$ 上,则 $\triangle \overline{ABC}$ 与 $\triangle \overline{A'B'C'}$ 真正合同. 此时以点 O 为旋转中心、$\angle AOA'$ 为旋转角,将 C 旋转到 C'',则 $\triangle \overline{ABC}$ 与 $\triangle \overline{A'B'C''}$ 也真正

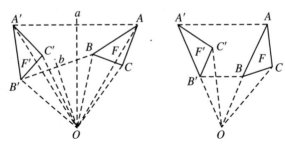

图 4.15

合同,从而 C'' 与 C' 重合,即 $OC = OC'$,$\angle COC' = \angle AOA'$. 由此可知,图形 F 与 F' 为旋转对应关系.也就是说,经过旋转可以将图形 F 变换为 F',并且这个变换是唯一的.

由以上的研究可得下列定理:

定理 4.18　任意两个真正合同的图形总可以通过平移、点反射或旋转使此形变成彼形.

又因为平移、点反射、旋转都是两次反射的积,所以定理 4.18 可改述如下:

定理 4.19　任意两个真正合同的图形总可以通过连续施行两次反射使此形变成彼形.

从上面的讨论过程中,又可获得真正合同的一个本质上的特性:

定理 4.20　在两个真正合同图形中,对应点的连线的垂直平分线共点或互相平行.

2. 两图形镜像合同

设 A 与 A'、B 与 B' 是图形 F 与 F' 中任意两双对应点,通过 AA'、BB' 的中点 M、N 作直线 l(如果 M 和 N 重合,则 $AB /\!/ A'B'$,此时只需作 AB 和 $A'B'$ 的公垂线,即是 l),并设 AB、$A'B'$ 分别交 l

于 L、L'(图 4.16). 由 2.6 节的例 4 可知,$\angle ALM = \angle A'L'M$. 现在根据这个等式,分别研究下列两种情况:

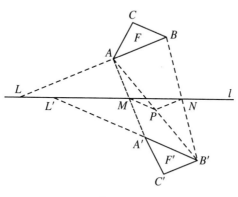

图 4.16

(1) L 与 L' 重合(图 4.17)

因为 $\angle ALM = \angle A'LM$,M 为 AA' 的中点,所以 $LM \perp AA'$,即 LM 垂直平分 AA'. 同理,LM 垂直平分 BB'. 所以 A 与 A'、B 与 B' 关于 l 对称. 设 C 和 C' 为 F 与 F' 中任意一双对应点,若 C 和 C' 分别在 AB 和 $A'B'$ 上,显然 C 和 C' 关于 l 对称. 若 C 和 C' 不在 AB 和 $A'B'$ 上,则

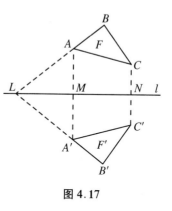

图 4.17

$\triangle \overline{ABC}$ 与 $\triangle \overline{A'B'C'}$ 镜像合同. 作 C 关于 l 的对称点 C'',则 $\triangle \overline{ABC}$ 与 $\triangle \overline{A'B'C''}$ 也镜像合同,因此 $\triangle \overline{A'B'C'}$ 与 $\triangle \overline{A'B'C''}$ 真正合同,所以 C'' 与 C' 重合,故 C 与 C' 关于 l 对称. 因此,图形 F 与 F' 必为轴对称. 也就是说,经过直线反射可将 F 变换为 F'.

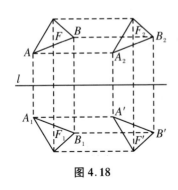

图 4.18

(2) L 与 L' 不重合(图 4.18)

设 F 关于 l 的对称图形为 F_1，A_1、B_1 是 F_1 中对应于 A、B 的点. 由于 F_1、F' 都镜像合同于 F，所以 F_1 与 F' 真正合同. 因为线段 A_1B_1 与线段 AB 对称，所以直线 A_1B_1 必过点 L，且 $\angle(AB,l)=\angle(A_1B_1,l)$. 又因为 $\angle(AB,l)=\angle(A'B',l)$，

所以 $\angle(A_1B_1,l)=\angle(A'B',l)$，故 $A_1B_1 /\!/ A'B'$. 根据 l 的作图，A 与 A' 分在 l 的两侧且与 l 等距，所以 A_1 与 A' 在 l 的同侧且与 l 等距. 因此 $A_1A' /\!/ l$. 同理，$B_1B' /\!/ l$. 所以 $A_1A' /\!/ B_1B'$，即 A_1B_1 与 $A'B'$ 同向平行. 因此，经过一次平移可将 F_1 变换为 F'. 这就说明，在这种情况下，接连施行一次反射和一次平移便可将 F 变换为 F'. 同时还可以看到，这两个变换是可以交换的，即先进行平移后进行反射，结果仍然一样.

经过一次平移及一次反射将图形 F 变换为 F'，这种变换叫做滑行反射，其中的直线 l 叫做滑行反射轴. 滑行反射没有二重点，只有一条二重线，就是滑行反射轴.

由以上的研究可得下列定理：

定理 4.21 任意两个镜像合同的图形总可以通过反射或滑行反射使此形变成彼形.

又因为平移是两次反射的积，所以滑行反射可以看成三次反射的积，因此定理 4.21 可改述如下：

定理 4.22 任意两个镜像合同的图形可以通过施行一次或连续施行三次反射使此形变成彼形.

从上面的讨论过程中,又可获得镜像合同的一个本质上的特性:

定理 4.23 两个镜像合同的图形中,对应点连线的中点共线.

这一本质特性决定了在上述两种情况下所施行的反射和平移都是唯一的.

总结起来,合同变换的种类可表示如下:

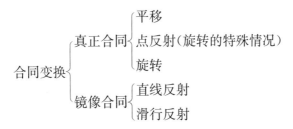

4.4 对 称

1. 对称变换

上一节所讲的合同变换着重研究如何将所设图形变换到另一图形.本节将着重讨论所设图形经合同变换仍变为自身的问题.

如果一个图形经某种合同变换(不是恒等变换)仍然变成自身,就说这个图形有对称性,而这个合同变换就叫做对称变换.

若一个图形位于平面的有限部分之内,则这个图形就不能经过平移或滑行反射后仍变成自身.因为平移变换中对应点的连线平行相等且具有同向.如果一个图形 F 能够经平移而变为它自身,则 F 上任一点 A 平移后的对应点 A_1 仍在 F 上,A_1 是 F 上的点,它平移后的对应点 A_2 仍在 F 上……这样,我们便得到点 A、A_1、A_2、…、A_n,它们都是 F 上的点.又因为线段 AA_1、A_1A_2、A_2A_3、…、$A_{n-1}A_n$ 在同一直线上,且方向相同又都相等,如此不断继续下

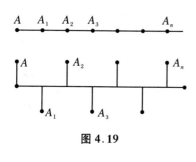

图 4.19

去,由阿基米德公理,AA_n 必将无限地增长,这与图形 F 的有限性矛盾(图 4.19).所以处于平面的有限部分的图形不能经平移或滑行反射后仍变成自身.也就是说,处于平面的有限部分之内的图形不能以平移或滑行反射为其对称变换,只能以直线反射、点反射或旋转为其对称变换.

如果一个图形经某个直线反射后仍为其自身,这个图形就叫做轴对称图形,反射轴叫做图形的对称轴.如果一个图形经某个点反射后仍为其自身,这个图形就叫做中心对称图形,反射中心叫做图形的对称中心.如果一个图形绕某点 O 旋转一个角度 α 而变为它自身,这个图形就叫做旋转对称图形,点 O 叫做图形的旋转中心,α 的最小正值 α_1 叫做旋转角.事实上,如果一个图形能够绕着点 O 旋转一个角度 α_1 而变为它自身,则这个图形也能够绕着点 O 旋转下列角度中的任何一个而变为它自身:

$$\alpha_k = \frac{360° \cdot k}{n} \quad (k = 1, 2, \cdots, n).$$

因为 α_1 是符合条件的最小正角,所以上式中的 n 是符合条件的最大正整数.这时,这个图形就叫做 n 次旋转对称图形,点 O 叫做 n 次旋转中心.

偶数次旋转中心同时也是对称中心,奇数次旋转中心不是对称中心(图 4.20).对称轴、对称中心、旋转中心统称为对称元素.

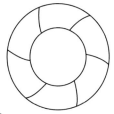

图 4.20

2. 简单图形的对称

（1）线段的对称

从对称性的定义可以直接得到:线段是中心对称图形,它的中点是对称中心.线段也是轴对称图形,它的垂直平分线是对称轴(图 4.21).

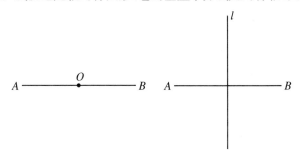

图 4.21

（2）角的对称

角是轴对称图形,它的平分线是它的对称轴(图 4.22).

（3）三角形的对称

由于合同变换下线段的长度不变,所以欲使三角形有对称元素,至少应有两边相等.因此,不等边三角形不是对称图形.

① 等腰三角形

由定理 2.22 可知,等腰三角形是轴对称图形,它的顶角平分线就是它的对称轴(图 4.23).

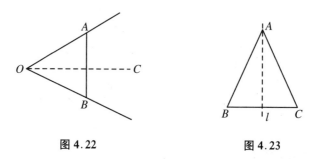

图 4.22   图 4.23

② 等边三角形(正三角形)

由等腰三角形的对称性可以推得,等边三角形是轴对称图形,它有三条对称轴(图 4.24).由于等边三角形的中心是其外心,同时又是内心,可知等边三角形是三次旋转对称图形,旋转角 $\alpha = \dfrac{360°}{3} = 120°$.

(4) 四边形的对称

与三角形的对称同理,欲使四边形有对称元素,至少应有两边相等.因此,任意四边形不一定是对称图形.

① 平行四边形

由定理 3.3 的(3)可知,平行四边形是中心对称图形,它的对角线的交点就是它的对称中心(图 4.25).

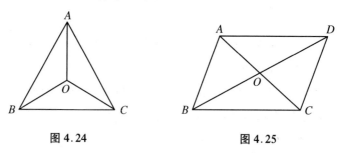

图 4.24   图 4.25

② 矩形

由定理 3.7 的(3)可知,矩形是轴对称图形,它的任何一双对边的中点的连线都是它的对称轴,所以矩形有两条对称轴.同时,因为矩形是平行四边形的一种,所以它也是中心对称图形,它的对角线的交点就是它的对称中心(图4.26).

③ 菱形

由定理3.10的(3)可知,菱形是轴对称图形,它的对角线都是它的对称轴,所以菱形有两条对称轴.同时,菱形也是平行四边形的一种,所以它也是中心对称图形,它的对角线的交点就是它的对称中心(图4.27).

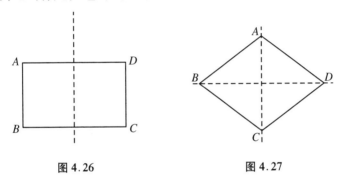

图 4.26　　　　　　　　　图 4.27

④ 正方形(正四边形)

因为正方形是矩形的一种,也是菱形的一种,所以它兼有矩形和菱形的性质.因此,正方形是轴对称图形,它的两双对边中点的连线和两条对角线都是它的对称轴.正方形共有四条对称轴.同时,由于正方形的对角线互相垂直、相等且互相平分,所以它又是旋转对称图形,它的中心是四次旋转中心(图4.28).

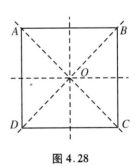

图 4.28

⑤ 等腰梯形

由3.4节的例3可知,等腰梯形是轴对称图形,它的上下两底的中点的连线就是它的对称轴(图4.29).

⑥ 筝形

由定理 3.20 的(2)可知,筝形是轴对称图形,它的两条对角线中有一条平分一双对角,这条对角线就是它的对称轴(图 4.30).

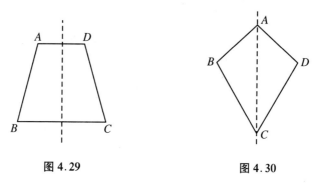

图 4.29　　　　　　　　　图 4.30

(5) 正多边形的对称

如图 4.31 所示,因为正多边形的各边相等、各角相等,并且每一条半径平分它的内角,所以正多边形是轴对称图形,它的每一条半径所在的直线都是它的对称轴.正 n 边形共有 n 条对称轴.又因为正多边形的各中心角相等,所以正多边形也是旋转对称图形.正 n 边形是 n 次旋转图形,旋转角等于 $\dfrac{360°}{n}$.当 n 为偶数时,正多边形相对两顶点的连线(最长的对角线)通过中心并被中心平分,此时正 n 边形又是中心对称图形,它的中心就是对称中心.

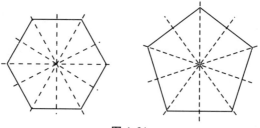

图 4.31

4.5　合同变换在解题中的应用

在解题时,为了使已知条件彼此之间产生联系,常采用合同变换的方法将图形中的某些部分变换到一个新的位置,使已知条件产生联系.这种做法往往对解题有很大的帮助.

1. 合同变换在证明题中的应用

例 1　从 $\triangle ABC$ 的顶点 C 作 $\angle BAC$ 的外角平分线的垂线 CE,E 为垂足. D 为 BC 的中点,求证: $DE = \dfrac{1}{2}(AB + AC)$(图 4.32).

证明　以 AE 为反射轴对 AC 作直线反射变换,设 AC 的对应图形为 AG.因为 AE 平分 $\angle CAG$,所以 AG 在 BA 的延长线上, $AG = AC$,故 $BG = AB + AC$.因为 $CE \perp AE$,所以 G、E、C 三点共线.且 E 为 CG 的中点.又因为 D 为 BC 的中点,所以 $DE = \dfrac{1}{2}BG$ $= \dfrac{1}{2}(AB + AC)$.

注意　角是轴对称图形,当需要将角的一边上的线段变换到另一边上时,常以角的平分线为反射轴,进行直线反射.

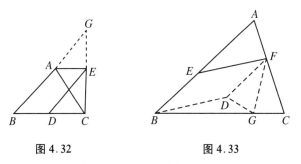

图 4.32　　　　　　　　图 4.33

例 2　在 $\triangle ABC$ 中,设 E、F 分别在 AB、AC 上,且 $BE = CF$,求

证:$EF < BC$(图 4.33).

证明　将 EF 沿 EB 的方向平移到 BD,则 $BD = EF$,$BE = DF$,所以 $DF = CF$.作 $\angle DFC$ 的平分线,与 BC 交于 G,连 DG,则 DG 是 CG 以 FG 为反射轴作直线反射所得的图形,所以 $DG = CG$.在 $\triangle BDG$ 中,$BG + DG > BD$,所以 $BG + CG > BD$,即 $BC > EF$.

例 3　在直角 $\triangle ABC$ 中,$\angle BAC = 90°$,BD 为 $\angle ABC$ 的平分线,交 AC 于 D,自 A 作 BC 的垂线 AE,交 BD 于 F,过 F 作 $FG \parallel BC$,交 AC 于 G,求证:$AD = CG$.

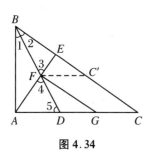

图 4.34

分析　如图 4.34 所示,在 $\triangle ABD$ 与 $\triangle EBF$ 中,$\angle 1 = \angle 2$,$\angle BAD = \angle BEF = 90°$,所以 $\angle 3 = \angle 5$.又因为 $\angle 3 = \angle 4$,所以 $\angle 4 = \angle 5$,故 $AD = AF$.欲证 $AD = CG$,只需证 $AF = CG$.将 CG 沿 GF 的方向平移至 $C'F$,因为 $FG \parallel BC$,所以 C' 在 BC 上,$C'F \underline{\underline{\parallel}} CG$.只需证 $\triangle BAF \cong \triangle BC'F$ 即可.而在这两个三角形中,$\angle 1 = \angle 2$,$BF = BF$,又由定理 1.13 知,$\angle BAE = \angle C = \angle BC'F$,所以 $\triangle BAF \cong \triangle BC'F$.因此不难证得 $AF = C'F = CG$.

证明　请读者自行补足.

另法,欲证 $AF = CG$,亦可以 BD 为反射轴作 AF 的对应图形 $C'F$,然后证明 $C'F = CG$.

例 4　在 $\triangle ABC$ 中,$AB = AC$,P 是形内一点,且 $\angle APB > \angle APC$,求证:$PB < PC$.

分析　如图 4.35 所示,因 $AB = AC$,若以 A 为旋转中心、$\angle BAC$ 为旋转角作旋转变换,则 AB 的对应图形就是 AC.设此时

△APB 的对应图形为△AP'C,只需证
P'C<PC 即可. 因为∠APB = ∠AP'C>
∠APC, AP = AP', 所以 ∠AP' P =
∠APP',故∠CP' P>∠CPP',因此 CP'
<CP,即 PB<PC.

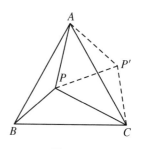

证明 请读者自行补足.

图 4.35

2. 合同变换在作图题中的应用

例 5 已知直线 XY 的同侧有两定点A、B,在 XY 上求一点P,
使 PA + PB 最短.

分析 设点 P 已求得,使 PA + PB 最短. 以 XY 为反射轴,对
PB 作直线反射变换,设 PB 的对应图形为PB',则 B'为定点. 因为
PB' = PB,所以 PA + PB'为最短,因此 A、P、B'应在一直线上,故点
P 可求.

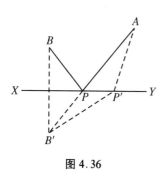

图 4.36

作法 以 XY 为反射轴作直线
反射变换,设 B 的对应点为 B',连
AB',交 XY 于 P,则 P 即所求的点
(图 4.36).

证明 在 XY 上任取另一点P',
连 P'A、P'B',则 P'A + P'B'>AB',
因为 P'B' = P'B,AB' = PA + PB' =
PA + PB,所以 P'A + P'B>PA +

PB.因此 PA + PB 为最短.

讨论 本题必有一解且仅有一解.

例 6 已知一顶点及重心的位置,求作三角形,使其另两顶点分
别在两定直线上.

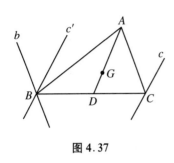

图 4.37

分析　设 $\triangle ABC$ 已作出，A 为已知顶点，G 为重心，B、C 两顶点分别在定直线 b、c 上．延长 AG，交 BC 于 D，则 D 亦为定点，且 $BD = CD$．以点 D 为反射中心，对直线 c 作点反射变换，设直线 c 的对应图形为 c'．因为点 C 在直线 c 上，所以 C 的对应点 B 必在直线 c' 上，故点 B 可求，因而点 C 亦可求得，如图 4.37 所示．

作法　连 AG 并延长至 D，使 $GD = \dfrac{1}{2}AG$．以 D 为反射中心对直线 c 作点反射变换，设直线 c 的对应图形为 c'，直线 c' 与 b 相交于 B，连 BD，延长后交直线 c 于 C，连 AB、AC，则 $\triangle ABC$ 即为所求．

证明　由作法，B、C 分别在直线 b、c 上．又因为点 B 在直线 c 上，而 c' 是以点 D 为反射中心作反射变换时直线 c 的对应图形，所以点 C 是点 B 的对应点，$BD = CD$，故 AD 为 $\triangle ABC$ 的中线．又因为 $GD = \dfrac{1}{2}AG = \dfrac{1}{3}AD$，所以 G 点是 $\triangle ABC$ 的重心．故 $\triangle ABC$ 符合条件．

讨论　若直线 AG 与直线 b、c 都不重合，则当直线 c' 与 b 相交且交点不在直线 AG 上时，有一解；当直线 c' 与 b 相交于直线 AG 上时，无解；当直线 $c' /\!/ b$ 时，无解；当直线 c' 与 b 重合时，有无限多解．若直线 AG 与直线 b、c 中的任何一条重合，则无解．

例 7　已知三条平行线，求作正三角形，使其三顶点各在一直线上．

分析　设 $\triangle ABC$ 为所求的正三角形，A、B、C 分别在平行直线 a、b、c 上，则 $\angle BAC = 60°$，$AB = AC$．作 $AD \perp b$，以 A 为旋转中心，

将△*ABD* 旋转 60°,则 *AB* 与 *AC* 重合,△*ABD* 旋转到△*ACD*′的位置.则∠*DAD*′= 60°,*AD*′= *AD*.点 *A* 可在直线 *a* 上任意选取,点 *A* 选定后,点 *D* 可以确定,因而 *D*′亦可确定.因为 *CD*′⊥*AD*′,*AD*′确定后,则 *D*′*C* 可以确定,所以点 *C* 可求,从而点 *B* 亦可作出.

作法　在直线 *a* 上任取一点 *A*,作 *AD*⊥*b*,作∠*DAD*′= 60°,并取 *AD*′= *AD*.过 *D*′作 *D*′*C*⊥*AD*′,交直线 *c* 于点 *C*.在直线 *b* 上取 *BD* = *D*′*C*,连 *AB*、*BC*、*CA*,则 △*ABC* 即为所求 (图 4.38).

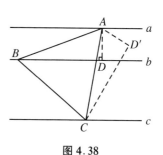

图 4.38

证明　由作法,*A*、*B*、*C* 三点分别在直线 *a*、*b*、*c* 上.在直角△*ADB* 与直角△*AD*′*C* 中,*AD* = *AD*′,*BD* = *D*′*C*,所以△*ADB*≌△*AD*′*C*,故 *AB* = *AC*,∠*DAB* = ∠*D*′*AC*.因为∠*DAD*′= 60°,所以∠*BAC* = 60°,因此△*ABC* 为正三角形.

讨论　本题有两解,它们左右对称.

例 8　已知三定点 *A*、*M*、*N*,求作正方形 *ABCD*,使边 *BC*、*CD* (或其延长线)分别通过 *M*、*N*.

分析　设 *ABCD* 为所求正方形,*BC* 过点 *M*,*CD* 过点 *N*.连 *AM*,将△*ABM* 绕点 *A* 旋转 90°,因为∠*BAD* = 90°,*AB* = *AD*,所以 *AB* 与 *AD* 重合,点 *B* 与点 *D* 重合.设△*ABM* 旋转到△*ADM*′的位置,因为∠*ADM*′= ∠*ABM* = ∠*ADC* = 90°,所以 *M*′在 *CD* 的延长线上.因∠*MAM*′= ∠*BAD* = 90°,*AM*′= *AM*,故 *M*′为定点,直线 *M*′*N* 可作.又因 *AD*⊥*M*′*N*,故点 *D* 可得,从而 *B*、*C* 均可确定.

作法　以 *A* 为旋转中心、90°为旋转角作旋转变换,设 *AM* 的对应图形为 *AM*′,连 *M*′*N*,作 *AD*⊥*M*′*N*,*D* 为垂足.过点 *M* 作 *BC*⊥

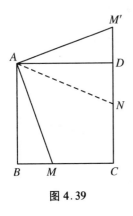

图 4.39

$M'N,C$ 为垂足. 又过 A 作 $AB \perp BC,B$ 为垂足, 则 $ABCD$ 即为所求的正方形 (图 4.39).

证明　由作法, $\angle ADC = \angle C = \angle B = 90°$, 所以 $ABCD$ 为矩形, 且 BC、CD 分别通过 M、N. 因为 $\angle MAM' = 90°$, 所以 $\angle BAM = \angle DAM'$; 又因为 $AM = AM'$, 所以 $\triangle ABM \cong \triangle ADM'$, 故 $AB = AD$, 因此 $ABCD$ 为正方形.

讨论　若 A、M、N 三点不共线, 则有一解; 若 A、M、N 三点共线, 则无解.

例9　已知两边及第三边上两角之差, 求作三角形.

分析　设 $\triangle ABC$ 已作, $AB = c$, $AC = b$, 设 $c > b$, 则 $\angle C - \angle B = \alpha$. 以 C 为顶点、CB 为一边在 $\angle C$ 内作 $\angle BCD = \angle ABC$, CD 交 AB 于 D, 则 $\angle ACD = \alpha$. 因为 $\angle DBC = \angle DCB$, 所以 $BD = CD$, 因此 $\triangle DBC$ 为轴对称图形, BC 的垂直平分线 l 为其对称轴. 设点 A 关于 l 的直线反射的对应点为 A', 连 AA'、$A'B$, 则

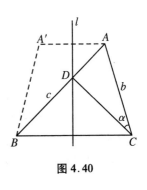

图 4.40

$A'B = AC = b$, $\angle A'BA = \angle ACD = \alpha$, 又因为 $AB = c$, 所以 $\triangle A'BA$ 可作. $\triangle A'BA$ 作出后, 再作点 B 关于 AA' 的垂直平分线 l 的对称点 C, 则 $\triangle ABC$ 可以作出, 如图 4.40 所示.

作法及证明留给读者.

讨论　本题有一解且仅有一解.

例 10 已知三角形三边的中点 P、Q、R 的位置,求作这个三角形.

分析 设△ABC 已作,P、Q、R 分别为 AB、BC、CA 的中点.

连续以 P、Q、R 为反射中心,对点 A 施行三次点反射,则点 A 仍变回自身,即 A 为三次点反射的一个不变点. 因为三次点反射的积仍是点反射,而在点反射中,只有反射中心是不变点,因而点 A 必是这个点反射的中心.

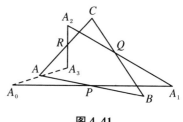

图 4.41

要求一个点反射的中心,只需求得它的一双对应点,则对应点连线的中点即为反射中心. 因此只要任取一点 A_0,以 P、Q、R 为反射中心,连续施行三次点反射后得 A_3. A_0 和 A_3 连线的中点 A 就是所求三角形的一个顶点. 点 A 既得,其余两个顶点 B、C 自可顺次作出,如图 4.41 所示.

作法 任取一点 A_0,连续以 P、Q、R 为反射中心,施行三次点反射得 A_3. 连 A_0A_3,取它的中点 A. 以 P 为反射中心,作 A 的对应点 B;以 Q 为反射中心,作 B 的对应点 C,连 AC,则△ABC 即为所求.

证明 由作法,在△ABC 中,P 为 AB 的中点,Q 为 BC 的中点. 因为 A_0 和 A_1、A 和 B 都关于点 P 为中心对称,所以 AA_0 与 BA_1 反向平行且相等;因为 A_1 和 A_2、B 和 C 关于点 Q 为中心对称,所以 BA_1 与 CA_2 反向平行且相等;所以 AA_0 与 CA_2 同向平行且相等. 并且,因为 A 为 A_0A_3 的中点,因此 AA_3 与 CA_2 反向平行且相等. 因此,A_2A_3 与 CA 必互相平分. 又因为 R 为 A_2A_3 的中点,亦必为 CA 的中点,故△ABC 符合条件.

讨论　已知三点 P、Q、R 不在一直线上时,本题必有一解且仅有一解.

注意　本题另有一简便作法,即过 P 作 QR 的平行线,过 Q 作 RP 的平行线,过 R 作 PQ 的平行线,三线两两相交,即得所求的三角形.但上述利用点反射变换的作法可推广至任何奇数边多边形,因此具有一般性,不可不知.

习　题　15

1. 如果一个三角形的两边上的中线相等,则这个三角形是等腰三角形.

2. 在正方形 $ABCD$ 的边 BC、CD 上分别取两点 P、Q,使 $\angle PAQ = 45°$,求证:$PQ = BP + DQ$.

3. 设 AD 为等腰 $\triangle ABC$ 底边上的中线,E 为 $\triangle ABD$ 内的一点,求证:$\angle AEB > \angle AEC$.

4. $\triangle ABC$ 为等边三角形,P 为 $\angle BAC$ 内的任意一点,求证:$PA \leqslant PB + PC$.

5. 如图,F 是正方形 $ABCD$ 的边 BC 上的点,且 $DF = AB + BF$,E 是 BC 的中点,求证:$\angle ADF = 2\angle EDC$.

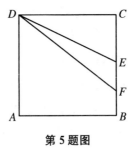

第 5 题图

6. A、B 是定直线 XY 两侧的两个定点,试在 XY 上取一点 N,使 NA 与 NB 的差最大.

7. 已知四边的长,求作四边形,使它有一个角被对角线所平分.

8. 已知 P 为 $\angle AOB$ 内一定点,在 $\angle AOB$ 的两边 OA、OB 上各求一点 Q、R,使 $\triangle PQR$ 的周长最短.

9. 过定点 P 求作一直线,交已知直线 l 于 A,交已知 $\odot O$ 于 B,使 $PA = PB$.

10. A 为定点,$\angle O$ 为定角,在 $\angle O$ 的两边各取一点 B、C,使 $\triangle ABC$ 为正三角形.

11. 已知四边及一组对边中点的连线,求作四边形.

12. 求作一三角形,使共点的三条已知直线分别为它的三边的垂直平分线,并使它的一边过一已知点.

第5章 相 似 形

5.1 成比例的线段

1．两条线段的比

用长度单位去量一条线段所得的数叫做这条线段的量数.它是一个正实数,可以是正有理数,也可以是正无理数.

用同一长度单位去量两条线段所得的量数的比叫做这两条线段的比.

两条线段的比和所取的长度单位无关.例如,用1米长的线段作为长度单位去量线段 AB 和 CD,所得量数分别是 4 和 3,那么 $AB:CD$ $=4:3$.如果用1厘米长的线段作为长度单位去量以上线段 AB、CD,所量得的量数分别是 400 和 300,那么 $AB:CD=400:300=4:3$.

2．成比例的线段

如果四条线段 a、b、c、d 之间有 $a:b=c:d$ 的关系,则 a、b、c、d 叫做成比例的线段,其中线段 a、d 叫做比例外项,线段 b、c 叫做比例内项,线段 d 叫做线段 a、b、c 的第四比例项.如果三条线段 a、b、c 之间有 $a:b=b:c$ 的关系,则线段 b 叫做线段 a、c 的比例中项.$a:b$ 也可写成分数的形式 $\dfrac{a}{b}$.

由于两条线段的比就是它们的量数的比,因此关于数的比和比例的一切定理完全适用于线段的比和成比例的线段.为了便于引用,将这类定理照录如下(a、b、c、d、…均不为 0).

定理 5.1(比的性质)

(1) $a : b = ka : kb(k \neq 0)$;

(2) $a : b = \dfrac{1}{b : a}$.

定理 5.2(比例的性质)

(1) 若 $a : b = c : d$,则 $ad = bc$. 反之,若 $ad = bc$,则下列八个比例式都成立:

$$a : b = c : d; \quad a : c = b : d;$$
$$d : b = c : a; \quad d : c = b : a;$$
$$b : a = d : c; \quad b : d = a : c;$$
$$c : a = d : b; \quad c : d = a : b.$$

(2) 反比定理 若 $a : b = c : d$,则 $b : a = d : c$.

(3) 更比定理 若 $a : b = c : d$,则 $a : c = b : d$,或 $d : b = c : a$.

(4) 合比定理 若 $a : b = c : d$,则 $(a + b) : b = (c + d) : d$,或 $a : (a + b) = c : (c + d)$.

(5) 分比定理 若 $a : b = c : d$,且 $a \neq b, c \neq d$,则 $(a - b) : b = (c - d) : d$,或 $a : (a - b) = c : (c - d)$.

(6) 合分比定理 若 $a : b = c : d$,且 $a \neq b, c \neq d$,则 $(a + b) : (a - b) = (c + d) : (c - d)$,或 $(a - b) : (a + b) = (c - d) : (c + d)$.

(7) 等比定理 若 $\dfrac{a}{b} = \dfrac{c}{d} = \dfrac{e}{f} = \cdots$,则

$$\frac{a \pm c \pm e \pm \cdots}{b \pm d \pm f \pm \cdots} = \frac{a}{b} = \frac{c}{d} = \frac{e}{f} = \cdots.$$

(8) 连比定理 若 $a : b : c = x : y : z$,则 $a : x = b : y = c : z$;

反之,若 $a:x=b:y=c:z$,则 $a:b:c=x:y:z$.

5.2　平行线截比例线段

定理 5.3　平行于三角形一边的直线在其他两边上截得的对应线段成比例.

证明　设在△ABC 中,$DE/\!/BC$,并分别交 AB、AC 于 D、E.作 $DG\perp AC$,$EH\perp AB$,垂足分别为 G、H,连 BE、CD(图 5.1),则

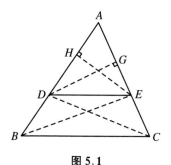

图 5.1

$$\frac{S_{\triangle ADE}}{S_{\triangle BDE}} = \frac{\dfrac{1}{2}AD\cdot EH}{\dfrac{1}{2}DB\cdot EH} = \frac{AD}{DB},$$

$$\frac{S_{\triangle ADE}}{S_{\triangle CDE}} = \frac{\dfrac{1}{2}AE\cdot DG}{\dfrac{1}{2}EC\cdot DG} = \frac{AE}{EC},$$

但△BDE 与△CDE 同底等高,故面积相等.所以

$$\frac{S_{\triangle ADE}}{S_{\triangle BDE}} = \frac{S_{\triangle ADE}}{S_{\triangle CDE}},$$

$$\frac{AD}{DB} = \frac{AE}{EC}.$$

由上式及合比定理立得以下推论：

推论 平行于三角形一边的直线截其他两边，则一边和这边上的一条线段与另一边和该边上的对应线段成比例．

定理 5.4 如果一条直线截三角形的两边所得的线段对应成比例，则这条直线平行于第三边．

证明 设在△ABC 中，DE 分别交 AB、AC 于 D、E，且 $\dfrac{AD}{DB} = \dfrac{AE}{EC}$，作 $DE' /\!/ BC$，交 AC 于 E'（图 5.2），则由定理 5.3，得

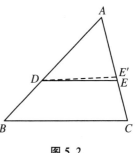

图 5.2

$$\frac{AD}{DB} = \frac{AE'}{E'C},$$

所以

$$\frac{AE}{EC} = \frac{AE'}{E'C}.$$

故

$$\frac{AE + EC}{EC} = \frac{AE' + E'C}{E'C},$$

即

$$\frac{AC}{EC} = \frac{AC}{E'C},$$

所以

$$EC = E'C.$$

因此 E、E' 两点重合，因而 $DE /\!/ BC$．

由本定理及分比定理，立得以下推论：

推论 如果一条直线截三角形两边，且一边和这边上的一条线段与另一边和该边上的对应线段成比例，则这条直线平行于第三边．

注意 （1）定理 2.35 的推论及定理 2.36 分别是定理 5.3 及定理 5.4 的特例.

（2）若点 D、E 分别在 BA、CA 的延长线上,本定理仍正确.

定理 5.5 若干条平行线截两条直线,则截得的对应线段成比例.

证明 设直线 $l_1 \parallel l_2 \parallel l_3 \parallel \cdots \parallel l_n$,且分别与另两条直线 m、n 相交于 A_1、A_2、A_3、$\cdots$、A_n 和 B_1、B_2、B_3、$\cdots$、B_n,作直线 $A_1 C_n \parallel n$,分别交 l_2、l_3、$\cdots$、l_n 于 C_2、C_3、$\cdots$、C_n（图 5.3）.在 $\triangle A_1 A_3 C_3$ 中,因为 $A_2 C_2 \parallel A_3 C_3$,所以 $\dfrac{A_1 A_2}{A_2 A_3} = \dfrac{A_1 C_2}{C_2 C_3}$.而 $A_1 C_2 = B_1 B_2$,$C_2 C_3 = B_2 B_3$,所以 $\dfrac{A_1 A_2}{A_2 A_3} = \dfrac{B_1 B_2}{B_2 B_3}$,即 $\dfrac{A_1 A_2}{B_1 B_2} = \dfrac{A_2 A_3}{B_2 B_3}$.同理可证,$\dfrac{A_2 A_3}{B_2 B_3} = \dfrac{A_3 A_4}{B_3 B_4}$,$\cdots$,$\dfrac{A_{n-2} A_{n-1}}{B_{n-2} B_{n-1}} = \dfrac{A_{n-1} A_n}{B_{n-1} B_n}$.所以 $\dfrac{A_1 A_2}{B_1 B_2} = \dfrac{A_2 A_3}{B_2 B_3} = \cdots = \dfrac{A_{n-1} A_n}{B_{n-1} B_n}$.

注意 （1）定理 2.35 是本定理的特例.

（2）若直线 m、n 的交点在某两条平行线之间或在某一条平行线上,本定理仍正确.

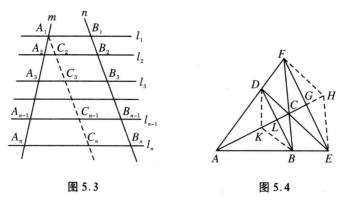

图 5.3　　　　　　　　　　图 5.4

例 1 四条直线两两相交于 A、B、C、D、E、F 六点,这样的图形叫做完全四边形,AC、BD、EF 叫做对角线(图 5.4). 证明:在完全四边形中,若有两条对角线互相平行,则这两条对角线都被第三条对角线所平分.

证明　设在完全四边形中,对角线 $BD /\!/ EF$,AC 分别交 BD、EF 于 L、G. 过 E 作 $EH /\!/ BF$,交 AC 的延长线于 H,连 HF. 因为 $EH /\!/ BF$,所以 $\dfrac{AB}{BE} = \dfrac{AC}{CH}$. 因为 $BD /\!/ EF$,所以 $\dfrac{AB}{BE} = \dfrac{AD}{DF}$. 因此 $\dfrac{AC}{CH} = \dfrac{AD}{DF}$,并且 $HF /\!/ CD$. 因此 $EHFC$ 为平行四边形,所以 $EG = GF$.

同理,作 $BK /\!/ ED$,交 AC 于 K,连 KD,可证 $\dfrac{AB}{BE} = \dfrac{AK}{KC}$ 及 $\dfrac{AB}{BE} = \dfrac{AD}{DF}$,故 $\dfrac{AK}{KC} = \dfrac{AD}{DF}$,所以 $KD /\!/ BF$. 因此 $BCDK$ 为平行四边形,所以 $BL = LD$.

例 2　AF 为 $\triangle ABC$ 中 BC 边上的中线,O 为 AF 上任意一点,BO、CO 延长后分别交 AC、AB 于 D、E,证明:$ED /\!/ BC$.

证明　延长 OF 至 G,使 $FG = OF$,连 BG、GC(图 5.5),则 $BOCG$ 为平行四边形. 因为 $BG /\!/ CE$,$CG /\!/ DB$,所以 $\dfrac{AE}{EB} = \dfrac{AO}{OG}$,$\dfrac{AD}{DC} = \dfrac{AO}{OG}$,故 $\dfrac{AE}{EB} = \dfrac{AD}{DC}$,因此 $ED /\!/ BC$.

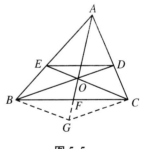

图 5.5

注意　欲证两直线平行,而条件又缺少角的相等关系时,常可应用比例线段来解决.

例 3　O 为 $\triangle ABC$ 内任意一点,直线 AO、BO、CO 分别交 BC、CA、AB 于 D、E、F,证明:$\dfrac{OD}{AD} + \dfrac{OE}{BE} + \dfrac{OF}{CF} = 1$.

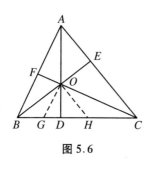

图 5.6

分析　欲证 $\dfrac{OD}{AD} + \dfrac{OE}{BE} + \dfrac{OF}{CF} = 1$，只需证 $\dfrac{OD}{AD} = \dfrac{a}{l}$，$\dfrac{OE}{BE} = \dfrac{b}{l}$，$\dfrac{OF}{CF} = \dfrac{c}{l}$，并且 $a + b + c = l$ 即可.但题中没有明显的比例线段，故需添加辅助线.由于平行线能截得比例线段，故过点 O 作 $OG \parallel AB$，$OH \parallel AC$(图 5.6)，分别交 BC 于 G、H.

则 $\dfrac{OE}{BE} = \dfrac{HC}{BC}$，$\dfrac{OF}{CF} = \dfrac{BG}{BC}$.又因为 $\dfrac{OD}{AD} = \dfrac{GD}{BD}$，$\dfrac{OD}{AD} = \dfrac{DH}{DC}$，所以 $\dfrac{OD}{AD} = \dfrac{GD + DH}{BD + DC} = \dfrac{GH}{BC}$.而 $HC + BG + GH$ 正好等于 BC，于是问题就解决了.

证明　请读者自行补足.

习　题　16

1. 如图，从一点 O 引三条射线 OA、OB、OC，A'、B'、C' 分别在 OA、OB、OC 上，且 $AB \parallel A'B'$，$BC \parallel B'C'$，求证：$AC \parallel A'C'$.

2. 在 △ABC 的边 AB 上取一点 D，又在 BC 的延长线上取一点 E，使 $CE = AD$，连 DE，交 AC 于 F，求证：$DF : FE = BC : AB$.

3. AM 是 △ABC 中 BC 边上的中线，过 B 作任意直线，交 AM 于 P，交 AC 于 Q，求证：$AP : PM = 2AQ : QC$.

4. 从 □$ABCD$ 的顶点 A 作任意直线，交 BD 于 P，分别交 BC、DC(或延长线)于 E、F，求证：$PA^2 = PE \cdot PF$.

5. 如图，过 □$ABCD$ 的对角线 AC 上一点 P 作任意直线，分别交 AB、BC、CD、DA(或它们的延长线)于 E、F、G、H，求证：$PE \cdot PF = PG \cdot PH$.

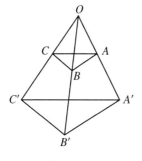

第 1 题图

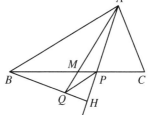

第 5 题图

6. 如图,过 □ABCD 的对角线 AC 上任一点 P 作 EF∥AB,分别交 AD、BC 于 E、F,又过 P 作 GH∥BC,分别交 AB、CD 于 G、H,求证:EG∥HF.

7. 如图,在 △ABC 中,∠BAC 的平分线交 BC 于 P,从 B 作 AP 的垂线 BH,H 为垂足,M 为 BC 的中点,连 AM 并延长,交 BH 于 Q,求证:PQ∥AB.

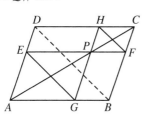

第 6 题图

第 7 题图

8. O 为 △ABC 内任意一点,直线 AO、BO、CO 分别交 BC、CA、AB 于 D、E、F,求证:$\dfrac{AO}{AD} + \dfrac{BO}{BE} + \dfrac{CO}{CF} = 2$.

9. 如图,在 △ABC 的两边 AB、AC 上分别取点 D、E,使 AD:DB = EC:AE = m:n,又过 A、D、E 三点任作三条平行线 AF、DG、EH,分别交 BC 于 F、G、H,求证:AF = DG + EH.

第 9 题图

5.3　三角形内、外角平分线截比例线段

如果一点 C 在线段 AB 上,则称点 C 为线段 AB 的内分点,分得的两线段为 AC 和 CB;如果点 C 在线段 AB(或 BA)的延长线上,则称点 C 为线段 AB 的外分点,分得的两线段仍为 AC 和 CB.

定理 5.6　三角形的内(外)角平分线内(外)分对边所得的两线段与两条相邻的边成比例.

证明　设 AD 是△ABC 中∠BAC(或其外角)的平分线,过 C 作 $CE /\!/ DA$,交直线 AB 于 E(图5.7),则 $BD:DC = BA:AE$.因为 $\angle 1 = \angle ACE$,$\angle 2 = \angle AEC$,而 $\angle 1 = \angle 2$,所以 $\angle ACE = \angle AEC$,故 $AE = AC$,因此 $BD:DC = AB:AC$.

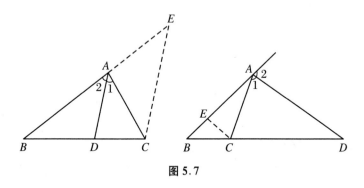

图 5.7

定理 5.7　如果一点将三角形的一边内(外)分所得的两线段与两条相邻的边成比例,则这点与它所在边的对角顶点的连线必平分这个对角(或其外角).

证明　设 D 是△AEC 中 BC 边(或延长线)上的点,且 $BD:DC = AB:AC$.作∠BAC(或其外角)的平分线 AD'(图5.8),则 $BD':$

$D'C = AB : AC$，所以 $BD : DC = BD' : D'C$，因此$(BD + DC) : DC$
$= (BD' + D'C) : D'C$（或$(DB - DC) : DC = (DB' - D'C) : D'C$），
即 $BC : DC = BC : D'C$，所以 D 与 D' 重合，因此 AD 平分$\angle BAC$
（或其外角）.

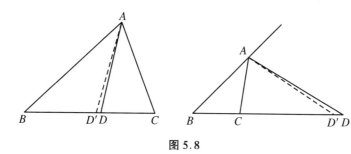

图 5.8

例 1　O 是$\triangle ABC$ 的内心，AO 交
对边于 D，则 $AO : OD = (AB + AC)$
$: BC$（图 5.9）.

证明　因为 O 为内心，所以 AD 为
$\angle BAC$ 的平分线，$AC : AB = CD : DB$，
因此$(AC + AB) : AB = (CD + DB) :$
DB，即$(AC + AB) : AB = BC : BD$，所
以$(AC + AB) : BC = AB : BD$. 连

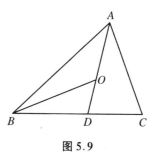

图 5.9

BO，则 BO 为$\angle ABC$ 的平分线，所以 $AB : BD = AO : OD$. 因此
$AO : OD = (AB + AC) : BC$.

例 2　AM 为$\triangle ABC$ 的中线，MG 平分$\angle AMC$，交 AC 于 G，过
G 作 $GD /\!/ BC$，交 AB 于 D，求证：DM 平分$\angle AMB$.

证明　因为 MG 平分$\angle AMC$，所以 $AM : CM = AG : GC$. 又
因为 $DG /\!/ BC$，所以 $AG : GC = AD : DB$，故 $AM : CM = AD :$

DB. 而 $BM = MC$, 所以 $AM : MB = AD : DB$, 因此 DM 平分
$\angle AMB$(图 5.10).

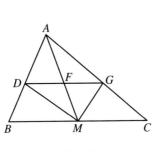

图 5.10　　　　　　　　　图 5.11

例 3　在 $\triangle ABC$ 中, $AB = AC$, $\angle ABC$ 的三等分线交底边上的
高 AD 于 M、N(图 5.11), 连 CN, 延长后交 AB 于 E, 求证: EM
$/\!/ BN$.

分析　欲证 $EM /\!/ BN$, 只需证 $AE : EB = AM : MN$. 但 $\angle EBN$
$= \dfrac{2}{3} \angle ABC$, $\angle ENB = \angle NBC + \angle NCB = 2\angle NBC = \dfrac{2}{3} \angle ABC$.
所以 $\angle EBN = \angle ENB$, $EB = EN$. 因此, 只需证 $AE : EN = AM :$
MN. 欲证此式, 只需证 EM 平分 $\angle AEN$.

连 CM. 因为 AD 为等腰 $\triangle ABC$ 底边上的高, 所以 $\triangle ABC$ 是关于
AD 的轴对称图形. 而 BM 平分 $\angle ABN$, 则 CM 必平分 $\angle ACN$. 所以点
M 为 $\triangle ACE$ 的内心, EM 平分 $\angle AEC$, 至此问题就不难解决了.

证明　因为 AD 为等腰 $\triangle ABC$ 底边上的高, 所以 AD 亦为顶角
$\angle BAC$ 的平分线, 故 $\triangle ABC$ 关于 AD 为轴对称图形. 因为 BM 平分
$\angle ABN$, BN 平分 $\angle MBD$, 所以 CM 平分 $\angle ACN$, CN 平分 $\angle MCD$.
故点 M 为 $\triangle ACE$ 的内心, EM 平分 $\angle AEC$. 因此 $AE : EN =$
$AM : MN$. 而 $\angle ENB = \angle NBD + \angle NCD = 2\angle NBD = \dfrac{2}{3} \angle ABC$,

$\angle EBN = \dfrac{2}{3}\angle ABC$，所以 $\angle ENB = \angle EBN$，$EB = EN$. 故 $AE:EB = AM:MN$，因此 $EM // BN$.

例 4　在 $\triangle ABC$ 中，已知 BD、BM 分别为 AC 边上的高和中线，$\angle ABD = \angle DBM = \angle MBC$（图 5.12）. 求证：$\angle ABC = 90°$.

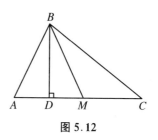

图 5.12

分析　因为 $\angle ABD = \angle DBM = \angle MBC$，欲证 $\angle ABC = 90°$，只需证 $\angle DBC = 60°$. 因 $BD \perp AC$，故只需证 $\angle C = 30°$. 欲证 $\angle C = 30°$，只需证 $BD:BC = 1:2$，但因为 BM 平分 $\angle DBC$，所以 $BD:BC = DM:MC$，故只需证 $DM:MC = 1:2$. 又因为 M 是 AC 的中点，而 $\triangle BAD \cong \triangle BMD$，所以 D 是 AM 的中点，至此问题就不难解决了.

证明　因为 $BD \perp AC$，BD 平分 $\angle ABM$，所以 $AD = DM$. 因为 M 为 AC 的中点，所以 $DM = \dfrac{1}{2}MC$. 又因为 BM 平分 $\angle DBC$，所以 $BD:BC = DM:MC = 1:2$，即得 $\angle C = 30°$，$\angle DBC = 60°$，因此 $\angle ABC = 90°$.

习　题　17

1. $\triangle ABC$ 的 $\angle B$ 和 $\angle C$ 的平分线分别交对边于 D、E，若 $DE // BC$，求证：$AB = AC$.

2. 在 $\triangle ABC$ 中，AD 为 BC 边上的中线，DE 平分 $\angle ADB$，交 AB 于 E，DF 平分 $\angle ADC$，交 AC 于 F，求证：$EF // BC$.

3. 在任意四边形 $ABCD$ 中，对角线 BD 的中点为 M，作 $\angle AMB$、$\angle BMC$、$\angle CMD$、$\angle DMA$ 的平分线，分别交 AB、BC、CD、DA 于 E、F、G、H，求证：$EH // FG$.

4. 在△ABC 中,∠C = 90°,∠BAC 的平分线交 BC 于 D,AB = $\sqrt{3}BD$,求∠BAC.

5. 如图,在梯形 $ABCD$ 中,$AB /\!/ CD$,M、N 分别在 AB、DC 上,且 $MA:MB = ND:NC = AD:BC$,求证:AD、BC 均与 NM 成等角.

第 5 题图

6. 在四边形 $ABCD$ 中,若∠A 与∠C 的平分线相交于 BD 上,求证:∠B 与∠D 的平分线相交于 AC 上.

7. 一圆的割线 PAB 通过圆心 O,交圆于 A、B,自 P 作圆的切线 PC,C 为切点,作 $CD \perp AB$,D 为垂足,求证:$PA:AD = PB:BD$.

8. 一圆的割线 PAB 通过圆心 O,交圆于 A、B,自 P 作圆的任意割线 PCD,交圆于 C、D,在圆周上取一点 E,使 $\overset{\frown}{BE} = \overset{\frown}{BD}$,连 CE,交 AB 于 F,求证:$PA \cdot BF = PB \cdot AF$.

9. 如图,C 是优弧$\overset{\frown}{AB}$的中点,F 是劣弧$\overset{\frown}{AB}$上任一点,D、E 分别是$\overset{\frown}{AF}$、$\overset{\frown}{BF}$的中点,P 是 CF 上任一点,连 PA、PB,分别交 CD、CE 于 G、H,求证:$GH /\!/ AB$.

第 9 题图

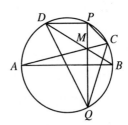

第 10 题图

10. 如图,AB 为圆的直径,弦 AC、BD 相交于 M,过 M 作弦 PQ $\perp AB$,求证:$PD \cdot QC = PC \cdot QD$.

5.4 相似三角形

如果两个三角形的对应角相等,对应边成比例,则这两个三角形叫做相似三角形.例如,在 $\triangle ABC$ 与 $\triangle A'B'C'$ 中,若 $\angle A = \angle A'$,$\angle B = \angle B'$,$\angle C = \angle C'$,并且 $AB : A'B' = BC : B'C' = CA : C'A'$,则这两个三角形叫做相似三角形,记为 $\triangle ABC \backsim \triangle A'B'C'$.由这个定义可知,相似三角形的对应角相等,对应边成比例.

定理 5.8 平行于三角形一边的直线截三角形的其他两边所得的三角形与原三角形相似(图 5.13).

证明 设在 $\triangle ABC$ 中,$DE /\!\!/ BC$ 并分别与 AB、AC 相交于 D 和 E,则在 $\triangle ABC$ 与 $\triangle ADE$ 中,$\angle A = \angle A$,$\angle B = \angle ADE$,$\angle C = \angle AED$,所以这两个三角形的对应角相等.

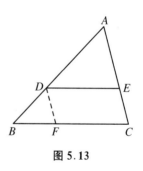

图 5.13

作 $DF /\!\!/ AC$,交 BC 于 F.因为 $DE /\!\!/ BC$,所以 $DFCE$ 为平行四边形,因此 $DE = FC$.又因为 $AD : AB = AE : AC$,并且 $AD : AB = FC : BC = DE : BC$,所以 $AD : AB = AE : AC = DE : BC$,因此 $\triangle ABC \backsim \triangle ADE$.

注意 若 D、E 分别在 AB、AC 的延长线(或反向延长线)上,本定理仍正确.

定理 5.9(三角形相似的判定定理 I) 如果一个三角形的两个

角和另一个三角形的两个角对应相等,则这两个三角形相似.

证明　设在 $\triangle ABC$ 与 $\triangle A'B'C'$ 中, $\angle A = \angle A'$, $\angle B = \angle B'$. 在 AB(或延长线)上取 $AB'' = A'B'$,作 $B''C'' \parallel BC$,交 AC(或延长线)于 C''(图 5.14),则 $\triangle ABC \backsim \triangle AB''C''$. 因为 $B''C'' \parallel BC$,所以 $\angle AB''C'' = \angle B = \angle B'$, $\angle AC''B'' = \angle C = \angle C'$. 在 $\triangle AB''C''$ 与 $\triangle A'B'C'$ 中, $\angle AB''C'' = \angle B'$, $\angle AC''B'' = \angle C'$, $AB'' = A'B'$,所以 $\triangle AB''C'' \cong \triangle A'B'C'$,因此 $\triangle ABC \backsim \triangle A'B'C'$.

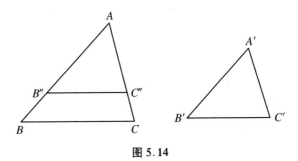

图 5.14

定理 5.10(三角形相似的判定定理Ⅱ)　如果一个三角形的两边和另一个三角形的两边对应成比例,并且夹角相等,则这两个三角形相似.

证明　设在 $\triangle ABC$ 与 $\triangle A'B'C'$ 中, $\angle A = \angle A'$, $AB : A'B' = AC : A'C'$,在 AB(或延长线)上取 $AB'' = A'B'$,作 $B''C'' \parallel BC$,交 AC(或延长线)于 C''(参看图 5.14),则 $\triangle ABC \backsim \triangle AB''C''$,所以 $AB : AB'' = AC : AC''$. 因为 $AB'' = A'B'$,所以 $AB : A'B' = AC : AC''$;而已知 $AB : A'B' = AC : A'C'$,所以 $AC : AC'' = AC : A'C'$,因此 $AC'' = A'C'$. 在 $\triangle AB''C''$ 与 $\triangle A'B'C'$ 中, $\angle A = \angle A'$, $AB'' = A'B'$, $AC'' = A'C'$,所以 $\triangle AB''C'' \cong \triangle A'B'C'$,因此 $\triangle ABC \backsim \triangle A'B'C'$.

定理 5.11(三角形相似的判定定理Ⅲ)　如果一个三角形的三条边和另一个三角形的三条边对应成比例,则这两个三角形相似.

证明　设在△*ABC* 与△*A′B′C′* 中,*AB* : *A′B′* = *AC* : *A′C′* = *BC* : *B′C′*,在 *AB*(或延长线)上取 *AB″* = *A′B′*,作 *B″C″* // *BC*,交 *AC*(或延长线)于 *C″*(参看图 5.14),则△*ABC* ∽ △*AB″C″*,所以 *AB* : *AB″* = *AC* : *AC″* = *BC* : *B″C″*.因为 *AB″* = *A′B′*,所以 *AB* : *A′B′* = *AC* : *AC″* = *BC* : *B″C″*;而已知 *AB* : *A′B′* = *AC* : *A′C′* = *BC* : *B′C′*,所以 *AC* : *AC″* = *AC* : *A′C′*,*BC* : *B″C″* = *BC* : *B′C′*,因此 *AC″* = *A′C′*,*B″C″* = *B′C′*.在△*AB″C″* 与△*A′B′C′* 中,*AB″* = *A′B′*,*AC″* = *A′C′*,*B″C″* = *B′C′*,所以△*AB″C″*≌△*A′B′C′*,因此 △*ABC*∽△*A′B′C′*.

定理 5.12(三角形相似的判定定理Ⅳ)　如果一个三角形的两边与另一个三角形的两边成比例,且这两边中大边所对的角对应相等,则这两个三角形相似.

证明　设在△*ABC* 与△*A′B′C′* 中,*AB* : *A′B′* = *AC* : *A′C′*,*A′B′*>*A′C′*,∠*C* = ∠*C′*,在 *AB*(或延长线)上取 *AB″* = *A′B′*,作 *B″C″* // *BC*,交 *AC*(或延长线)于 *C″*(参看图 5.14),则△*ABC* ∽ △*AB″C″*,所以 *AB* : *AB″* = *AC* : *AC″*.因为 *AB″* = *A′B′*,所以 *AB* : *A′B′* = *AC* : *AC″*;而已知 *AB* : *A′B′* = *AC* : *A′C′*,所以 *AC″* = *A′C′*.又因为∠*AC″B″* = ∠*C*,∠*C* = ∠*C′*,所以∠*AC″B″* = ∠*C′*.在△*AB″C″* 与△*A′B′C′* 中,*AB″* = *A′B′*,*AC″* = *A′C′*,∠*AC″B″* = ∠*C′*,且 *A′B′*>*A′C′*,所以△*AB″C″*≌△*A′B′C′*,因此△*ABC*∽△*A′B′C′*.

由定理 5.9 至定理 5.12,立即可以推得下列两等边三角形、两等腰三角形以及两直角三角形相似的判定定理:

定理 5.13　任何两个等边三角形都相似.

定理 5.14　如果两个等腰三角形的顶角对应相等(或底角对应

相等),则这两个等腰三角形相似.

定理 5.15　如果两个直角三角形有一组锐角对应相等,则这两个直角三角形相似.

定理 5.16　如果两个直角三角形的两组直角边对应成比例,则这两个直角三角形相似.

定理 5.17　如果一个直角三角形的斜边和一条直角边与另一个直角三角形的斜边和一条直角边对应成比例,则这两个直角三角形相似.

这几个定理的证明留给读者.

例 1　过同一点的若干条直线叫做线束.证明:两条平行线被一个线束所截,则截得的对应线段成比例.

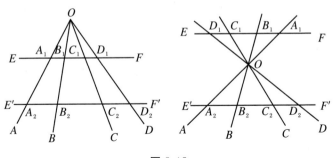

图 5.15

证明　设 OA、OB、OC、OD、$\cdots$ 为过点 O 的诸直线,这个线束截互相平行的两条直线 EF、$E'F'$ 于 A_1、B_1、C_1、D_1、$\cdots$ 与 A_2、B_2、C_2、D_2、$\cdots$ 诸点,如图 5.15 所示.因为 $EF /\!/ E'F'$,所以 $\triangle OA_1B_1 \backsim \triangle OA_2B_2$,$\triangle OB_1C_1 \backsim \triangle OB_2C_2$,$\triangle OC_1D_1 \backsim \triangle OC_2D_2$,$\cdots$,因此 $A_1B_1 : A_2B_2 = OB_1 : OB_2$,$B_1C_1 : B_2C_2 = OB_1 : OB_2 = OC_1 : OC_2$,$C_1D_1 : C_2D_2 = OC_1 : OC_2 = OD_1 : OD_2$,$\cdots$,故 $A_1B_1 : A_2B_2 = B_1C_1 : B_2C_2 = C_1D_1 : C_2D_2 = \cdots$.

同理可证，$A_1 C_1 : A_2 C_2 = B_1 D_1 : B_2 D_2 = A_1 D_1 : A_2 D_2 = \cdots$.

例 2　在两个三角形中，若第一对角相等，第二对角互补，求证：第三对角的两边对应成比例.

证明　设在 $\triangle ABC$ 与 $\triangle A' B' C'$ 中，$\angle A = \angle A'$，$\angle B + \angle B' = 180°$，并设 $\angle B > \angle B'$（图 5.16）. 以 C' 为圆心、$C'B'$ 为半径作弧，交 $A'B'$ 于 D，则 $\angle C'DB' = \angle B'$. 所以 $\angle B = \angle C'DA'$. 在 $\triangle ABC$ 与 $\triangle A'DC'$ 中，$\angle A = \angle A'$，

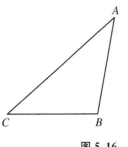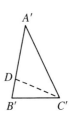

图 5.16

$\angle B = \angle C'DA'$，所以 $\triangle ABC \backsim \triangle A'DC'$，因此 $AC : A'C' = CB : C'D$. 又因为 $C'D = C'B'$，所以 $AC : A'C' = CB : C'B'$.

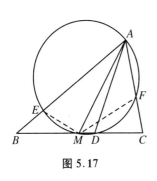

图 5.17

例 3　在 $\triangle ABC$ 中，AM 为中线，AD 为 $\angle BAC$ 的平分线，过 A、M、D 三点的圆分别交 AB、AC 于 E、F，求证：$BE = CF$（图 5.17）.

证明　连 ME、MF. 因为 A、E、M、D 四点共圆，所以 $\angle EMB = \angle DAB$；又因为 A、M、D、F 四点共圆，所以 $\angle FMC = \angle DAC$. 而 $\angle DAB = \angle DAC$，所以 $\angle EMB = \angle FMC$. 又因为 A、E、M、F 四点共圆，所以 $\angle BEM = \angle AFM$，故 $\angle BEM + \angle CFM = 180°$. 在 $\triangle BEM$ 与 $\triangle CFM$ 中，$\angle EMB = \angle FMC$，$\angle BEM + \angle CFM = 180°$，所以由例 2 可知，$BE : BM = CF : CM$. 但 $BM = CM$，所以 $BE = CF$.

注意　如果在两个三角形中,有一对角相等、另一对角互补,常应想到第三对角的夹边成比例,从而解决问题.

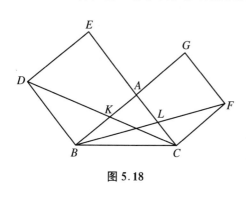

图 5.18

例 4　在 $\triangle ABC$ 中,$\angle A = 90°$,分别以 AB、AC 为一边在形外作正方形 $ABDE$、$ACFG$,CD 交 AB 于 K,BF 交 AC 于 L,求证:$AK = AL$(图 5.18).

证明　因为 $\angle BAC = \angle BAE = 90°$,所以 CAE 为直线;同理,BAG 亦为直线.因为 $\angle E = 90°$,所以 $AK \parallel ED$,因此 $\triangle CAK \backsim \triangle CED$,故 $CA : CE = AK : ED$.同理,$\triangle BAL \backsim \triangle BGF$,所以 $BA : BG = AL : GF$,即 $GF : BG = AL : BA$.但 $CA = GF$,$CE = CA + AE = AG + BA = BG$,$ED = BA$,所以 $AK : ED = AL : BA$,故 $AK = AL$.

例 5　$ABCD$ 为平行四边形,$EF \parallel AD$,BE 与 CF 相交于 G,AE 与 DF 相交于 H,求证:$GH \parallel AB$(图 5.19).

证明　因为 $EF \parallel AD \parallel BC$,所以 $\triangle HEF \backsim \triangle HAD$,$\triangle GEF \backsim \triangle GBC$,故 $EF : AD = HE : HA$,$EF : BC = GE : GB$.而 $AD =$

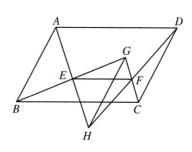

图 5.19

BC,所以 $HE : HA = GE : GB$.因此 $HE : (HA - HE) = GE : (GB - GE)$,即 $HE : AE = GE : BE$.在 $\triangle GEH$ 与 $\triangle BEA$ 中,$\angle GEH =$

$\angle BEA$，$HE：AE = GE：BE$，所以 $\triangle GEH \backsim \triangle BEA$，于是 $\angle GHE = \angle BAE$，因此 $GH \ /\!/ \ AB$.

例 6 DE 是 $\triangle ABC$ 中 $\angle BAC$ 的外角的平分线，作 $BD \perp DE$，$CE \perp DE$，D 和 E 分别为垂足，BE 与 CD 交于 F，求证：$\angle BAF = \angle CAF$（图 5.20）.

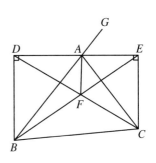

图 5.20

证明 因为 $BD \perp DE$，$CE \perp DE$，$BD \ /\!/ \ CE$，所以 $\triangle BDF \backsim \triangle ECF$，故 BD $：CE = BF：EF$. 因为 $\angle BAD = \angle GAE = \angle CAE$，所以 直角 $\triangle ABD \backsim$ 直角 $\triangle ACE$，故 $BD：CE = AD：AE$. 因此

$BF：EF = AD：AE$，所以 $AF \ /\!/ \ BD$，于是 $AF \perp DE$，故 $90° - \angle BAD = 90° - \angle CAE$，即 $\angle BAF = \angle CAF$.

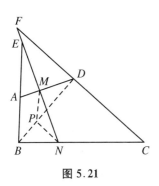

图 5.21

例 7 在四边形 $ABCD$ 的边 AD 和 BC 上分别取点 M 和 N，使 $\dfrac{AM}{MD} = \dfrac{BN}{NC} = \dfrac{AB}{CD}$，证明：直线 MN 与直线 AB、CD 成等角（图 5.21）.

证明 连 BD，在 BD 上取点 P，使 $\dfrac{BP}{PD} = \dfrac{AB}{CD}$，连 MP、NP. 因为 $\dfrac{AM}{MD} = \dfrac{AB}{CD}$，

所以 $\dfrac{AM + MD}{MD} = \dfrac{AB + CD}{CD}$，即 $\dfrac{AD}{MD} =$

$\dfrac{AB + CD}{CD}$. 又因为 $\dfrac{BN}{NC} = \dfrac{AB}{CD}$，所以 $\dfrac{BN}{BN + NC} = \dfrac{AB}{AB + CD}$，即 $\dfrac{BN}{BC} =$

$\dfrac{AB}{AB + CD}$. 在 $\triangle ABD$ 与 $\triangle MPD$ 中，因为 $\dfrac{AM}{MD} = \dfrac{BP}{PD} = \dfrac{AB}{CD}$，所以 $AB \ /\!/$

MP,因此$\triangle ABD \backsim \triangle MPD$,故

$$\frac{AB}{MP} = \frac{AD}{MD} = \frac{AB + CD}{CD}. \qquad ①$$

同理,在$\triangle BCD$ 与$\triangle BNP$ 中,因为$\dfrac{BN}{NC} = \dfrac{BP}{PD} = \dfrac{AB}{CD}$,所以 $CD \ /\!/ \ NP$,

因此$\triangle BCD \backsim \triangle BNP$,故

$$\frac{NP}{CD} = \frac{BN}{BC} = \frac{AB}{AB + CD}. \qquad ②$$

①×②,得

$$\frac{AB}{MP} \cdot \frac{NP}{CD} = \frac{AB + CD}{CD} \cdot \frac{AB}{AB + CD} = \frac{AB}{CD},$$

故$\dfrac{NP}{MP} = 1$,即 $MP = NP$,所以$\angle PMN = \angle PNM$. 又因为$\angle BEN = \angle PMN$,$\angle CFN = \angle PNM$,所以 MN 与AB、CD 成等角.

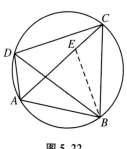

图 5.22

例8　在圆内接四边形中,两组对边的乘积之和等于两条对角线的乘积(托勒密(Ptolemy)定理).

分析　欲证 $AB \cdot CD + AD \cdot BC = AC \cdot BD$,就要设法在 AC 上找到一点E,使下列两式同时成立(图 5.22):

$$AD \cdot BC = EC \cdot BD \qquad ①$$

$$AB \cdot CD = AE \cdot BD \qquad ②$$

则两式相加后,即得 $AB \cdot CD + AD \cdot BC = (AE + EC) \cdot BD = AC \cdot BD$,所以关键问题是如何找到这个点 E.

因为点 E 要满足①式,即满足 $AD:BD = EC:BC$,而 AD、BD 在$\triangle ABD$ 中,EC、BC 在$\triangle EBC$ 中,欲使上式成立,必须有$\triangle ABD \backsim \triangle EBC$. 因为$\angle ADB = \angle ECB$,只需使$\angle EBC = \angle ABD$,这两个三角

形就相似了. 因此, 点 E 应该是以 B 为顶点、BC 为一边、在 $\angle ABC$ 内等于 $\angle ABD$ 的角的另一边与 AC 的交点, 故得证法如下:

证明 以 B 为顶点、BC 为一边, 在 $\angle ABC$ 内作 $\angle CBE = \angle ABD$, 设 BE 与 AC 交于点 E. 又因为 $\angle ADB = \angle ECB$, 所以 $\triangle ABD \backsim \triangle EBC$, 因此 $AD : BD = EC : BC$, 故

$$AD \cdot BC = EC \cdot BD. \qquad \qquad ①$$

因为 $\angle BAC = \angle BDC$, $\angle ABE = \angle ABD + \angle DBE = \angle CBE + \angle DBE = \angle DBC$, 所以 $\triangle ABE \backsim \triangle DBC$, 因此 $AB : BD = AE : DC$, 故

$$AB \cdot CD = AE \cdot BD. \qquad \qquad ②$$

将①②两式相加, 即得 $AD \cdot BC + AB \cdot CD = EC \cdot BD + AE \cdot BD = (AE + EC) \cdot BD = AC \cdot BD$. 所以

$$AB \cdot CD + AD \cdot BC = AC \cdot BD.$$

注意 设 a、b、c、d、e、f 均为线段, 欲证 $a \cdot b + c \cdot d = e \cdot f$, 常设法在 e(或 f)上取适当的点, 将 e(或 f)分成两条线段 m、n, 且使 m、n 满足 $a \cdot b = m \cdot f$, $c \cdot d = n \cdot f$(或 $a \cdot b = m \cdot e$, $c \cdot d = n \cdot e$), 再将两式相加即得.

习 题 18

1. E 是 □$ABCD$ 中 DA 的延长线上的一点, EC 交 AB 于 G, 求证: $BG \cdot DE = AB \cdot AD$.

2. 直线 EF 平行于梯形 $ABCD$ 的两底且与腰 AB 交于 E, 与腰 CD 交于 F, 与对角线 BD、AC 分别交于 G、H, 求证: $EG = FH$.

3. 在梯形 $ABCD$ 中, E、F 分别是上下底 AD、BC 的中点, 对角线 AC、BD 交于 G, 两腰延长后交于 H, 求证: E、F、G、H 四点共线(与 5.2 节的例 1 比较).

4. 在△ABC 中,D 是 AC 的中点,F 是 AB 的延长线上的一点,DF 与 BC 交于 E,求证:$FB:FA=EB:EC$.

5. 在△ABC 中,三条高 AD、BE、CF 相交于垂心 H,求证:$AH \cdot HD = BH \cdot HE = CH \cdot HF$.

6. 过四边形 $ABCD$ 的对角线交点 O 作 AB 的平行线,分别交 AD、BC 于 E、F,交 DC 的延长线于 G,求证:$GO^2 = GE \cdot GF$.

7. 如图,由△ABC 的顶点 B、C 分别作 AB、AC 的垂线,相交于 D,作 $CE \perp AD$,交 AB 于 E,求证:$AC^2 = AB \cdot AE$.

8. 如图,在线段 AB 的同侧作 AC、BD 均垂直于 AB,AD 与 BC 交于 E,$EF \perp AB$,垂足为 F,求证:$\angle AFC = \angle BFD$.

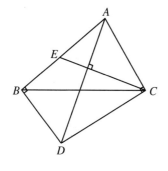

第 7 题图

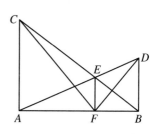

第 8 题图

9. 两圆外切或内切于 A,过点 A 作割线 BC、DE,交一圆于 B、D,交另一圆于 C、E,求证:$AB:AC=AD:AE$.

10. ⊙O 和 ⊙O' 外切于 A,外公切线 PQ 分别切 ⊙O、⊙O' 于 P、Q,连心线 OO' 分别交 ⊙O、⊙O' 于 B、C,交 PQ 于 S,求证:

(1) $SA^2 = SP \cdot SQ$;

(2) $PQ^2 = AB \cdot AC$.

11. AB 为半圆的直径,M、N 为半圆周上两点,AN 与 BM 相交

于 P,求证:$AP \cdot AN + BP \cdot BM = AB^2$.

12. 如图,AB 为 $\odot O$ 的直径,过圆周上一点 D 作切线,自 AB 上一点 C 作这切线的垂线 CE,E 为垂足,求证:$AB \cdot CE = AC \cdot BC + CD^2$.

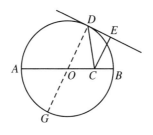

第 12 题图

13. 在 $\triangle ABC$ 中,AD 为高,P 为 AD 上任一点,BP、PC 分别交 AC、AB 于 E、F,求证:AD 平分 $\angle EDF$.

5.5　相似多边形

如果两个多边形的对应角相等,对应边成比例,则这两个多边形叫做相似多边形.例如,在多边形 $ABC\cdots K$ 与多边形 $A'B'C'\cdots K'$ 中,若 $\angle A = \angle A'$,$\angle B = \angle B'$,$\angle C = \angle C'$,$\cdots$,$\angle K = \angle K'$,且 $AB : A'B' = BC : B'C' = CD : C'D' = \cdots = KA : K'A'$,则这两个多边形叫做相似多边形,记为多边形 $ABC\cdots K \backsim$ 多边形 $A'B'C'\cdots K'$.

在相似多边形(包括相似三角形)中,对应边的比叫做相似比(或相似系数).显然,相似比等于 1 的相似多边形就是全等多边形,因此,全等形是相似形的特例.

定理 5.18   由两组个数相等、排列位置相同且对应相似的三角形所组成的多边形相似(必要时须将其中一个多边形翻转 $180°$).

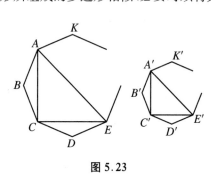

图 5.23

证明   设多边形 $ABC\cdots K$ 可以分解为 $\triangle ABC$ 、$\triangle CDE$ 、$\triangle ACE$ 、$\cdots$,多边形 $A'B'C'\cdots K'$ 可以分解为 $\triangle A'B'C'$ 、$\triangle C'D'E'$ 、$\triangle A'C'E'$ 、$\cdots$,并且 $\triangle ABC \backsim \triangle A'B'C'$ 、$\triangle CDE \backsim \triangle C'D'E'$ 、$\triangle ACE \backsim \triangle A'C'E'$ 、$\cdots$(图 5.23),则因为在相似三角形中,对应角相等,对应边成比例,所以 $\angle ABC = \angle A'B'C'$,$\angle ACB = \angle A'C'B'$,$\angle ACE = \angle A'C'E'$,$\angle ECD = \angle E'C'D'$,故 $\angle BCD = \angle B'C'D'$ ……并且 $AB : A'B' = BC : B'C' = AC : A'C'$,$AC : A'C' = CE : C'E' = CD : C'D' = DE : D'E'$,因此 $AB : A'B' = BC : B'C' = CD : C'D' = DE : D'E' = \cdots$.所以在这两个多边形中,对应角相等,对应边成比例,因此这两个多边形相似.

推论   如果两个多边形相似,则必定可以将它们分解为个数相等、排列位置相同且对应相似的两组三角形(必要时须将其中一个多边形翻转 $180°$).

定理 5.19   在相似三角形中,对应高之比等于它们的相似比.

证明   设 $\triangle ABC \backsim \triangle A'B'C'$,$AD \perp BC$,$A'D' \perp B'C'$,则 $\angle B = \angle B'$,所以直角 $\triangle ABD \backsim$ 直角 $\triangle A'B'D'$,故 $AD : A'D' = AB : A'B'$ (图 5.24).

与此同理,在相似三角形中,对应中线之比、对应角平分线之比、内切圆半径之比、外接圆半径之比……都等于它们的相似比.归纳起

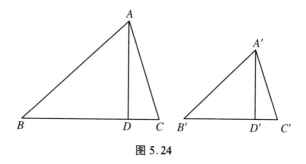

图 5.24

来,即得下列定理:

定理 5.20　在相似三角形中,对应线段之比等于它们的相似比.

再推广一步,可得下列定理:

定理 5.21　在相似多边形中,对应线段之比等于它们的相似比.

定理 5.22　相似多边形的周长之比等于它们的相似比.

证明　设多边形 $ABC\cdots K \backsim$ 多边形 $A'B'C\cdots K'$,则 $\dfrac{AB}{A'B'}=$

$\dfrac{BC}{B'C'}=\cdots=\dfrac{KA}{K'A'}$(图 5.23),由等比定理,立得

$$\frac{AB+BC+\cdots+KA}{A'B'+B'C'+\cdots+K'A'}=\frac{AB}{A'B'}=\frac{BC}{B'C'}=\cdots=\frac{KA}{K'A'}.$$

定理 5.23　相似三角形面积之比等于它们的相似比的平方.

证明　设 $\triangle ABC \backsim \triangle A'B'C'$,作 BC、$B'C'$ 边上的高 AD、$A'D'$
(图 5.24),则

$$AD:A'D'=AB:A'B'=BC:B'C',$$

所以

$$\frac{S_{\triangle ABC}}{S_{\triangle A'B'C'}}=\frac{\dfrac{1}{2}BC\cdot AD}{\dfrac{1}{2}B'C'\cdot A'D'}=\frac{BC}{B'C'}\cdot\frac{AD}{A'D'}=\left(\frac{AB}{A'B'}\right)^2.$$

定理 5.24 相似多边形面积之比等于它们的相似比的平方.

证明 设多边形 $ABC\cdots K \backsim$ 多边形 $A'B'C'\cdots K'$，则由定理 5.18的推论知，这两个多边形必定可以分解为个数相等、排列位置相同且对应相似的两组三角形. 设分解后对应相似的三角形为 $\triangle ABC \backsim \triangle A'B'C'$、$\triangle CDE \backsim \triangle C'D'E'$、$\triangle ACE \backsim \triangle A'C'E'$、$\cdots$（参看图 5.23），则

$$\frac{S_{\triangle ABC}}{S_{\triangle A'B'C'}} = \left(\frac{AB}{A'B'}\right)^2,$$

$$\frac{S_{\triangle CDE}}{S_{\triangle C'D'E'}} = \left(\frac{CD}{C'D'}\right)^2 = \left(\frac{AB}{A'B'}\right)^2,$$

$$\frac{S_{\triangle ACE}}{S_{\triangle A'C'E'}} = \left(\frac{AC}{A'C'}\right)^2 = \left(\frac{AB}{A'B'}\right)^2,$$

$$\cdots,$$

由等比定理，立得

$$\frac{S_{\text{多边形}ABC\cdots K}}{S_{\text{多边形}A'B'C'\cdots K'}} = \frac{S_{\triangle ABC} + S_{\triangle CDE} + S_{\triangle ACE} + \cdots}{S_{\triangle A'B'C'} + S_{\triangle C'D'E'} + S_{\triangle A'C'E'} + \cdots}$$

$$= \left(\frac{AB}{A'B'}\right)^2.$$

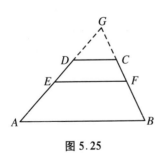

图 5.25

例 1 在梯形 $ABCD$ 中，$AB /\!\!/ CD$，直线 EF 平行于 AB 及 CD，分别交 AD、BC 于 E、F，且 $EF^2 = AB \cdot CD$，求证：梯形 $ABFE \backsim$ 梯形 $EFCD$（图 5.25）.

证明 因为 $EF /\!\!/ AB /\!\!/ CD$，所以 $\angle A = \angle DEF$，$\angle B = \angle CFE$，$\angle BFE = \angle FCD$，$\angle AEF = \angle EDC$，因此两个梯形的对应角都相等. 由定理

5.5 知，$AE:ED=BF:FC$；由已知条件知，$AB:EF=EF:CD$．又设 AD、BC 延长后相交于 G，则由定理 5.8 知，$\triangle GAB \backsim \triangle GEF \backsim \triangle GDC$，所以 $GA:GE=AB:EF$，$GE:GD=EF:DC$，故 $GA:GE=GE:GD=AB:EF$．由等比定理，得 $(GA-GE):(GE-GD)=AB:EF$，即 $AE:ED=AB:EF$．所以 $AE:ED=AB:EF=BF:FC=EF:CD$，因此梯形 $ABFE \backsim$ 梯形 $EFCD$．

例 2　在任意四边形 $ABCD$ 中，作 AA' 和 CC' 都垂直于对角线 BD，又作 BB' 和 DD' 都垂直于对角线 AC，A'、B'、C'、D' 为垂足，求证：四边形 $ABCD$ $\backsim$ 四边形 $A'B'C'D'$（图 5.26）．

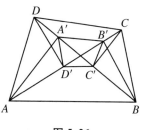

图 5.26

证明　因为 $\angle AA'B=90°=\angle AB'B$，所以 A、A'、B'、B 四点共圆，因此 $\angle BAB'=\angle BA'B'$，即 $\angle BAC=\angle BA'B'$．因为 $\angle BC'C=90°=\angle BB'C$，所以 B、C'、B'、C 四点共圆，故 $\angle BCB'=\angle B'C'A'$，即 $\angle BCA=\angle B'C'A'$．所以 $\triangle ABC \backsim \triangle A'B'C'$．同理，$\triangle ADC \backsim \triangle A'D'C'$．若将四边形 $ABCD$ 以 AB 为轴翻转 $180°$，则 $\triangle ABC$ 与 $\triangle ADC$ 的排列位置完全相同于原图中 $\triangle A'B'C'$ 与 $\triangle A'D'C'$ 的排列位置，所以四边形 $ABCD \backsim$ 四边形 $A'B'C'D'$．

如果不用定理 5.18，亦不难证明这两个四边形的对应角相等、对应边成比例．

例 3　AB、AC 分别和圆相切于 B 和 C，P 为 $\overarc{BC}$ 上任一点，过 P 作 $PD \perp BC$、$PE \perp CA$、$PF \perp AB$，D、E、F 为垂足，求证：四边形 $PFBD$ $\backsim$ 四边形 $PDCE$．

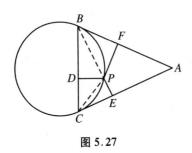

图 5.27

证明　连 PB、PC（图 5.27）. 因为 AB 为切线，所以 $\angle PBF = \angle PCD$，而 $\angle PFB = 90° = \angle PDC$，因此 $\triangle PFB \backsim \triangle PDC$. 同理，$\triangle PBD \backsim \triangle PCE$. 由定理 5.18 知，四边形 $PFBD \backsim$ 四边形 $PDCE$.

习　题　19

1. 如图，E 是 $\square ABCD$ 中对角线 AC 上的任意一点，过 E 作各边的平行线，分别交 AD、BC 于 F、H，分别交 AB、CD 于 G、K，求证：$\square AGEF \backsim \square EHCK \backsim \square ABCD$.

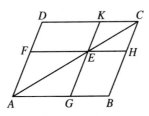

第 1 题图

2. BE、CF 是 $\triangle ABC$ 的两条高，相交于 H，E、F 分别是垂足，M 是 BC 的中点，连 HM 并延长至 K，使 $MK = HM$，求证：四边形 $AEHF \backsim$ 四边形 $ABKC$.

3. 在 $\triangle ABC$ 中，作 $BD \perp AC$，$CE \perp AB$，D、E 分别是垂足；又作 $DF \perp AB$，$EG \perp AC$，F、G 分别是垂足，求证：四边形 $BCDE \backsim$ 四边形 $DEFG$.

4. 如图，三圆 $\odot A$、$\odot B$、$\odot C$ 的圆心在一直线上，$\odot A$ 与 $\odot B$ 外

切于 P,⊙B 与⊙C 外切于 Q;并且三圆有一条外公切线 ST,ST 分别切⊙A、⊙B、⊙C 于 D、E、F,求证:四边形 $ADEB$∽四边形 $BEFC$.

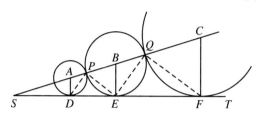

第 4 题图

5. 如图,△ABC 内接于⊙O,从点 A 向 BC 及过 B、C 的切线分别作垂线 AD、AP、AQ,D、P、Q 为垂足,求证:四边形 $APBD$∽四边形 $ADCQ$.

6. 如图,AB 是⊙O 的弦,C 是$\overgroup{AB}$上任意一点,作 AE、BF 都垂直于 AB,分别交过点 C 的切线于 E、F,又 OC 交 AB 于 D,求证:四边形 $EADC$∽四边形 $DCFB$.

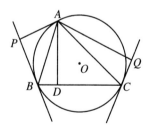

第 5 题图

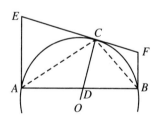

第 6 题图

7. 如图,AB 是⊙O 的直径,从 A、B 向任意割线分别作垂线 AC、BD,C、D 为垂足,CD 和⊙O 的交点之一为 E,作 $EF⊥AB$,F 为垂足,求证:四边形 $ACEF$∽四边形 $EDBF$.

8. 如图,两圆⊙O、⊙O' 外切于 T,外公切线分别切两圆于 A、B,内公切线交 AB 于 M,求证:筝形 $OAMT$∽筝形 $MBO'T$.

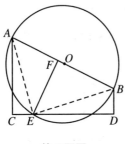 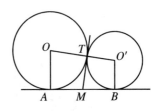

第 7 题图　　　　　　　　第 8 题图

9. 两圆相切(外切或内切)于 T,过 T 任作四条割线 AA'、BB'、CC'、DD',顺次交一圆于 A、B、C、D,交另一圆于 A'、B'、C'、D',求证:五边形 $ABCDT \backsim$ 五边形 $A'B'C'D'T$.

10. 在 $\triangle ABC$ 中,$BC = 30$,BC 边上的高 $AD = 20$,内切圆半径 $r = 7.5$,求 $\triangle ABC$ 的周长.

11. 在 $\triangle ABC$ 中,$\angle BAC = 90°$,AD 为斜边上的高. $\triangle ABC$、$\triangle ABD$、$\triangle ACD$ 的内切圆半径分别为 r、r_1、r_2,求证:$r^2 = r_1^2 + r_2^2$.

5.6　三角形中的度量关系

1. 直角三角形中的度量关系

定理 5.25　在直角三角形中,斜边上的高是两条直角边在斜边上的射影的比例中项.

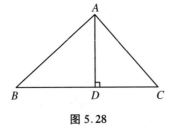

图 5.28

　　　　证明　设在 $\triangle ABC$ 中,$\angle BAC = 90°$,$AD \perp BC$(图 5.28). 则在直角 $\triangle ABD$ 与直角 $\triangle CAD$ 中,$\angle ABD = 90° - \angle ACD = \angle CAD$,所以 $\triangle ABD \backsim \triangle CAD$,因此 $AD : BD = CD :$

AD,即 $AD^2 = BD \cdot CD$.

推论　如果三角形一边上的高是它将这边分成的两条线段的比例中项,则这边所对的角是直角.

定理 5.26　在直角三角形中,每一条直角边是斜边及这条直角边在斜边上的射影的比例中项.

证明　设在△ABC 中,∠$BAC = 90°$,$AD \perp BC$(参看图 5.28).则在直角△ABD 与直角△CBA 中,∠$ABD = \angle CBA$,所以△$ABD \backsim$△CBA,因此 $BD : AB = AB : BC$,即 $AB^2 = BD \cdot BC$.同理,$AC^2 = CD \cdot BC$.

推论　直角三角形中两直角边的乘积等于斜边上的高和斜边的乘积.

定理 5.27(勾股定理)　在直角三角形中,斜边的平方等于两直角边的平方和.

证明　设在△ABC 中,∠$BAC = 90°$,作 $AD \perp BC$(参看图 5.28),则由定理 5.26,得

$$AB^2 = BC \cdot BD,$$
$$AC^2 = BC \cdot CD,$$

所以

$$AB^2 + AC^2 = BC \cdot BD + BC \cdot CD$$
$$= BC(BD + CD)$$
$$= BC^2.$$

勾股定理是一个非常著名的重要定理,应用极广.根据我国古算书《周髀算经》的记载,可以认为我们的祖先在公元前 1100 多年就已经知道这个定理.历代古算书对这个定理也有过很多的研究.古书中将直角三角形的短直角边叫做句("句"即古"勾"字),将长直角边叫

做股,将斜边叫做弦,因此这个定理可以写成

$$勾^2 + 股^2 = 弦^2.$$

希腊人将这个定理叫做毕达哥拉斯(Pythagoras,约公元前582—公元前493年)定理,法国、比利时人称为驴桥定理,埃及人称为埃及三角形,等等,他们发现这个定理都比中国要迟得多.

勾股定理的证法很多,不下百余种,其中大多数是利用面积拼补的方法.下面介绍欧几里得在《几何原本》中的证法.

设在△ABC中,∠BAC = 90°.分别以 AB、AC、BC 为一边在△ABC 的异侧作正方形 ABDE、ACFG、BCHK,又作 AM⊥BC,垂足为 M,交 KH 于 N(图5.29).则 BKNM 和 CHNM 都是矩形.连 AK、CD,容易证明△ABK≌△DBC(SAS),但△ABK 的面积等于矩形 BKNM 的面积的一半,△DBC 的面积等于正方形 ABDE 的面积的一半,所以矩形 BKNM 的面积等于正方形 ABDE 的面积.同理,连 AH、BF,可证矩形 CHNM 的面积等于正方形 ACFG 的面积.这就证明了两个正方形 ABDE、ACFG 的面积之和等于正方形 BCHK 的面积,即 $AB^2 + AC^2 = BC^2$.

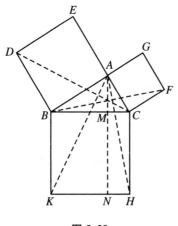

图 5.29

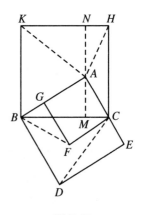

图 5.30

如果三个正方形都作在与△ABC的公共边的同侧,如图 5.30,上述证明(一字不易)仍然有效.

定理 5.28(勾股定理的逆定理) 如果一个三角形的两边的平方和等于第三边的平方,则第三边所对的角是直角.

证明 设在△ABC中,$AB^2 + AC^2 = BC^2$.作△$A'B'C'$,使∠$A' = 90°$,$A'B' = AB$,$A'C' = AC$(图 5.31).则由勾股定理得 $A'B'^2 + A'C'^2 = B'C'^2$.所以 $BC^2 = B'C'^2$,即 $B'C' = BC$.因此△$ABC \cong$ △$A'B'C'$,所以∠$A = \angle A' = 90°$.

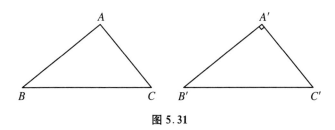

图 5.31

2. 任意三角形中的度量关系

定理 5.29(勾股定理的推广) 在任意三角形中:

(1)锐角对边的平方等于其他两边的平方和减去这两边中任何一边与另一边在这边上的射影的乘积的两倍;

(2)钝角对边的平方等于其他两边的平方和加上这两边中任何一边与另一边在这边上的射影的乘积的两倍.

证明 (1)设在△ABC中,$BD \perp AC$,∠A 为锐角(图 5.32),则 $CD = AC - AD$,所以 $BC^2 = BD^2 + CD^2 = AB^2 - AD^2 + (AC - AD)^2 = AB^2 + AC^2 - 2AC \cdot AD$.

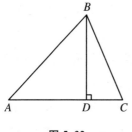

图 5.32　　　　　　　　　图 5.33

（2）若 $\angle A$ 为钝角（图 5.33），则 $CD = AC + AD$，所以 $BC^2 = BD^2 + CD^2 = AB^2 - AD^2 + (AC + AD)^2 = AB^2 + AC^2 + 2AC \cdot AD$.

如果将各线段都看作有向线段，则以上两式可统一为

$$\overline{BC}^2 = \overline{AB}^2 + \overline{AC}^2 - 2\,\overline{AC}^2 \cdot \overline{AD}.$$

推论　三角形的一角是锐角、直角或钝角，就看它所对边的平方与另两边的平方和相比较小、相等或较大而定.

定理 5.30（斯图尔特（Stewart）定理）　设 D 为 $\triangle ABC$ 中 BC 边上的一点，则

$$\overline{AB}^2 \cdot \overline{DC} + \overline{AC}^2 \cdot \overline{BD} = \overline{AD}^2 \cdot \overline{BC} + \overline{BD} \cdot \overline{DC} \cdot \overline{BC},$$

或写成

$$\overline{AD}^2 = \overline{AB}^2 \cdot \frac{\overline{DC}}{\overline{BC}} + \overline{AC}^2 \cdot \frac{\overline{BD}}{\overline{BC}} - \overline{BC}^2 \cdot \frac{\overline{BD}}{\overline{BC}} \cdot \frac{\overline{DC}}{\overline{BC}}.$$

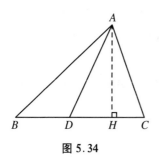

图 5.34

证明　在 $\triangle ABC$ 中，作 $AH \perp BC$（图 5.34），设 H、C 在 D 的同侧，则 $\angle ADB$ 为钝角，$\angle ADC$ 为锐角.

在 $\triangle ADB$ 中，

$$\overline{AB}^2 = \overline{AD}^2 + \overline{BD}^2 + 2\,\overline{BD} \cdot \overline{DH},$$

①

在 $\triangle ADC$ 中，

$$\overline{AC}^2 = \overline{AD}^2 + \overline{DC}^2 - 2\,\overline{DC} \cdot \overline{DH}.\qquad\text{②}$$

①×$\overline{DC}$,得

$$\overline{AB}^2 \cdot \overline{DC} = \overline{AD}^2 \cdot \overline{DC} + \overline{BD}^2 \cdot \overline{DC} + 2\,\overline{BD} \cdot \overline{DC} \cdot \overline{DH}.\quad\text{③}$$

②×$\overline{BD}$,得

$$\overline{AC}^2 \cdot \overline{BD} = \overline{AD}^2 \cdot \overline{BD} + \overline{DC}^2 \cdot \overline{BD} - 2\,\overline{BD} \cdot \overline{DC} \cdot \overline{DH}.\quad\text{④}$$

③+④,得

$$\overline{AB}^2 \cdot \overline{DC} + \overline{AC}^2 \cdot \overline{BD}$$
$$= \overline{AD}^2(\overline{BD} + \overline{DC}) + \overline{BD}^2 \cdot \overline{DC} + \overline{BD} \cdot \overline{DC}^2$$
$$= \overline{AD}^2 \cdot \overline{BC} + \overline{BD} \cdot \overline{DC} \cdot (\overline{BD} + \overline{DC})$$
$$= \overline{AD}^2 \cdot \overline{BC} + \overline{BD} \cdot \overline{DC} \cdot \overline{BC}.$$

所以

$$\overline{AD}^2 = \overline{AB}^2 \cdot \frac{\overline{DC}}{\overline{BC}} + \overline{AC}^2 \cdot \frac{\overline{BD}}{\overline{BC}} - \overline{BC}^2 \cdot \frac{\overline{BD}}{\overline{BC}} \cdot \frac{\overline{DC}}{\overline{BC}}.$$

同理可证,若点 D 在 BC 的延长线上,上式仍旧成立.

定理 5.31(三角形的各主要线的长度公式) 设在△ABC 中,$BC = a$,$CA = b$,$AB = c$,$\frac{1}{2}(a + b + c) = p$;$BC$、$CA$、$AB$ 各边上的中线分别等于 m_a、m_b、m_c;∠A、∠B、∠C 的平分线分别等于 t_A、t_B、t_C;BC、CA、AB 各边上的高分别等于 h_a、h_b、h_c.则:

(1)

$$m_a = \frac{1}{2}\sqrt{2b^2 + 2c^2 - a^2},$$

$$m_b = \frac{1}{2}\sqrt{2c^2 + 2a^2 - b^2},$$

$$m_c = \frac{1}{2}\sqrt{2a^2 + 2b^2 - c^2};$$

(2)

$$t_A = \frac{2}{b+c} \sqrt{bcp(p-a)},$$

$$t_B = \frac{2}{c+a} \sqrt{cap(p-b)},$$

$$t_C = \frac{2}{a+b} \sqrt{abp(p-c)};$$

(3)

$$h_a = \frac{2}{a} \sqrt{p(p-a)(p-b)(p-c)},$$

$$h_b = \frac{2}{b} \sqrt{p(p-a)(p-b)(p-c)},$$

$$h_c = \frac{2}{c} \sqrt{p(p-a)(p-b)(p-c)}.$$

证明　(1) 设在 $\triangle ABC$ 中，AD 为 BC 边上的中线(图 5.35)，则 $\dfrac{\overline{BD}}{\overline{BC}} = \dfrac{\overline{DC}}{\overline{BC}} = \dfrac{1}{2}$，由斯图尔特定理，得

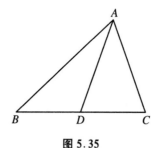

图 5.35

$$\overline{AD}^2 = \overline{AB}^2 \cdot \frac{\overline{DC}}{\overline{BC}} + \overline{AC}^2 \cdot \frac{\overline{BD}}{\overline{BC}} - \overline{BC}^2 \cdot \frac{\overline{BD}}{\overline{BC}} \cdot \frac{\overline{DC}}{\overline{BC}}.$$

即

$$m_a^2 = c^2 \cdot \frac{1}{2} + b^2 \cdot \frac{1}{2} - a^2 \cdot \frac{1}{2} \cdot \frac{1}{2}$$

$$= \frac{1}{4}(2b^2 + 2c^2 - a^2),$$

所以

$$m_a = \frac{1}{2}\sqrt{2b^2 + 2c^2 - a^2}.$$

其余同理.

(2) 设在 $\triangle ABC$ 中，AD 为 $\angle BAC$ 的平分线(图 5.36)，则

$$\frac{BD}{AB} = \frac{DC}{AC} = \frac{BD + DC}{AB + AC} = \frac{a}{c + b},$$

所以

$$BD = \frac{ac}{b + c}, \quad DC = \frac{ab}{b + c}.$$

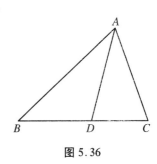

图 5.36

由斯图尔特定理，得

$$\overline{AD}^2 = \overline{AB}^2 \cdot \frac{\overline{DC}}{\overline{BC}} + \overline{AC}^2 \cdot \frac{\overline{BD}}{\overline{BC}} - \overline{BC}^2 \cdot \frac{\overline{BD}}{\overline{BC}} \cdot \frac{\overline{DC}}{\overline{BC}},$$

即

$$t_A^2 = c^2 \cdot \frac{ab}{b + c} \cdot \frac{1}{a} + b^2 \cdot \frac{ac}{b + c} \cdot \frac{1}{a} - a^2 \cdot \frac{ac}{b + c} \cdot \frac{ab}{b + c} \cdot \frac{1}{a^2}$$

$$= \frac{c^2 b}{b + c} + \frac{b^2 c}{b + c} - \frac{a^2 bc}{(b + c)^2}$$

$$= bc \left[\frac{b + c}{b + c} - \frac{a^2}{(b + c)^2} \right]$$

$$= bc \cdot \frac{(b + c)^2 - a^2}{(b + c)^2}$$

$$= bc \cdot \frac{(b + c + a)(b + c - a)}{(b + c)^2}$$

$$= bc \cdot \frac{2p \cdot 2(p - a)}{(b + c)^2}.$$

所以

$$t_A = \frac{2}{b+c} \sqrt{bcp(p-a)}.$$

其余同理.

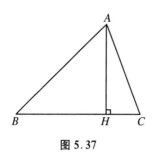

图 5.37

（3）设在 $\triangle ABC$ 中，$AH \perp BC$. 两角 $\angle B$ 与 $\angle C$ 中至少有一个是锐角，设 $\angle B$ 为锐角（图 5.37），则

$$AC^2 = AB^2 + BC^2 - 2BC \cdot BH,$$

所以

$$BH = \frac{AB^2 + BC^2 - AC^2}{2BC}$$

$$= \frac{c^2 + a^2 - b^2}{2a}.$$

由直角 $\triangle AHB$，得

$$\begin{aligned}
AH^2 &= AB^2 - BH^2 = c^2 - \left(\frac{c^2 + a^2 - b^2}{2a}\right)^2 \\
&= \left(c + \frac{c^2 + a^2 - b^2}{2a}\right)\left(c - \frac{c^2 + a^2 - b^2}{2a}\right) \\
&= \frac{2ac + c^2 + a^2 - b^2}{2a} \cdot \frac{2ac - c^2 - a^2 + b^2}{2a} \\
&= \frac{(a+c)^2 - b^2}{2a} \cdot \frac{b^2 - (a-c)^2}{2a} \\
&= \frac{(a+c+b)(a+c-b)}{2a} \cdot \frac{(b+a-c)(b-a+c)}{2a} \\
&= \frac{2p \cdot 2(p-b) \cdot 2(p-c) \cdot 2(p-a)}{4a^2} \\
&= \frac{4p(p-a)(p-b)(p-c)}{a^2},
\end{aligned}$$

所以

$$h_a = \frac{2}{a}\sqrt{p(p-a)(p-b)(p-c)}.$$

其余同理.

定理 5.32 在三角形中,任何两边的平方和等于第三边上中线的平方的两倍加上第三边的平方的一半.

证明 设在△ABC 中,AM 为 BC 边上的中线(图 5.38),则由定理 5.31 的中线公式,得

$$AM = \frac{1}{2}\sqrt{2AB^2 + 2AC^2 - BC^2},$$

所以

$$4AM^2 = 2AB^2 + 2AC^2 - BC^2,$$

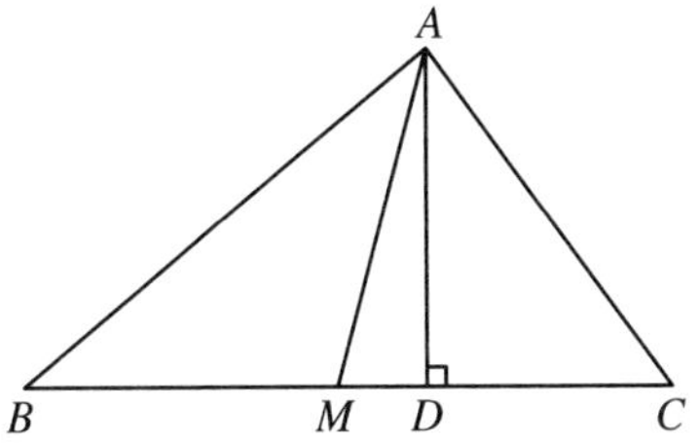

图 5.38

故

$$AB^2 + AC^2 = 2AM^2 + \frac{BC^2}{2}.$$

定理 5.33 在三角形中,任何两边的平方差等于这两边在第三边上射影的平方差,或等于第三边上的中线在第三边上的射影与第三边的乘积的两倍.

证明 设在△ABC 中,AM 为中线,AD 为高(图 5.38),则

$$\begin{aligned} AB^2 - AC^2 &= AD^2 + BD^2 - (AD^2 + CD^2) \\ &= BD^2 - CD^2. \end{aligned}$$

这就证明了本定理的前半部分.其次,

$$\begin{aligned} AB^2 - AC^2 &= BD^2 - CD^2 \\ &= (BD + CD)(BD - CD) \\ &= BC[BM + MD - (CM - MD)] \\ &= BC(BM - CM + 2MD) \end{aligned}$$

$$= 2MD \cdot BC.$$

这就证明了本定理的后半部分.

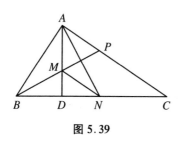

图 5.39

例1　在直角 $\triangle ABC$ 中,AD 是斜边 BC 上的高,$\angle ABC$ 的平分线交 AD 于 M,交 AC 于 P,$\angle CAD$ 的平分线交 CD 于 N,求证:$MN /\!/ AC$（图 5.39）.

证明　因为 BM 平分 $\angle ABC$,所以 $DM : MA = BD : AB$.又因为 AN 平分 $\angle CAD$,所以 $DN : NC = AD : AC$.但在直角 $\triangle ABD$ 与直角 $\triangle CAD$ 中,$\angle ABD = \angle CAD$,所以 $\triangle ABD \backsim \triangle CAD$,故 $BD : AB = AD : AC$.因此 $DM : MA = DN : NC$,所以 $MN /\!/ AC$.

例2　D 为直角三角形 ABC 的斜边 BC 上的一点,DF 垂直于 BC 并与 AC 交于 E,与 BA 的延长线交于 F,M 为 DF 上的一点,且 $MD^2 = DE \cdot DF$,求证:$BM \perp CM$（图 5.40）.

证明　在直角 $\triangle FBD$ 与直角 $\triangle CED$ 中,$\angle FBD = 90° - \angle ACD = \angle CED$,所以 $\triangle FBD \backsim \triangle CED$,故 BD

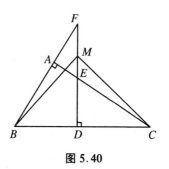

图 5.40

$: DF = DE : CD$,即 $BD \cdot CD = DE \cdot DF$.与已知条件比较,得 $MD^2 = BD \cdot CD$,所以 $\angle BMC = 90°$,即 $BM \perp CM$.

例3　两平行线 l_1、l_2 和 $\odot O$ 分别相切于 A、B,另一切线 l_3 切 $\odot O$ 于 E 且与 l_1、l_2 分别相交于 C、D,求证:$AC \cdot BD$ 是一常数.

证明　连 OA、OB、OC、OD、OE（图 5.41）,则 $OA \perp l_1$,$OB \perp$

l_2,而 $l_1 /\!/ l_2$,所以 A、O、B 三点共线.因为 OC 平分 $\angle AOE$,OD 平分 $\angle BOE$,所以 $\angle COD = \angle COE + \angle DOE = 90°$.而 $OE \perp l_3$,所以 OE 是直角 $\triangle OCD$ 斜边上的高,因此 $OE^2 = CE \cdot DE$.又因为 $AC = CE$,$BD = DE$,所以 $AC \cdot BD = OE^2$.但 OE 为定圆 O 的半径,故 OE 为定值,因此 $AC \cdot BD$ 是一常数.

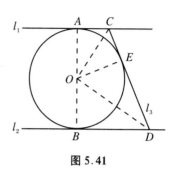

图 5.41

例 4 $\triangle ABC$ 的内切圆分别切 AB、BC、CA 于 D、E、F,且 $AC \cdot BC = 2AD \cdot BD$,求证:$\triangle ABC$ 为直角三角形(图 5.42).

证明 因 $AC = AF + FC = AD + CE$,$BC = BE + CE = BD + CE$,代入已知条件,得

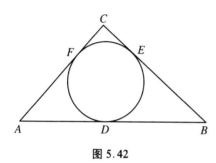

图 5.42

$$(AD + CE)(BD + CE) = 2AD \cdot BD,$$

$$CE^2 + AB \cdot CE - AD \cdot BD = 0,$$

即

$$CE(CE + AB) - \frac{1}{2} AC \cdot BC = 0. \qquad ①$$

又因为

$$AB + BC + AC = AB + BE + CE + AF + CF$$

$$= AB + BD + CE + AD + CE$$
$$= 2AB + 2CE,$$

所以

$$CE = \frac{1}{2}(BC + AC - AB), \qquad ②$$

$$CE + AB = \frac{1}{2}(BC + AC + AB). \qquad ③$$

将②③两式代入①式,得

$$\frac{1}{4}(BC + AC - AB)(BC + AC + AB) - \frac{1}{2}AC \cdot BC = 0,$$

所以

$$(BC + AC)^2 - AB^2 - 2AC \cdot BC = 0,$$

即

$$BC^2 + AC^2 - AB^2 = 0.$$

所以 AB 的对角$\angle C$ 为直角.

例 5 求证:平行四边形两条对角线的平方和等于四条边的平方和.

证明 设$\square ABCD$ 的对角线相交于O(图 5.43),因为平行四边形的对角线互相平分,所以 BO 是$\triangle ABC$ 中 AC 边上的中线.由定理 5.32,得

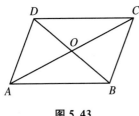

图 5.43

$$AB^2 + BC^2 = 2BO^2 + \frac{1}{2}AC^2.$$

同理,得

$$CD^2 + DA^2 = 2DO^2 + \frac{1}{2}AC^2.$$

两式相加,并注意 $BO = DO$,$BO + DO = 2BO = BD$,即得

$$AB^2 + BC^2 + CD^2 + DA^2 = AC^2 + 4BO^2$$
$$= AC^2 + (2BO)^2$$
$$= AC^2 + BD^2.$$

例6 求证:梯形两条对角线的平方和等于两腰的平方和加上两底乘积的两倍.

证明 设在梯形 $ABCD$ 中,$AD /\!\!/ BC$,AC、BD 为对角线,自 A、D 作 BC 的垂线,分别交 BC(或 BC 的延长线)于 E、F(图 5.44),则

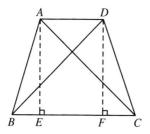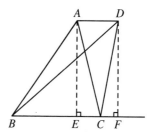

图 5.44

$$\overline{AC}^2 = \overline{AB}^2 + \overline{BC}^2 - 2\,\overline{BC} \cdot \overline{BE},$$
$$\overline{BD}^2 = \overline{CD}^2 + \overline{BC}^2 - 2\,\overline{CB} \cdot \overline{CF}.$$

故

$$\overline{AC}^2 + \overline{BD}^2 = \overline{AB}^2 + \overline{CD}^2 + 2\,\overline{BC}^2 - 2\,\overline{BC} \cdot \overline{BE} - 2\,\overline{BC} \cdot \overline{FC}$$
$$= \overline{AB}^2 + \overline{CD}^2 + 2\,\overline{BC}(\overline{BC} - \overline{BE} - \overline{FC})$$
$$= \overline{AB}^2 + \overline{CD}^2 + 2\,\overline{BC} \cdot \overline{EF}.$$

所以

$$AC^2 + BD^2 = AB^2 + CD^2 + 2BC \cdot AD.$$

例7 P 为矩形所在平面内的任一点,连 PA、PB、PC、PD,求证:$PA^2 + PC^2 = PB^2 + PD^2$.

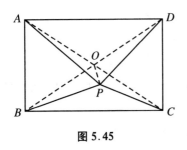

图 5.45

证明　连 AC、BD，设相交于 O，连 PO（图 5.45），则因为 $ABCD$ 为矩形，所以 $AC = BD$，且 O 为 AC、BD 的中点，由定理 5.32，得

$$PA^2 + PC^2 = 2PO^2 + \frac{1}{2}AC^2,$$

$$PB^2 + PD^2 = 2PO^2 + \frac{1}{2}BD^2.$$

因为 $AC = BD$，所以

$$PA^2 + PC^2 = PB^2 + PD^2.$$

例 8　求证:任意四边形的四条边的平方和等于两条对角线的平方和加上两条对角线中点连线的平方的四倍.

证明　设 E、F 分别为四边形 $ABCD$ 中对角线 AC、BD 的中点，连 AF、CF（图 5.46），则 AF、CF 分别是 $\triangle ABD$、$\triangle CBD$ 的中线，而 FE 又是 $\triangle AFC$ 的中线，由定理 5.32，得

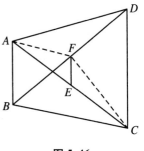

图 5.46

$$AB^2 + AD^2 = 2AF^2 + \frac{1}{2}BD^2,$$

$$BC^2 + CD^2 = 2CF^2 + \frac{1}{2}BD^2.$$

故

$$AB^2 + AD^2 + BC^2 + CD^2 = 2AF^2 + 2CF^2 + BD^2$$

$$= 2(AF^2 + CF^2) + BD^2$$

$$= 2\left(2EF^2 + \frac{1}{2}AC^2\right) + BD^2$$

$$= 4EF^2 + AC^2 + BD^2.$$

例 9　AB 是圆的直径,CD 是平行于 AB 的一条弦,M 是 AB 上的任一点,求证:$MC^2 + MD^2 = MA^2 + MB^2$(图5.47).

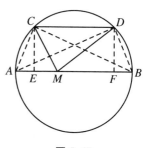

图 5.47

证明　连 AC、BD、AD、CB,再作 CE、DF 均垂直于 AB.因为 $AB \parallel CD$,所以 $\overset{\frown}{AC} = \overset{\frown}{BD}$,$AC = BD$,且 $CE = DF$,故直角 $\triangle ACE \cong$ 直角 $\triangle BDF$,所以 $AE = BF$.又因为 $\overset{\frown}{ACD}$、$\overset{\frown}{BDC}$ 均小于半圆,所以 $\angle CAM$ 及 $\angle DBM$ 均为锐角,因此,

$$MC^2 = AC^2 + MA^2 - 2MA \cdot AE$$
$$= BD^2 + MA^2 - 2MA \cdot BF,$$
$$MD^2 = BD^2 + MB^2 - 2MB \cdot BF,$$

即

$$MC^2 + MD^2 = 2BD^2 + MA^2 + MB^2 - 2AB \cdot BF.$$

又因 AB 是直径,故 $\angle ADB = 90°$.而在直角 $\triangle ABD$ 中,因为 $BD^2 = AB \cdot BF$,所以 $2BD^2 - 2AB \cdot BF = 0$,因此 $MC^2 + MD^2 = MA^2 + MB^2$.

习　题　20

1. 在正方形 $ABCD$ 中,E 为 AD 上的点,且 $AE = \dfrac{1}{4}AD$,O 为 AB 的中点,作 $OK \perp CE$,K 为垂足,求证:$OK^2 = EK \cdot KC$.

2. 在图 5.29 中,若连 DK 及 FH,求证:$DK^2 + FH^2 = 5BC^2$.

3. 直角三角形两条直角边的长分别为 a、b,斜边上的高的长为 h,求证:$\dfrac{1}{a^2} + \dfrac{1}{b^2} = \dfrac{1}{h^2}$.

4. 在△ABC 中,∠A = 90°,M 为 AC 的中点,MD⊥BC,D 为垂足,求证:$BD^2 - CD^2 = AB^2$.

5. 如图,M 为直角△ABC 的斜边 BC 的中点,过 M 作互相垂直的两条直线 MD、ME,分别交 AB、AC 于 D、E,求证:$BD^2 + CE^2 = DE^2$.

6. 如图,P 为正△ABC 内的一点,且∠BPC = 150°,求证:$PB^2 + PC^2 = PA^2$.

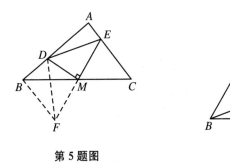

第 5 题图   第 6 题图

7. 如图,在△ABC 中,AB = AC,作 BD⊥AC,D 为垂足,又作 DE⊥BC,E 为垂足,求证:$AE^2 + DE^2 = AB^2$.

8. 如图,MN 是半圆的直径,P、C 是半圆上任意两点,过 C 作直线垂直于 MN,分别交 MP、NP(或其延长线)于 B、D,求证:$AC^2 = AB \cdot AD$.

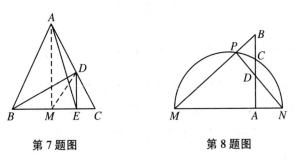

第 7 题图   第 8 题图

9. AD 是直角△ABC 的斜边 BC 上的高,D 是垂足,过 C、D 两点(但不过点 A)作圆,与 AC 交于 E,连 BE,与圆交于 F,求证: $AF \perp BE$.

10. $\odot O$ 与 $\odot O'$ 外切于 T,外公切线 AB 分别切 $\odot O$、$\odot O'$ 于 A、B,AC 是 $\odot O$ 的直径,过 C 作 CD 切 $\odot O'$ 于 D,求证: $AC = CD$.

11. 如图,$\triangle ABC$ 为等腰三角形,底边 BC 上的高 AD 与腰 AC 上的高 BE 交于 H,K 为 AH 的中点,作 $EF \perp BC$,延长 AD 至 G,使 $DG = EF$,求证: $BG \perp BK$.

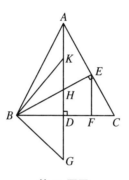

第 11 题图

12. 在等腰三角形 ABC 中,$AB = AC = 2BC$,其外接圆半径为 R,求证: $R^2 : AB^2 = 4 : 15$.

13. 求证:等腰梯形一条对角线的平方等于一腰的平方加上两底的乘积.

14. 在 $\triangle ABC$ 中,$AB = AC$,$DE /\!/ BC$,DE 与 AB、AC 分别相交于 D、E,求证: $BE^2 - CE^2 = BC \cdot DE$.

15. G 为 $\triangle ABC$ 的重心,M 为平面内任一点,求证:

(1) $GA^2 + GB^2 + GC^2 = \dfrac{1}{3}(BC^2 + CA^2 + AB^2)$;

(2) $BC^2 + 3GA^2 = CA^2 + 3GB^2 = AB^2 + 3GC^2$;

(3) $MA^2 + MB^2 + MC^2 = GA^2 + GB^2 + GC^2 + 3MG^2$.

16. E、F、G、H 分别为四边形 $ABCD$ 中各边 AB、BC、DC、DA 的中点,求证:$AC^2 + BD^2 = 2(EG^2 + FH^2)$.

17. 设 $\triangle ABC$ 的三边长分别为 a、b、c,又设 $p = \dfrac{1}{2}(a + b + c)$,求证:$\triangle ABC$ 的面积为

$$S_{\triangle ABC} = \sqrt{p(p - a)(p - b)(p - c)}.$$

这个公式由希腊数学家海伦(Heron,约公元 1 世纪)发现,我国南宋时秦九韶(约公元 13 世纪初)在他所著的《数书九章》中载有"三斜求积"公式,与此名异而实同,所以应将此式叫做"海伦-秦九韶公式".

18. 三角形的三边长为 a、b、c,求证:

$$a^4 + b^4 + c^4 < 2a^2b^2 + 2b^2c^2 + 2c^2a^2.$$

5.7　共线点与共点线

定理 5.34(梅涅劳斯(Menelaus)定理)　设 X、Y、Z 分别是 $\triangle ABC$ 三边 BC、CA、AB(或延长线)上的点,则它们共线的充要条件为

$$\frac{\overline{XB}}{\overline{XC}} \cdot \frac{\overline{YC}}{\overline{YA}} \cdot \frac{\overline{ZA}}{\overline{ZB}} = 1.$$

直线 XYZ 叫做 $\triangle ABC$ 的截线.

证明　必要性:

设 X、Y、Z 三点共线,过 C 作 $CD /\!/ XYZ$,与 AB 交于 D(图 5.48),则

$$\frac{\overline{XB}}{\overline{XC}} = \frac{\overline{ZB}}{\overline{ZD}}, \quad \frac{\overline{YC}}{\overline{YA}} = \frac{\overline{ZD}}{\overline{ZA}},$$

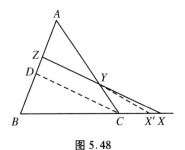

图 5.48

所以

$$\frac{\overline{XB}}{\overline{XC}} \cdot \frac{\overline{YC}}{\overline{YA}} \cdot \frac{\overline{ZA}}{\overline{ZB}} = \frac{\overline{ZB}}{\overline{ZD}} \cdot \frac{\overline{ZD}}{\overline{ZA}} \cdot \frac{\overline{ZA}}{\overline{ZB}} = 1.$$

充分性:

设

$$\frac{\overline{XB}}{\overline{XC}} \cdot \frac{\overline{YC}}{\overline{YA}} \cdot \frac{\overline{ZA}}{\overline{ZB}} = 1,$$

且 $\dfrac{\overline{XB}}{\overline{XC}} \neq 1$,从而 $\dfrac{\overline{ZA}}{\overline{ZB}} \neq \dfrac{\overline{YA}}{\overline{YC}}$,所以直线 ZY 必与 BC 相交,设交点为 X'.由上面必要性的证明,有

$$\frac{\overline{X'B}}{\overline{X'C}} \cdot \frac{\overline{YC}}{\overline{YA}} \cdot \frac{\overline{ZA}}{\overline{ZB}} = 1,$$

所以

$$\frac{\overline{X'B}}{\overline{X'C}} = \frac{\overline{XB}}{\overline{XC}}.$$

因此点 X' 必与点 X 重合,所以 X、Y、Z 三点共线.

定理 5.35(塞瓦(Ceva)定理)　设 X、Y、Z 分别是△ABC 三边 BC、CA、AB(或延长线)上的点,则 AX、BY、CZ 三线共点或互相平行的充要条件为

$$\overline{\frac{XB}{XC}} \cdot \overline{\frac{YC}{YA}} \cdot \overline{\frac{ZA}{ZB}} = -1.$$

证明　必要性：

先设 AX、BY、CZ 交于一点 O

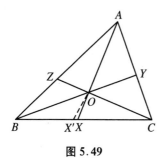

图 5.49

（图 5.49），因 B、Y、O 分别在 $\triangle AXC$ 的三边 XC、CA、AX 上，由梅涅劳斯定理，有

$$\overline{\frac{BX}{BC}} \cdot \overline{\frac{YC}{YA}} \cdot \overline{\frac{OA}{OX}} = 1;　　①$$

同理，C、O、Z 分别在 $\triangle ABX$ 的三边 BX、XA、AB 上，故有

$$\overline{\frac{CB}{CX}} \cdot \overline{\frac{OX}{OA}} \cdot \overline{\frac{ZA}{ZB}} = 1.　　②$$

①②两式相乘，得

$$\overline{\frac{BX}{BC}} \cdot \overline{\frac{YC}{YA}} \cdot \overline{\frac{CB}{CX}} \cdot \overline{\frac{ZA}{ZB}} = 1.$$

因为 $\overline{BC} = -\overline{CB}$，$\overline{\dfrac{BX}{CX}} = \overline{\dfrac{XB}{XC}}$，所以

$$\overline{\frac{XB}{XC}} \cdot \overline{\frac{YC}{YA}} \cdot \overline{\frac{ZA}{ZB}} = -1.$$

再设 $AX /\!/ BY /\!/ CZ$（图 5.50），这时，显然有

$$\overline{\frac{YC}{YA}} = \overline{\frac{BC}{BX}}, \quad \overline{\frac{ZA}{ZB}} = \overline{\frac{CX}{CB}},$$

所以

$$\overline{\frac{XB}{XC}} \cdot \overline{\frac{YC}{YA}} \cdot \overline{\frac{ZA}{ZB}} = \overline{\frac{XB}{XC}} \cdot \overline{\frac{BC}{BX}} \cdot \overline{\frac{CX}{CB}}$$

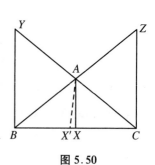

图 5.50

$$= \frac{\overline{BX}}{\overline{CX}} \cdot \frac{\overline{BC}}{\overline{BX}} \cdot \frac{\overline{CX}}{\overline{CB}} = -1.$$

充分性：

设 $\dfrac{\overline{XB}}{\overline{XC}} \cdot \dfrac{\overline{YC}}{\overline{YA}} \cdot \dfrac{\overline{ZA}}{\overline{ZB}} = -1$.首先,若 BY 与 CZ 交于一点 O,连 AO,则 AO 与 BC 必有交点$\Big($因为若 $AO \parallel BC$,O 点必在△ABC 之外,即在 BY 或 CZ 的延长线上.这时,$\dfrac{\overline{YC}}{\overline{YA}} = \dfrac{\overline{CB}}{\overline{AO}}$,且 $\dfrac{\overline{ZA}}{\overline{ZB}} = \dfrac{\overline{AO}}{\overline{BC}}$,代入上式得 $\dfrac{\overline{XB}}{\overline{XC}} = 1$,但这是不可能的$\Big)$,设 AO 与 BC 交于 X'(图 5.49),由上面必要性的证明,有

$$\frac{\overline{X'B}}{\overline{X'C}} \cdot \frac{\overline{YC}}{\overline{YA}} \cdot \frac{\overline{ZA}}{\overline{ZB}} = -1,$$

所以 $\dfrac{\overline{X'B}}{\overline{X'C}} = \dfrac{\overline{XB}}{\overline{XC}}$,因此点 X' 必与点 X 重合,所以 AX、BY、CZ 三线共点.

其次,若 BY 与 CZ 平行,过点 A 作 $AX' \parallel BY$,与 BC 交于 X'(图 5.50),则

$$\frac{\overline{X'B}}{\overline{X'C}} \cdot \frac{\overline{YC}}{\overline{YA}} \cdot \frac{\overline{ZA}}{\overline{ZB}} = -1,$$

所以

$$\frac{\overline{X'B}}{\overline{X'C}} = \frac{\overline{XB}}{\overline{XC}},$$

因此点 X' 必与点 X 重合,所以 AX、BY、CZ 三线平行.

定理 5.36 设 X、Y、Z 分别是△ABC 三边 BC、CA、AB 上的点,过 X、Y、Z 分别作 BC、CA、AB 的垂线,则这三条垂线共点的充要条件是

$$BX^2 + CY^2 + AZ^2 = CX^2 + AY^2 + BZ^2.$$

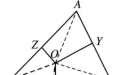

图 5.51

证明　必要性：

设 $OX \perp BC$、$OY \perp CA$、$OZ \perp AB$，连 AO、BO、CO（图 5.51），由定理 5.33，有

$$BX^2 - CX^2 = OB^2 - OC^2,$$
$$CY^2 - AY^2 = OC^2 - OA^2,$$
$$AZ^2 - BZ^2 = OA^2 - OB^2.$$

三式相加，得

$$BX^2 - CX^2 + CY^2 - AY^2 + AZ^2 - BZ^2 = 0,$$

即

$$BX^2 + CY^2 + AZ^2 = CX^2 + AY^2 + BZ^2.$$

充分性：

设

$$BX^2 + CY^2 + AZ^2 = CX^2 + AY^2 + BZ^2. \qquad ①$$

过 Y、Z 分别作所在的边 AC、AB 的垂线，必交于一点 O（图 5.51），作 $OX' \perp BC$，则由上面必要性的证明，有

$$BX'^2 + CY^2 + AZ^2 = CX'^2 + AY^2 + BZ^2. \qquad ②$$

①－②，得

$$BX^2 - BX'^2 = CX^2 - CX'^2,$$
$$BX^2 - CX^2 = BX'^2 - CX'^2,$$

所以

$$(BX + CX)(BX - CX) = (BX' + CX')(BX' - CX').$$

但 $BX + CX = BC = BX' + CX'$，所以

$$BX - CX = BX' - CX',$$

即

$$BX' + X'X - (CX' - X'X) = BX' - CX',$$

所以 $2X'X = 0$.

因此点 X' 必与点 X 重合, 所以过 X、Y、Z 而分别垂直于所在的边的三条垂线共点.

例 1　试证不等边三角形三个外角的平分线与对边延长线的交点在一直线上 (图 5.52).

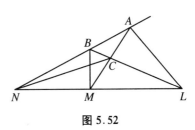

图 5.52

证明　设 AL、BM、CN 分别为 $\triangle ABC$ 的外角平分线, 它们分别与 BC、CA、AB 相交于 L、M、N, 则

$$\frac{\overline{LB}}{\overline{LC}} = \frac{AB}{AC},$$

$$\frac{\overline{MC}}{\overline{MA}} = \frac{BC}{AB},$$

$$\frac{\overline{NA}}{\overline{NB}} = \frac{AC}{BC},$$

所以

$$\frac{\overline{LB}}{\overline{LC}} \cdot \frac{\overline{MC}}{\overline{MA}} \cdot \frac{\overline{NA}}{\overline{NB}} = \frac{AB}{AC} \cdot \frac{BC}{AB} \cdot \frac{AC}{BC} = 1.$$

因此 L、M、N 三点共线.

例 2　在 $\triangle ABC$ 中, $\angle ABC$、$\angle ACB$ 的平分线分别交对边于 D、E, 直线 DE 交直线 BC 于 F, 求证: AF 为 $\angle BAC$ 的外角平分线 (图 5.53).

证明　因为 F、D、E 分别在 $\triangle ABC$ 的边 BC、CA、AB (或延长线) 上, 所以

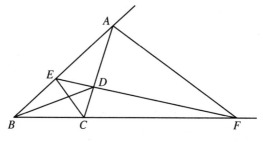

图 5.53

$$\overline{\frac{FB}{FC}} \cdot \overline{\frac{DC}{DA}} \cdot \overline{\frac{EA}{EB}} = 1.$$

因为 BD 平分 $\angle ABC$，CE 平分 $\angle ACB$，所以

$$\overline{\frac{DC}{DA}} = -\frac{BC}{AB}, \qquad \overline{\frac{EA}{EB}} = -\frac{AC}{BC},$$

代入上式，得

$$\overline{\frac{FB}{FC}}\left(-\frac{BC}{AB}\right)\left(-\frac{AC}{BC}\right) = 1,$$

所以

$$\overline{\frac{FB}{FC}} \cdot \frac{AC}{AB} = 1,$$

即

$$\frac{FB}{FC} = \frac{AB}{AC}.$$

所以 AF 是 $\angle BAC$ 的外角平分线.

例3 若两个三角形的对应顶点的连线交于一点，则对应边所在直线的交点共线(笛沙格(Desargue)定理).

证明 设在 $\triangle ABC$ 与 $\triangle A'B'C'$ 中，AA'、BB'、CC' 相交于一点 O，BC 与 $B'C'$、CA 与 $C'A'$、AB 与 $A'B'$ 分别相交于 X、Y、Z(图 5.54)，则 X、C'、B' 在 $\triangle OBC$ 的各边上，Y、A'、C' 在 $\triangle OCA$ 的各边

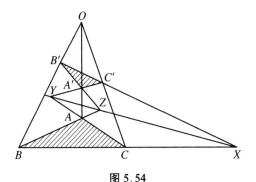

图 5.54

上,Z、A'、B' 在 $\triangle OAB$ 的各边上,由梅涅劳斯定理,有

$$\frac{\overline{XB}}{\overline{XC}} \cdot \frac{\overline{C'C}}{\overline{C'O}} \cdot \frac{\overline{B'O}}{\overline{B'B}} = 1,$$

$$\frac{\overline{YC}}{\overline{YA}} \cdot \frac{\overline{A'A}}{\overline{A'O}} \cdot \frac{\overline{C'O}}{\overline{C'C}} = 1,$$

$$\frac{\overline{ZA}}{\overline{ZB}} \cdot \frac{\overline{B'B}}{\overline{B'O}} \cdot \frac{\overline{A'O}}{\overline{A'A}} = 1.$$

将三式连乘,得

$$\frac{\overline{XB}}{\overline{XC}} \cdot \frac{\overline{YC}}{\overline{YA}} \cdot \frac{\overline{ZA}}{\overline{ZB}} = 1.$$

而 X、Y、Z 分别在 $\triangle ABC$ 的 BC、CA、AB(或延长线)上,所以 X、Y、Z 三点共线.

例 4 证明:三角形的三条内角平分线共点.

证明 设 AD、BE、CF 为 $\triangle ABC$ 的三条内角平分线(图 5.55).因为 AD 平分 $\angle BAC$,所以

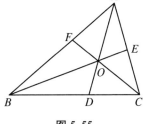

图 5.55

$$\frac{\overline{DB}}{\overline{DC}} = -\frac{AB}{AC}.$$

同理,

$$\frac{\overline{EC}}{\overline{EA}} = -\frac{BC}{AB}, \qquad \frac{\overline{FA}}{\overline{FB}} = -\frac{AC}{BC}.$$

三式连乘,即得

$$\frac{\overline{DB}}{\overline{DC}} \cdot \frac{\overline{EC}}{\overline{EA}} \cdot \frac{\overline{FA}}{\overline{FB}} = \left(-\frac{AB}{AC}\right)\left(-\frac{BC}{AB}\right)\left(-\frac{AC}{BC}\right) = -1.$$

又因为 $\angle ABC + \angle ACB < 180°$,所以 $\angle EBC + \angle FCB < 180°$,故 BE 与 CF 必相交,因此 BE、CF、AD 三线共点.

例 5　以 $\triangle ABC$ 的各边为底边在 $\triangle ABC$ 外作三个彼此相似的等腰三角形 $\triangle A'BC$、$\triangle B'CA$、$\triangle C'AB$,求证:AA'、BB'、CC' 三线共点.

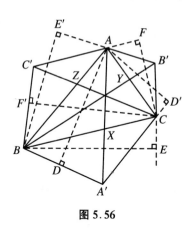

图 5.56

证明　设 AA'、BB'、CC' 分别与 BC、CA、AB 相交于 X、Y、Z,作 $AD \perp A'B$,$AD' \perp A'C$,$BE \perp B'C$,$BE' \perp B'A$,$CF \perp C'A$,$CF' \perp C'B$(图 5.56),垂足依次为 D、D'、E、E'、F、F'. 因为两个三角形若底相等、高不相等,则它们的面积之比等于高之比;若高相等、底不相等,则它们的面积之比等于底之比,所以

$$\frac{\overline{XB}}{\overline{XC}} = -\frac{S_{\triangle ABX}}{S_{\triangle ACX}} = -\frac{S_{\triangle A'BX}}{S_{\triangle A'CX}}$$

$$= -\frac{S_{\triangle ABX} + S_{\triangle A'BX}}{S_{\triangle ACX} + S_{\triangle A'CX}}$$

$$= -\frac{S_{\triangle ABA'}}{S_{\triangle ACA'}} = -\frac{AD}{AD'}.$$

同理可证,

$$\overline{\frac{YC}{YA}} = -\frac{BE}{BE'}, \quad \overline{\frac{ZA}{ZB}} = -\frac{CF}{CF'}.$$

又因为 $\triangle A'BC \backsim \triangle B'CA \backsim \triangle C'AB$,所以 $\angle A'BC = \angle C'BA$,故 $\angle ABD = \angle CBF'$,因此直角 $\triangle ABD \backsim$ 直角 $\triangle CBF'$,所以

$$\frac{AD}{CF'} = \frac{AB}{BC}.$$

同理可证,$\triangle BCE \backsim \triangle ACD'$,$\triangle CAF \backsim \triangle BAE'$,所以

$$\frac{BE}{AD'} = \frac{BC}{CA}, \quad \frac{CF}{BE'} = \frac{CA}{AB}.$$

故

$$\overline{\frac{XB}{XC}} \cdot \overline{\frac{YC}{YA}} \cdot \overline{\frac{ZA}{ZB}} = \left(-\frac{AD}{AD'}\right)\left(-\frac{BE}{BE'}\right)\left(-\frac{CF}{CF'}\right)$$

$$= -\frac{AD}{CF'} \cdot \frac{BE}{AD'} \cdot \frac{CF}{BE'}$$

$$= -\frac{AB}{BC} \cdot \frac{BC}{CA} \cdot \frac{CA}{AB} = -1.$$

又因为 X 在 BC 上,Y 在 AC 上,AX 与 BY 必相交,所以 AX、BY、CZ 三线共点,即 AA'、BB'、CC' 三线共点.

例 6　证明:三角形的三条高共点.

证明　设 AD、BE、CF 为 $\triangle ABC$ 的三条高(图 5.57),由定理 5.33,得

$$BD^2 - CD^2 = AB^2 - AC^2,$$

$$CE^2 - AE^2 = BC^2 - AB^2,$$

$$AF^2 - BF^2 = AC^2 - BC^2.$$

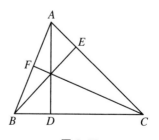

图 5.57

三式相加,得

$$BD^2 - CD^2 + CE^2 - AE^2 + AF^2 - BF^2 = 0,$$

即

$$BD^2 + CE^2 + AF^2 = CD^2 + AE^2 + BF^2.$$

由定理 5.36 知, AD、BE、CF 三线共点.

习　题　21

1. 利用塞瓦定理证明三角形的三条中线交于一点.

2. 一直线分别交 $\triangle ABC$ 的三边(或延长线)于 E、F、G,作每一点关于所在边的中点的对称点 E'、F'、G',求证: E'、F'、G' 三点共线.

3. 在 $\triangle ABC$ 中, $\angle BAC$ 的外角平分线交 BC 的延长线于 D, $\angle ABC$ 和 $\angle ACB$ 的平分线分别交 AC、AB 于 E、F.在 CB 的延长线上取 $BD' = CD$,又在 AC 和 AB 上分别取 $AE' = CE$ 及 $AF' = BF$,求证: D'、E'、F' 三点共线.

4. $\triangle ABC$ 的内切圆分别切 AB、BC、CA 于 M、N、P,求证: AN、BP、CM 三线共点.

5. O 为 $\triangle ABC$ 内一点, AO、BO、CO 分别与对边相交于 L、M、N.作 L、M、N 关于它们所在边的中点的对称点 L'、M'、N',求证: AL'、BM'、CN' 三线共点.

6. 如图, $\triangle A'B'C'$ 是过 $\triangle ABC$ 的每个顶点引它的对边的平行线所得的三角形, L、M、N 分别在 BC、CA、AB 上,且 AL、BM、CN 共点,求证: $A'L$、$B'M$、$C'N$ 三线共点.

7. 如图,自四边形 ABCD 的对角线 CA 的延长线上任一点 P 作直线 PQR、PST,分别交边 AB、BC、AD、DC 于 Q、R、S、T,求证: QS、RT、BD 三线共点或平行.

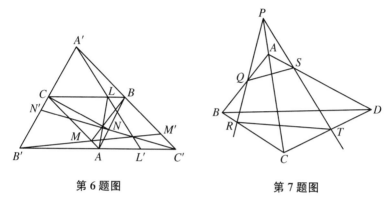

第 6 题图　　　　　　　第 7 题图

8. 如图,六边形(非凸六边形)ABCDEF 的顶点交替落在两条直线上,求证:三组对边的交点 X、Y、Z 共线.

9. 如图,过△ABC 的各顶点作对边的平行线 AA′、BB′、CC′,分别交外接圆于 A′、B′、C′,作 A′D′⊥BC、B′E′⊥CA、C′F′⊥AB,求证:A′D′、B′E′、C′F′三线共点.

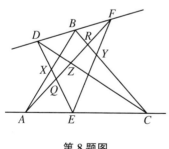

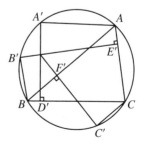

第 8 题图　　　　　　　第 9 题图

5.8　调和点列与调和线束

1. 复比

如果 A、P、B、Q 是一直线上的顺序四点,则点 P 内分线段 AB 的比与点 Q 外分线段 AB 的比的比叫做这四点 A、P、B、Q 的复比(或交比),记为$(APBQ)$.设其值为 λ,则有

$$(APBQ) = \frac{\overline{PA}}{\overline{PB}} : \frac{\overline{QA}}{\overline{QB}} = \lambda .$$

如果将这四点的顺序颠倒过来,成为 Q、B、P、A,则

$$(QBPA) = \frac{\overline{BQ}}{\overline{BP}} : \frac{\overline{AQ}}{\overline{AP}} = \frac{\overline{QB}}{\overline{PB}} : \frac{\overline{QA}}{\overline{PA}} = \frac{\overline{PA}}{\overline{PB}} : \frac{\overline{QA}}{\overline{QB}} = \lambda ,$$

所以一直线上四点的复比与次序的顺倒无关.

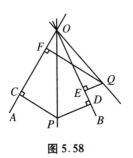

图 5.58

如果 OA、OP、OB、OQ 是过同一点 O 的顺序四直线(线束),则点 P 到 OA、OB 的距离的比与点 Q 到 OA、OB 的距离的比的比叫做这四条直线的复比(或交比),记为 $O(APBQ)$.设其值为 λ,作 $PC \perp OA$,$PD \perp OB$,$QF \perp OA$,$QE \perp OB$,则有(图 5.58)

$$O(APBQ) = \frac{\overline{PC}}{\overline{PD}} : \frac{\overline{QF}}{\overline{QE}} = \lambda .$$

上式中,$\overline{PC}$、$\overline{PD}$、$\overline{QE}$、$\overline{QF}$ 的符号是这样决定的:因点 P 在 $\angle AOB$ 的内部,故 $\overline{PC}$ 与 $\overline{PD}$ 取反号;因点 Q 在 $\angle AOB$ 的外部,故 $\overline{QE}$ 与 $\overline{QF}$ 取同号.又

$$\frac{\overline{PC}}{\overline{PD}} = \frac{\overline{PC} : \overline{OP}}{\overline{PD} : \overline{OP}} , \qquad \frac{\overline{QF}}{\overline{QE}} = \frac{\overline{QF} : \overline{OQ}}{\overline{QE} : \overline{OQ}} ,$$

如果采用三角学中的记号,则

$$\overline{PC} : \overline{OP} = \sin \overline{\angle POA}, \quad \overline{PD} : \overline{OP} = \sin \overline{\angle POB},$$

$$\overline{QF} : \overline{OQ} = \sin \overline{\angle QOA}, \quad \overline{QE} : \overline{OQ} = \sin \overline{\angle QOB},$$

所以

$$O(APBQ) = \frac{\sin \overline{\angle POA}}{\sin \overline{\angle POB}} : \frac{\sin \overline{\angle QOA}}{\sin \overline{\angle QOB}} = \lambda.$$

由此可知,λ 的值只和线束中各直线之间的夹角有关,而与 OA、OP、OB、OQ 的长度无关.

但是,一直线上四点的次序只有顺倒之分,而过一点的四条直线的次序还可以轮换.因此,四条直线必须在指定的顺序之下,它们的复比才能确定.

一直线上四点的复比与过同一点的四条直线的复比有一定的关系,为了研究这种关系,先介绍下列定理.

定理 5.37　设 P 为 $\triangle OAB$ 的底边 AB(所在直线)上任一点(B 点除外),则

$$\frac{\overline{PA}}{\overline{PB}} = \frac{OA \cdot \sin \overline{\angle POA}}{OB \cdot \sin \overline{\angle POB}}.$$

证明　因为 $\triangle OPA$ 与 $\triangle OPB$ 的高相同,而底不相等,所以 $\dfrac{S_{\triangle OPA}}{S_{\triangle OPB}} = \dfrac{PA}{PB}$.作 $PC \perp OA, PD \perp OB$(图 5.59),则

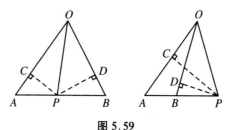

图 5.59

$$\frac{S_{\triangle OPA}}{S_{\triangle OPB}} = \frac{OA \cdot PC}{OB \cdot PD} = \frac{OA \cdot (PC : OP)}{OB \cdot (PD : OP)}$$

$$= \frac{OA \cdot \sin\angle POA}{OB \cdot \sin\angle POB}.$$

所以 $\dfrac{PA}{PB} = \dfrac{OA \cdot \sin\angle POA}{OB \cdot \sin\angle POB}$. 将 PA、PB 与 $\angle POA$、$\angle POB$ 看作有向

线段和有向角,即得

$$\frac{\overline{PA}}{\overline{PB}} = \frac{OA \cdot \sin\overline{\angle POA}}{OB \cdot \sin\overline{\angle POB}}.$$

这个定理可以看作定理 5.6 的推广.

定理 5.38　如果过同一点的四直线与另一直线顺次相交于四点,则这四点的复比与这四直线的复比相等.

证明　设四直线 OA、OP、OB、OQ 与另一直线 l 顺次相交于 A、P、B、Q 四点(图 5.60),则由定理 5.37,有

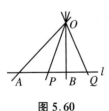

图 5.60

$$\frac{\overline{PA}}{\overline{PB}} = \frac{OA \cdot \sin\overline{\angle POA}}{OB \cdot \sin\overline{\angle POB}},$$

$$\frac{\overline{QA}}{\overline{QB}} = \frac{OA \cdot \sin\overline{\angle QOA}}{OB \cdot \sin\overline{\angle QOB}}.$$

所以

$$\frac{\overline{PA}}{\overline{PB}} : \frac{\overline{QA}}{\overline{QB}} = \frac{\sin\overline{\angle POA}}{\sin\overline{\angle POB}} : \frac{\sin\overline{\angle QOA}}{\sin\overline{\angle QOB}}.$$

推论 1　如果过同一点的四条直线与另两条直线分别顺次相交于 A、P、B、Q 和 A'、P'、B'、Q'(图 5.61),则 $(APBQ) = (A'P'B'Q')$.

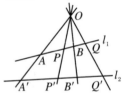

图 5.61

推论 2　如果 A、P、B、Q 四点在一直

线上,将直线外的 O、O' 两点分别与 A、P、B、Q 连接(图 5.62),则所得两线束的复比相等.

这个定理是射影几何学的基本定理.

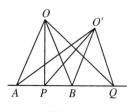

图 5.62

2. 调和点列与调和线束相关定理

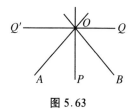

图 5.63

如果一直线上的顺序四点 A、P、B、Q 的复比等于 -1,即 $(APBQ) = -1$,则称这四点为调和点列,或者说,P、Q 与 A、B 互相调和分割. 如果过同一点的顺序四条直线 OA、OP、OB、OQ 的复比等于 -1,即 $O(APBQ) = -1$,则称这四条直线为调和线束,或者说,OP、OQ 与 OA、OB 互相调和分割.

在图 5.63 中,将 OQ 反向延长至 Q',则

$$O(Q'APB) = \frac{\sin \overline{\angle AOQ'}}{\sin \overline{\angle AOP}} : \frac{\sin \overline{\angle BOQ'}}{\sin \overline{\angle BOP}}.$$

但一个角的正弦的绝对值等于它的补角的正弦的绝对值,所以

$$\sin \overline{\angle AOQ'} = -\sin \overline{\angle AOQ}, \quad \sin \overline{\angle BOQ'} = -\sin \overline{\angle BOQ},$$

代入上式,得

$$O(Q'APB) = \frac{-\sin \overline{\angle AOQ}}{\sin \overline{\angle AOP}} : \frac{-\sin \overline{\angle BOQ}}{\sin \overline{\angle BOP}}$$

$$= \frac{\sin \overline{\angle QOA}}{-\sin \overline{\angle POA}} : \frac{\sin \overline{\angle QOB}}{-\sin \overline{\angle POB}}$$

$$= \frac{\sin \overline{\angle POB}}{\sin \overline{\angle POA}} : \frac{\sin \overline{\angle QOB}}{\sin \overline{\angle QOA}}$$

$$= \frac{1}{O(APBQ)}.$$

但当 OA、OP、OB、OQ 为调和线束时，$O(APBQ)=-1$，所以

$$O(Q'APB)=\frac{1}{-1}=-1.$$

这就是说，调和线束中的四条直线可以顺次轮换，仍为调和线束.

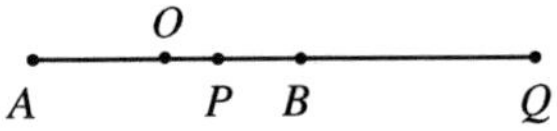

图 5.64

定理 5.39 设 A、P、B、Q 为一直线上顺序四点，O 为线段 AB 的中点，则 $(APBQ)=-1$ 的充要条件是 $\overline{OA}^2=\overline{OB}^2=\overline{OP}\cdot\overline{OQ}$（图 5.64）.

证明 必要性：

设 $(APBQ)=-1$，即

$$\frac{\overline{PA}}{\overline{PB}}:\frac{\overline{QA}}{\overline{QB}}=-1,$$

所以

$$\frac{\overline{AP}}{\overline{PB}}=\frac{\overline{AQ}}{\overline{BQ}},$$

$$\frac{\overline{AP}+\overline{PB}}{\overline{AP}-\overline{PB}}=\frac{\overline{AQ}+\overline{BQ}}{\overline{AQ}-\overline{BQ}}.$$

但

$$\overline{AP}+\overline{PB}=\overline{AB}=2\overline{AO}=2\overline{OB},$$

$$\begin{aligned}\overline{AP}-\overline{PB}&=\overline{AO}+\overline{OP}-\overline{PB}=\overline{OB}+\overline{OP}-\overline{PB}\\&=\overline{OP}+\overline{PB}+\overline{OP}-\overline{PB}=2\overline{OP},\end{aligned}$$

$$\overline{AQ}+\overline{BQ}=\overline{AO}+\overline{OQ}+\overline{BQ}=\overline{OB}+\overline{OQ}+\overline{BQ}=2\overline{OQ},$$

$$\overline{AQ}-\overline{BQ}=\overline{AB}=2\overline{AO}=2\overline{OB},$$

代入上式，得

$$\frac{2\overline{OB}}{2\overline{OP}}=\frac{2\overline{OQ}}{2\overline{OB}},$$

所以

$$\overline{OB}^2 = \overline{OP} \cdot \overline{OQ}.$$

充分性：

因为在上面必要性的证明中,每一步都可逆,所以充分性是显然的.

定理 5.40 设 A、P、B、Q 为一直线上顺序四点,则 $(APBQ) = -1$ 的充要条件为

$$\frac{1}{\overline{AP}} - \frac{1}{\overline{AB}} = \frac{1}{\overline{AB}} - \frac{1}{\overline{AQ}}.$$

证明 充分性：

因为

$$\frac{1}{\overline{AP}} - \frac{1}{\overline{AB}} = \frac{1}{\overline{AB}} - \frac{1}{\overline{AQ}},$$

因此

$$\frac{\overline{AB} - \overline{AP}}{\overline{AP} \cdot \overline{AB}} = \frac{\overline{AQ} - \overline{AB}}{\overline{AB} \cdot \overline{AQ}},$$

所以

$$\frac{\overline{PB}}{\overline{AP}} = \frac{\overline{BQ}}{\overline{AQ}},$$

即

$$\frac{\overline{PA}}{\overline{PB}} = -\frac{\overline{QA}}{\overline{QB}},$$

$$\frac{\overline{PA}}{\overline{PB}} : \frac{\overline{QA}}{\overline{QB}} = -1,$$

故

$$(APBQ) = -1.$$

必要性：

因为在上面充分性的证明中,每一步都可逆,所以必要性是显然的.

在代数学中,若$\frac{1}{a}$、$\frac{1}{b}$、$\frac{1}{c}$成等差数列,则它们的倒数 a、b、c 叫做调和数列. 现在 $\frac{1}{AP}$、$\frac{1}{AB}$、$\frac{1}{AQ}$ 成等差数列,所以 $\overline{AP}$、$\overline{AB}$、$\overline{AQ}$ 成调和数列,因此 A、P、B、Q 叫做调和点列. 类似地,OA、OP、OB、OQ 叫做调和线束.

定理 5.41　如果调和线束 OA、OP、OB、OQ 四条直线中有三条与另一截线 l 相交于 A、P、B 三点,则 $\overline{AP} = \overline{PB}$ 的充要条件为第四条直线 $OQ /\!/ l$.

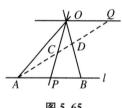

图 5.65

证明　必要性:

在图 5.65 中,设 $\overline{AP} = \overline{PB}$,过 A 作任意直线,分别交 OP、OB、OQ 于 C、D、Q,则在 $\triangle OAB$ 中,

$$\frac{\overline{PA}}{\overline{PB}} = \frac{OA \cdot \sin \overline{\angle POA}}{OB \cdot \sin \overline{\angle POB}} = -1,$$

所以

$$\frac{\sin \overline{\angle POA}}{\sin \overline{\angle POB}} = -\frac{\overline{OB}}{\overline{OA}}.$$

在 $\triangle OAD$ 中,

$$\frac{\overline{CA}}{\overline{CD}} = \frac{OA \cdot \sin \overline{\angle POA}}{OD \cdot \sin \overline{\angle POB}} = \frac{OA}{OD}\left(-\frac{\overline{OB}}{\overline{OA}}\right) = -\frac{OB}{OD}.$$

又因为 $O(APBQ) = -1$,所以 $O(ACDQ) = -1$,$(ACDQ) = -1$,即

$$\frac{\overline{CA}}{\overline{CD}} = -\frac{\overline{QA}}{\overline{QD}},$$

所以

$$\frac{\overline{QA}}{\overline{QD}} = \frac{\overline{OB}}{\overline{OD}}.$$

由分比定理,得

$$\frac{QA - QD}{QD} = \frac{OB - OD}{OD},$$

即

$$\frac{DA}{QD} = \frac{DB}{OD},$$

所以 $AB /\!/ OQ$.

充分性:

设 $AB /\!/ OQ$,则 $\dfrac{DA}{QD} = \dfrac{DB}{OD}$,由合比定理,得 $\dfrac{QA}{QD} = \dfrac{OB}{OD}$. 但 $O(APBQ) = -1$,由此可得

$$\frac{\overline{CA}}{\overline{CD}} = -\frac{\overline{QA}}{\overline{QD}} = -\frac{OB}{OD} = \frac{OA}{OD}\left(-\frac{\overline{OB}}{\overline{OA}}\right).$$

再由

$$\frac{\overline{CA}}{\overline{CD}} = \frac{OA \cdot \sin\overline{\angle POA}}{OD \cdot \sin\overline{\angle POB}},$$

得

$$\frac{\sin\overline{\angle POA}}{\sin\overline{\angle POB}} = -\frac{\overline{OB}}{\overline{OA}}.$$

又因为

$$\frac{\overline{PA}}{\overline{PB}} = \frac{OA \cdot \sin\overline{\angle POA}}{OB \cdot \sin\overline{\angle POB}} = \frac{OA}{OB}\left(-\frac{\overline{OB}}{\overline{OA}}\right) = -1,$$

所以

$$\overline{AP} = \overline{PB}.$$

定理 5.42 如果顺序四直线 OA、OP、OB、OQ 成调和线束,则 OP 平分 $\angle AOB$ 的充要条件是 $OP \perp OQ$.

证明 必要性:

设这四条直线顺次交另一直线 l 于 A、P、B、Q（图 5.66），且 $\angle POA = \angle POB$，则由定理 5.6，得 $\dfrac{AP}{PB} = \dfrac{OA}{OB}$. 但由已知条件，得 $O(APBQ) = -1$，$(APBQ) = -1$，所以 $\dfrac{\overline{PA}}{\overline{PB}} = -\dfrac{\overline{QA}}{\overline{QB}}$，因此 $\dfrac{QA}{QB} = \dfrac{OA}{OB}$. 由定理 5.7 知，$OQ$ 平分 $\angle AOB$ 的外角，因此 $OP \perp OQ$.

充分性：

设 $OP \perp OQ$，过 B 作直线平行于 OA，分别交 OP 的延长线和 OQ 于 E、F（图 5.66），则 $\triangle POA \backsim \triangle PEB$，$\triangle QOA \backsim \triangle QFB$，所以 $\dfrac{AP}{PB} = \dfrac{OA}{EB}$，$\dfrac{QA}{QB} = \dfrac{OA}{FB}$. 但 $\dfrac{AP}{PB} = \dfrac{QA}{QB}$，所以 $EB = FB$. 因为 $\triangle EOF$ 是直角三角形，所以 $OB = EB = FB$，故 $\dfrac{AP}{PB} = \dfrac{OA}{OB}$. 因此 OP 平分 $\angle AOB$. 同理，OQ 平分 $\angle AOB$ 的外角.

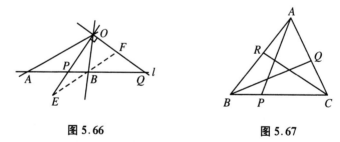

图 5.66　　　　　　　图 5.67

例 1　设 P、Q、R 分别是 $\triangle ABC$ 中 BC、CA、AB 上的点（图 5.67），求证：

$$\frac{\overline{PB} \cdot \overline{QC} \cdot \overline{RA}}{\overline{PC} \cdot \overline{QA} \cdot \overline{RB}} = \frac{\sin \overline{\angle PAB} \cdot \sin \overline{\angle QBC} \cdot \sin \overline{\angle RCA}}{\sin \overline{\angle PAC} \cdot \sin \overline{\angle QBA} \cdot \sin \overline{\angle RCB}}.$$

证明　由定理 5.37，易知

$$\frac{\overline{PB}}{\overline{PC}} = \frac{\sin \overline{\angle PAB}}{\sin \overline{\angle PAC}},$$

$$\frac{\overline{QC}}{\overline{QA}} = \frac{\sin\angle QBC}{\sin\angle QBA},$$

$$\frac{\overline{RA}}{\overline{RB}} = \frac{\sin\angle RCA}{\sin\angle RCB}.$$

三式连乘,即得所欲证.

例 2　四条直线相交于六点,构成一个完全四边形,则它的三条对角线中,每一条被另两条所调和分割.

证明　设四条直线相交于 A、B、C、D、E、F 六点,AC、BD、EF 为三条对角线,相交于 O、P、Q(图 5.68).在 △AEF 中,因 AP、ED、FB 交于一点,由塞瓦定理,得

$$\frac{\overline{PE}}{\overline{PF}} \cdot \frac{\overline{DF}}{\overline{DA}} \cdot \frac{\overline{BA}}{\overline{BE}} = -1.$$

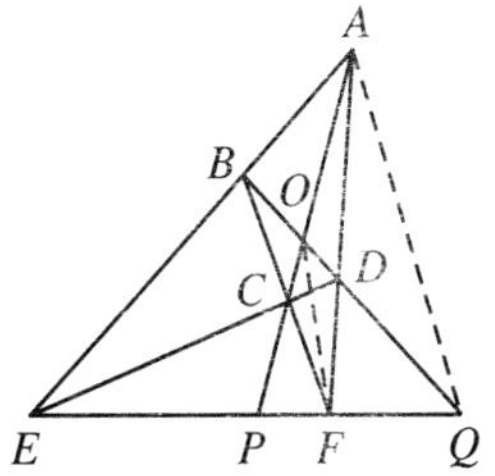

又因 Q、D、B 三点分别在 EF、FA、AE 上,且这三点共线,由梅涅劳斯定理,得

图 5.68

$$\frac{\overline{QE}}{\overline{QF}} \cdot \frac{\overline{DF}}{\overline{DA}} \cdot \frac{\overline{BA}}{\overline{BE}} = 1.$$

两式相除,即得

$$\frac{\overline{PE}}{\overline{PF}} : \frac{\overline{QE}}{\overline{QF}} = -1,$$

所以 $(EPFQ) = -1$.即对角线 EF 被对角线 AC、BD 所调和分割.

连 AQ,因为 $(EPFQ) = -1$,所以 $A(EPFQ) = -1$,即 $A(BODQ) = -1$,所以 $(BODQ) = -1$,即对角线 BD 被对角线 AC、EF 所调和分割.

最后,连 FO.因为 $(BODQ) = -1$,所以 $F(BODQ) = -1$.但在调和线束中,四条直线可以顺序轮换,所以 $F(QBOD) = -1$,即

$F(PCOA) = -1$,所以$(PCOA) = -1$,即对角线 AC 被对角线 BD、EF 所调和分割.

另外,在证明 EF 被 AC、BD 调和分割之后,也可以在$\triangle ABD$ 及 $\triangle ABC$ 中利用塞瓦定理及梅涅劳斯定理分别证明$(BODQ) = -1$ 及 $(AOCP) = -1$,请读者自行证明.

例 3　求证:在梯形中,两条对角线的交点、两腰延长线的交点与上下两底的中点这四点共线.

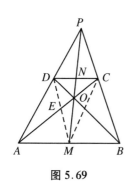

图 5.69

证明　设在梯形 $ABCD$ 中,$AB \parallel DC$,AC、BD 交于 O,AD、BC 延长后交于 P,AB、CD 的中点分别为 M、N.连 MD,交 AC 于 E(图 5.69),则 AB、AP、BD、PM 组成完全四边形,MD、BP 是它的两条对角线.由例 2 可知,MD、BP 调和分割对角线 AO,所以 $(AEOC) = -1$.因此 $D(AEOC) = -1$.但 $DC \parallel AB$,由定理 5.41,立得 $AM = MB$.

再连 MC,则 $M(AEOC) = -1$,而 $MA \parallel CD$,所以 $CN = ND$.

事实上,本题就是 5.2 节的例 1,请读者比较这两种证法.

例 4　AD 是$\triangle ABC$ 中 BC 边上的高,P 是 AD 上任一点,BP、CP 分别交 AC、AB 于 E、F,求证:$\angle ADE = \angle ADF$(图 5.70).

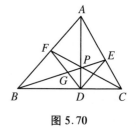

图 5.70

证明　设 DF 交 BE 于 G,则 AB、BC、AD、CF 组成完全四边形,由例 2 可知,对角线 DF 和对角线 AC 调和分割对角线 BP,所以 $(BGPE) = -1$,$D(BGPE) = -1$.但 $AD \perp BD$,由定理 5.42,即得$\angle ADE = \angle ADF$(与习题 18 的第 13 题比较).

习　题　22

1. 在 $\triangle ABC$ 中,作 AP、AQ,分别交 BC 于 P、Q,并使 $\angle PAB = \angle QAC$,求证:$\dfrac{\overline{PB} \cdot \overline{QB}}{\overline{PC} \cdot \overline{QC}} = \dfrac{AB^2}{AC^2}$.

2. 如图,过点 O 的三直线被另两直线所截,分别相交于 A、B、C 及 A'、B'、C',求证:$\dfrac{\overline{AB}}{\overline{AC}} : \dfrac{\overline{A'B'}}{\overline{A'C'}} = \dfrac{OB}{OC} : \dfrac{OB'}{OC'}$.

3. 如图,O 为 $\triangle ABC$ 内任意一点,AO、BO、CO 分别交 BC、CA、AB 于 P、Q、R.在 $\triangle ABC$ 的内部作 $\angle CAP' = \angle BAP$、$\angle ABQ' = \angle CBQ$、$\angle BCR' = \angle ACR$,求证:AP'、BQ'、CR' 三线共点.

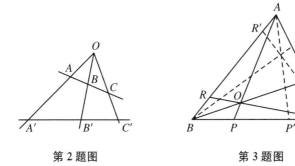

第 2 题图　　　　　　第 3 题图

4. 在四边形 $ABCD$ 中,AB、DC 延长后交于 E,AD、BC 延长后交于 F,AC、BD 交于 O,作 $OG \parallel AE$、$OH \parallel AF$,分别交 EF 于 G、H,求证:OG 被 DE 所平分,OH 被 BF 所平分.

5. 在四边形 $ABCD$ 中,对角线 $AC \perp BD$ 并相交于 O,又 AB、DC 延长后交于 E,AD、BC 延长后交于 F,求证:OC 平分 $\angle EOF$.

6. 在 $\triangle ABC$ 中,D 是 BC 上的定点,E 是 AD 上任一点,BE 和 CE 分别交 AC、AB 于 G、H,求证:直线 GH 必通过一个定点.

5.9　有关比例线段的作图题

有关比例线段的作图题大都可以归结为下列三种类型：

(1) 作三条已知线段的第四比例项；

(2) 作两条已知线段的比例中项；

(3) 作两条已知线段的平方和(或差)的平方根.

现在通过例题说明如下：

例1　已知△ABC 及 BC 边上一点 P, 过点 P 求作直线 PE, 将 △ABC 的面积二等分.

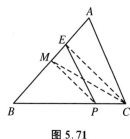

图 5.71

分析　设 PE 是所求的直线, $S_{\triangle BPE} = \frac{1}{2} S_{\triangle ABC}$. 取 AB 的中点 M, 连 CM (图 5.71), 则 $S_{\triangle BCM} = \frac{1}{2} S_{\triangle ABC}$, 所以 $S_{\triangle BPE} = S_{\triangle BCM}$. 因为两个三角形如有角相等或互补, 则其面积之比等于夹这角的两边的乘积之比, 所以

$$\frac{S_{\triangle BPE}}{S_{\triangle BCM}} = \frac{BP \cdot BE}{BC \cdot BM} = 1,$$

故

$$BP : BC = BM : BE.$$

因此, BE 是 BP、BC、BM 的第四比例项, 故 BE 可作.

作法　连 PM, 过 C 作 CE // PM, 交 AB 于 E, 连 PE, 则 PE 为所求直线(图 5.71).

证明及讨论请读者自行补足.

注意　由于 △CMP 与 △EMP 同底等高,所以上述作法与等积变形的方法是一致的.

例 2　求作一个正方形与已知四边形等积.

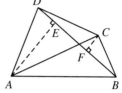

图 5.72

分析　设 ABCD 为已知四边形,连 AC、BD,作 AE⊥BD,CF⊥BD(图5.72).则

$$S_{ABCD} = S_{\triangle ABD} + S_{\triangle CBD} = \frac{1}{2} BD \cdot AE + \frac{1}{2} BD \cdot CF$$

$$= \frac{1}{2} BD(AE + CF).$$

设所求正方形的边长为 a,则 $a = \sqrt{\frac{1}{2} BD(AE + CF)}$,故线段 a 可作.

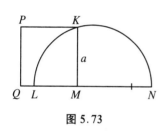

图 5.73

作法　在任意直线上,截取 $LM = \frac{1}{2} BD$,又截取 $MN = AE + CF$. 以 LN 为直径作半圆,过 M 作 $MK⊥LN$,交半圆于 K. 以 MK 为一边作正方形 $MKPQ$,即为所求的正方形(图 5.73).

证明及讨论请读者自行补足.

例 3　求作一直线平行于已知梯形的底,并且平分它的面积.

分析　设在梯形 ABCD 中,EF 平分它的面积,且 EF // AD // BC. 延长 BA、CD,交于点 O,则 △OBC ∽ △OEF ∽ △OAD(图5.74).设 BC = a,AD = b,EF = x,则

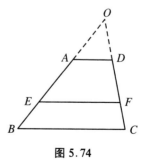

图 5.74

$$\frac{S_{\triangle OBC}}{S_{\triangle OEF}} = \frac{a^2}{x^2}, \quad \frac{S_{\triangle OAD}}{S_{\triangle OEF}} = \frac{b^2}{x^2},$$

两式相加,得

$$\frac{S_{\triangle OBC} + S_{\triangle OAD}}{S_{\triangle OEF}} = \frac{a^2 + b^2}{x^2}.$$

因为

$$\begin{aligned} S_{\triangle OBC} + S_{\triangle OAD} &= S_{\triangle OEF} + S_{EBCF} + S_{\triangle OAD} \\ &= S_{\triangle OEF} + S_{AEFD} + S_{\triangle OAD} \\ &= 2S_{\triangle OEF}, \end{aligned}$$

所以

$$\frac{2S_{\triangle OEF}}{S_{\triangle OEF}} = \frac{a^2 + b^2}{x^2},$$

即

$$\frac{a^2 + b^2}{x^2} = 2,$$

所以

$$x = \sqrt{\frac{a^2 + b^2}{2}} = \sqrt{\left(\frac{\sqrt{2}a}{2}\right)^2 + \left(\frac{\sqrt{2}b}{2}\right)^2},$$

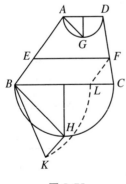

图 5.75

故 x 可作.

作法　以 AD 及 BC 为直径作两半圆,作 AD、BC 的垂直平分线,分别交两半圆于 G、H,连 AG、BH.过 H 作 $HK \perp BH$,并使 $HK = AG$,连 BK.以 B 为圆心、BK 为半径作弧,交 BC 于 L.过 L 作 $LF /\!/ AB$,交 DC 于 F,过 F 作 $EF /\!/ BC$,交 AB 于 E,则 EF 即为所求的直线(图 5.75).

证明及讨论请读者自行补足.

例4　在已知线段上求一点,将已知线段分成两段,使较大的部分等于已知线段与较小部分的比例中项.

分析　设点 C 在线段 AB 上,且 $AB : AC = AC : CB$.令 $AB = a$,$AC = x$,则 $CB = a - x$(图 5.76).由题意得

$$a : x = x : (a - x),$$

即

$$x^2 + ax - a^2 = 0.$$

所以

$$x = \sqrt{a^2 + \left(\frac{a}{2}\right)^2} - \frac{a}{2}(\text{只取正值}),$$

故 x 可作.

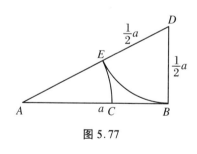

图 5.77

作法　过点 B 作 $BD \perp AB$,并使 $BD = \frac{1}{2} AB$,连 AD.以 D 为圆心、DB 为半径作弧,交 AD 于 E.以 A 为圆心、AE 为半径作弧,交 AB 于 C,则点 C 即为所求的点(图 5.77).

证明及讨论请读者自行补足.

这是一道有名的作图题,称为"黄金分割",也叫做"分线段为中外比".求作已知圆的内接正十边形时,只要将半径分为中外比,则较大的一段即等于所求正十边形的一边.在优选法的"0.618 法"中,每

一个试验点实际上都是"黄金分割"点.

习　题　23

1. 已知线段 a、b、c，求作满足下列条件的线段 x：

(1) $ab = cx$；

(2) $a : x = b : 2c$；

(3) $x^2 = \dfrac{3ab}{2}$；

(4) $b^2 = cx$.

2. 求作三角形，使它的周长等于 a，三边之比为 $4 : 5 : 6$.

3. 在 $\triangle ABC$ 的边 BC 上求作一点 G，使 $\triangle ABG$ 和 $\triangle AGC$ 的面积之比为 $\sqrt{2} : \sqrt{3}$.

4. 求作已知三角形的相似三角形，使它的面积等于已知三角形的 $\dfrac{2}{3}$.

5. 求作已知三角形的内接正方形.

6. 求作一正方形，使它与已知梯形等积.

7. 已知线段 a、b、c，求作下列线段：

(1) $\sqrt{ab + bc + ca}$；

(2) $\sqrt[4]{a^4 + b^4}$；

(3) $\sqrt[4]{5}c$.

第6章 相似变换

6.1 图形的相似

1. 相似图形

如果两个图形 F 与 F' 的点之间能够建立一一对应的关系,并且图形 F 内任意两点所连成的线段与图形 F' 内两个对应点所连成的线段之比都等于定比,则称图形 F 相似于图形 F'.这两个图形叫做相似图形.所说的定比叫做图形 F 对于图形 F' 的相似系数.

关于相似图形的性质有以下一些定理.

定理 6.1 每个图形都相似于它自身,其相似系数为 1.如果图形 F 相似于图形 F',其相似系数为 k,则图形 F' 也相似于图形 F,其相似系数为 $\dfrac{1}{k}$.如果图形 F 相似于图形 F',其相似系数为 k;图形 F' 相似于图形 F'',其相似系数为 k',则图形 F 也相似于图形 F'',其相似系数为 kk'.

简而言之,图形的相似具有反身性、对称性、传递性.

这个定理的证明是显然的.

定理 6.2 图形 F 内的共线点在它的相似图形内的对应点仍然共线.

证明 设 A、B、C 是图形 F 内三个共线的点,A'、B'、C' 是图形 F' 内与前三点对应的点.设点 B 介于 A、C 之间,则 $AB + BC = AC$.因为 $AB : A'B' = BC : B'C' = AC : A'C'$,所以 $\dfrac{AB + BC}{A'B' + B'C'} = \dfrac{AC}{A'C'}$. 但 $AB + BC = AC$,所以 $A'B' + B'C' = A'C'$.这个等式当且仅当 A'、B'、C' 共线且 B' 介于 A'、C' 之间时才能成立.所以 A'、B'、C' 三点共线,且 B' 介于 A'、C' 之间.

推论 射线的相似图形仍是射线,角的相似图形仍是角,n 边形的相似图形仍是 n 边形.

定理 6.3 两相似图形的对应角相等.

证明 设 $\angle BAC$ 是图形 F 内的任意角,而点 A'、B'、C' 是图形 F' 内分别与 A、B、C 对应的点.因为 $\dfrac{AB}{A'B'} = \dfrac{BC}{B'C'} = \dfrac{AC}{A'C'} = k$($k$ 为常数),所以 $\triangle ABC \backsim \triangle A'B'C'$,故 $\angle BAC = \angle B'A'C'$.

定理 6.4 若图形 F 内两点 C、D 在直线 AB 的异侧,点 A'、B'、C'、D' 是相似图形 F' 内分别与 A、B、C、D 对应的点,则 C'、D' 在直线 $A'B'$ 的异侧;若 C、D 在 AB 的同侧,则 C'、D' 也在 $A'B'$ 的同侧.

这个定理可仿照定理 4.4 进行证明.

根据以上性质可知,如果两个 n 边形的点之间一一对应,且对应线段的比都为定比,则它们的对应角相等,对应边成比例.反过来,如果两个 n 边形的对应角相等,对应边成比例,也可以通过相似三角形证明它们的点之间一一对应,对应线段之比等于定比.所以 5.5 节所说的 n 边形相似的定义与本节中相似图形的定义是一致的.但本节中相似图形的定义包括曲线形在内,内容更为广泛.

2. 两种相似图形

两个三角形相似,如果它们同向,则称它们为真正相似;如果它们异向,则称它们为镜像相似.

定理 6.5 若两相似图形中任意一双对应的三角形真正相似,则这两个图形中所有的对应三角形都真正相似;若两相似图形中任意一双对应的三角形镜像相似,则这两个图形中所有的对应三角形都镜像相似.

这个定理可仿照定理 4.7 进行证明.

在两个相似图形中,若对应三角形真正相似,则称这两个图形为真正相似;若对应三角形镜像相似,则称这两个图形为镜像相似.

6.2 相似变换和位似变换

如果一个图形经过变换后所得的图形与原图形相似,则这种变换叫做相似变换.

由上面的定义,易知相似变换具有下列性质:

(1) 相似变换的逆变换仍然是相似变换.

(2) 相似变换的积仍然是相似变换.

(3) 在相似变换中,共线点对应于共线点;射线对应于射线;角对应于角;三角形对应于三角形.并且对应角相等,对应三角形相似.

相似变换有一种特殊情况,叫做位似变换.为了介绍位似变换,需先介绍一下位似图形.

1. 位似图形

如果两个图形 F 与 F' 的任一双对应点 A 与 A' 的连线都通过同一点 O,且 $\dfrac{OA}{OA'}$ = 常数 k,则这两个图形叫做位似图形;点 O 叫做位似中心.常数 k 叫做 F 对于 F' 的位似系数,这时 F' 对于 F 的位似系

数为 $\dfrac{\overline{OA'}}{\overline{OA}} = \dfrac{1}{k}$.

由此定义可知,位似系数 k 可为正亦可为负,但不能等于零.当 $k>0$ 时,F 与 F' 称为顺位似形,点 O 称为顺位似心(图 6.1 左图);当 $k<0$ 时,F 与 F' 称为逆位似形,点 O 称为逆位似心(图 6.1 右图).顺位似心必在任何一双对应点连线的延长线上;逆位似心必在任何一双对应点之间.

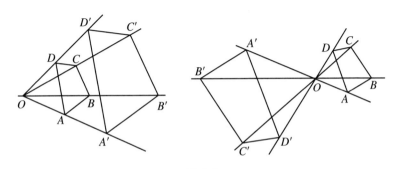

图 6.1

定理 6.6 每个图形都位似于它自身,位似系数为 1(但位似中心的位置不定);如果图形 F 位似于图形 F',其位似系数为 k,则图形 F' 位似于图形 F,其位似系数为 $\dfrac{1}{k}$.

简而言之,图形的位似具有反身性、对称性.

这个定理的证明是显然的.

定理 6.7 在两个位似图形中,不通过位似中心的任一双对应直线必互相平行.

证明 设 A、B 为图形 F 中的点,A'、B' 为图形 F' 中的对应点,O 为位似中心,直线 AB、$A'B'$ 不通过点 O.则因为 AA'、BB' 都通过

O 点,且 $\dfrac{OA}{OA'} = \dfrac{OB}{OB'} = k$,所以 $AB \parallel A'B'$.若 $k>0$,则 AB 与 $A'B'$ 同向平行;若 $k<0$,则 AB 与 $A'B'$ 异向平行.

定理 6.8　两位似三角形必为真正相似.

证明　设 $\triangle ABC$ 与 $\triangle A'B'C'$ 位似,则由定理 6.7 知,它们的对应边互相平行,由 2.3 节的例 1 可知,这两个三角形的对应角都相等,所以 $\triangle ABC \backsim \triangle A'B'C'$.其次,若两个三角形为顺位似形,则 $\angle AOB$ 与 $\angle A'OB'$ 重合,且 AB 与 $A'B'$ 同向平行;若两个三角形为逆位似形,则 $\angle AOB$ 与 $\angle A'OB'$ 为对顶角,且 AB 与 $A'B'$ 异向平行.总之,$\triangle OAB$ 与 $\triangle OA'B'$ 同向,所以 $\triangle ABC$ 与 $\triangle A'B'C'$ 亦同向,因此,$\triangle ABC$ 与 $\triangle A'B'C'$ 真正相似.

推论　两个位似图形必为真正相似.

注意　如果两个相似图形对应点的连线都交于一点,则这两个图形不一定是位似形.例如在图 6.2 中,两圆相交,过它们的一个交点 O 作三条割线,交一圆于 A、B、C,交另一圆于 A'、B'、C',则 $\triangle ABC \backsim$ $\triangle A'B'C'$,并且 AA'、BB'、CC' 都通过点 O,但它们显然不是位似形.

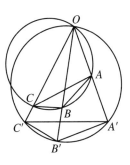

图 6.2

2. 位似变换

两个位似图形的点之间的对应关系叫做位似变换.

如果一个变换将图形中的每一点都对应于它自身,则这种变换叫恒等变换.位似变换若非恒等变换,则它有一个二重点,就是位似中心.位似变换有无限多条二重线,它们是通过位似中心的直线.

在位似系数为 k 的位似变换中,若 $|k|>1$,则将图形 F 放大 $|k|$

倍成为图形 F';若 $|k|<1$,则将图形 F 缩小为 $\dfrac{1}{|k|}$ 成为图形 F'. 当 $k=$ -1 时,位似变换是点反射;当 $k=1$ 时,位似变换是恒等变换.

定理 6.9　两个图形的点之间(每个图形中的点不全在一直线上)如果能够建立一一对应关系,且对应线段所在直线或者平行或者重合,则这种对应关系或是位似变换或是平移.

证明　设 F 与 F' 是所设图形. 在 F 中任取两点 A、B,设 A'、B' 是它们在 F' 中的对应点(所取的 A、B 和 A'、B' 不共线). 作直线 AA' 和 BB',则它们或者平行,或者相交. 下面分两种情形讨论:

(1) $AA' /\!/ BB'$(图 6.3 左图).

在图形 F 中任取一点,这又可分两种情形:

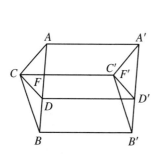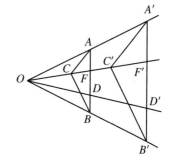

图 6.3

① 所取的点 C 不在 AB 上,设它在 F' 中的对应点为 C',连 AC、BC、$A'C'$、$B'C'$,则 $AC /\!/ A'C'$,$BC /\!/ B'C'$,$AB /\!/ A'B'$(若点 C 在 AA' 或 BB' 上,则 AC 和 $A'C'$ 共线或 BC 和 $B'C'$ 共线). 以 $\overrightarrow{AA'}$ 为平移方向、线段 AA' 的长为平移距离,作点 C 的平移对应点 C'',连 $A'C''$、$B'C''$,则 $AC /\!/ A'C''$,$BC /\!/ B'C''$. 因此 $A'C'$ 与 $A'C''$ 重合,$B'C'$ 与 $B'C''$ 重合,所以 C' 与 C'' 重合,即 C' 为 C 的平移对应点.

② 所取的点 D 在 AB 上.上面已证明 C 与 C' 为平移对应点,设 D 在 F' 中的对应点为 D',则 D' 必在 $A'B'$ 上.连 CD、$C'D'$,则 CD // $C'D'$,AD // $A'D'$.以 $\overrightarrow{AA'}$ 为平移方向、线段 AA' 的长为平移距离,作 D 点的平移对应点 D'',则 CD // $C'D''$,AD // $A'D''$.因此 $C'D'$ 与 $C'D''$ 重合,$A'D'$ 与 $A'D''$ 重合,所以 D' 和 D'' 重合,即 D' 是 D 的平移对应点.

以上就证明了 F 中的任意点与它在 F' 中的对应点都是平移对应点,故 F 与 F' 的点与点的对应关系为平移.

(2) AA' 与 BB' 相交于点 O(图 6.3 右图).

在图形 F 中任取一点,这又可分为三种情形:

① 所取点 C 不在直线 AB 上,且非点 O.设 C 在 F' 中的对应点为 C',连 AC、BC、$A'C'$、$B'C'$,则 AC // $A'C'$,BC // $B'C'$(若点 C 在 AA' 或 BB' 上,则 AC 和 $A'C'$ 共线或 BC 和 $B'C'$ 共线).以 O 为位似中心、$\dfrac{\overline{OA}}{OA}$ 为位似系数,作点 C 的对应点 C'',连 $A'C''$、$B'C''$,则 AC // $A'C''$,BC // $B'C''$.因此 $A'C'$ 与 $A'C''$ 重合,$B'C'$ 与 $B'C''$ 重合,所以 C' 与 C'' 重合,即 C' 为 C 的位似对应点.

② 所取点 D 在 AB 上.设 D 在 F' 中的对应点为 D',则 D' 必在 $A'B'$ 上.连 CD、$C'D'$,则 CD // $C'D'$.以 O 为位似中心、$\dfrac{\overline{OA}}{OA'}$ 为位似系数,作点 D 的位似对应点 D'',则 CD // $C'D''$,AD // $A'D''$.因此 $C'D'$ 与 $C'D''$ 重合,$A'D'$ 与 $A'D''$ 重合,所以 D' 和 D'' 重合,即 D' 是 D 的位似对应点.

③ 所取点为点 O.设点 O 在 F' 中的对应点为 O',因为 O 在 AA' 上,所以直线 AO 与直线 $A'O'$ 不能平行,故必重合,即 O' 在 AA' 上.同理,点 O' 也在 BB' 上.因此点 O' 为 AA' 与 BB' 的交点,所以 O 与

O' 重合,即 O' 为 O 的位似对应点(位似中心为位似变换的二重点).

以上就证明了 F 中的任一点与其在 F 中的对应点都是以 O 为位似中心、$\dfrac{\overline{OA}}{OA'}$ 为位似系数的位似对应点,所以 F 与 F' 的点与点之间的对应关系为位似变换.

推论　在三个图形中,如果第一图形与第二图形、第二图形与第三图形都可以通过平移或位似变换由此形变为彼形,则第一图形与第三图形也可以通过平移或位似变换由此形变为彼形.

如果我们把平行线束(平行且同向的直线)看成交于无穷远点,则两个互为平移的图形可以看成是位似图形的特例;平移可以看成是位似变换的特殊情况(位似系数等于1,位似中心在诸平行线的无穷远点).

注意　位似变换具有反身性与对称性,但传递性不常成立.如果把位似变换扩充到包括平移在内,就可以弥补这个缺陷.

定理 6.10　三个互相位似的图形中,每两个图形的位似中心是共线的三点.

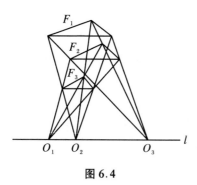

图 6.4

证明　假设图形 F_1、F_2、F_3 两两位似,O_1、O_2、O_3 依次是 F_2 与 F_3、F_3 与 F_1、F_1 与 F_2 的位似中心. 过 O_1、O_3 两点作直线 l,将 l 看成是 F_1 中的直线,当 F_1 通过位似变换而得 F_2 时,因 l 通过 F_1、F_2 的位似中心 O_3,是这个变换的二重线,故 l 仍变为它自身.同理,当 F_2 变换为 F_3 时,因 l 通过 F_2、F_3 的位似中心 O_1,故

l 仍变为它自身.这就是说,当 F_1 通过位似变换而得 F_3 时,l 仍变为它自身,所以 l 是这个变换的二重线,必然通过 F_1、F_3 的位似中心 O_2.因此 O_1、O_2、O_3 三点共线(图 6.4).

三个互相位似的图形的三个位似中心所在的直线叫做这三个图形的位似轴.在位似轴上的三个位似中心可能都是顺位似心,或者有一个是顺位似心而其他两个是逆位似心,这是因为三个互相位似的图形或者彼此都是顺位似,或者有一组是顺位似而其他两组是逆位似的缘故.

6.3　相似变换的分解

以上我们讨论了相似变换和位似变换的性质,下面我们来讨论如果两个图形相似,那么使它们由此形变为彼形的是哪几种变换.

1. 两图形的真正相似

定理 6.11　非合同的两个真正相似图形若有一双对应直线互相平行或重合,则它们必是位似图形.

证明　设图形 F 与图形 F' 真正相似,A、B 与 A'、B' 为两双对应点,且 $AB /\!/ A'B'$(图 6.5).

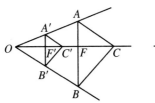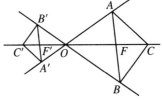

图 6.5

分别过 A、A' 与 B、B' 作直线 AA' 与 BB'，则 AA' 与 BB' 必相交（否则 $AB = A'B'$，与已知条件两图形非合同图形相矛盾），设交点为 O，则 $\angle OAB = \angle OA'B'$. 设 C、C' 为两图形中任意另一双对应点，则 $\angle CAB = \angle C'A'B'$. 因为两图形真正相似，所以 $\triangle ABC$ 与 $\triangle A'B'C'$ 同向，且 $\angle BAC = \angle B'A'C'$. 因此 $\angle OAB \pm \angle BAC = \angle OA'B' \pm \angle B'A'C'$，所以 $\angle OAC = \angle OA'C'$. 若 $\angle OAC$、$\angle O'A'C'$ 不等于 $180°$ 或 $0°$，则 $AC \parallel A'C'$；若 $\angle OAC$、$\angle O'A'C'$ 等于 $180°$ 或 $0°$，则直线 AC 与直线 $A'C'$ 重合. 这就是说，两图形 F 与 F' 中任意一双对应直线或者平行或者重合，由定理 6.9 知两图形位似.

定理 6.12　非合同的两个真正相似图形，若没有一双对应直线互相平行或重合，则可以接连施行一次旋转和一次位似变换，将此形变为彼形. 这里的旋转中心和位似中心是同一点（图 6.6）.

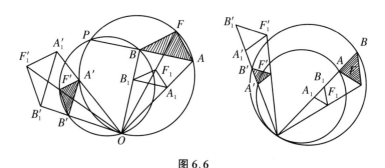

图 6.6

证明　设图形 F 与图形 F' 真正相似，且没有一双对应直线平行或重合.

设 A 与 A'、B 与 B' 是任意两双对应点，P 是直线 AB 与 $A'B'$ 的交点，作圆 PAA' 与圆 PBB'，设它们的第二个交点为 O，则 $\angle AOA'$ 与 $\angle APA'$ 互补，$\angle BOB'$ 与 $\angle BPB'$ 互补，故 $\angle AOA' = \angle BOB'$. 且

$\angle OAB = \angle OA'B'$，$\angle OBA = \angle OB'A'$．

以 O 为旋转中心、$\angle A'OA$ 为旋转角，作图形 F' 的旋转对应图形 F_1，则点 A' 的对应点 A_1 落在 OA 上，点 B' 的对应点 B_1 落在 OB 上．因为 $\angle OA'B' = \angle OA_1B_1$，所以 $\angle OAB = \angle OA_1B_1$，故 $AB \parallel A_1B_1$．若 O 和 P 重合，则 A_1B_1 与 AB 重合．由定理 6.11 知，图形 F 与图形 F_1 是以 O 为位似中心、$\dfrac{AB}{A'B'}$ 为位似系数的位似图形．这就证明图形 F 可由图形 F' 经一次旋转和一次位似变换而得．旋转中心和位似中心皆为点 O．

本定理中所说的两个变换是可以互换的，即先施行位似变换后施行旋转（图 6.6），结果也一样．

这两个变换的同一中心叫做这两个真正相似图形的相似中心，它是这两个变换的二重点，或称自对应点．

2. 两图形的镜像相似

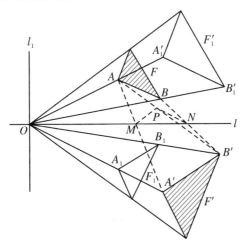

图 6.7

定理 6.13　非合同的两个镜像相似图形,可以接连施行一次直线反射和一次位似变换,将此形变为彼形.这里,反射轴通过位似中心(图6.7).

证明　设图形 F 与图形 F' 镜像相似,但彼此不合同.设 AB 与 $A'B'$ 为既不平行也不共线的对应线段(这种情况是一定存在的,因为如果 F 与 F' 中所有对应线段都互相平行或共线,F 与 F' 便是位似图形,因而就是真正相似了).连 AA'、BB'、AB',取它们的内分点 M、N、P,并使 $\dfrac{MA}{MA'}=\dfrac{NB}{NB'}=\dfrac{PA}{PB'}=\dfrac{AB}{A'B'}$,过 M、N 作直线 l.由 5.4 节的例 7 可知,AB 与 l 的交角等于 $A'B'$ 与 l 的交角.

作 F 关于 l 的对称图形 F_1,A_1、B_1 是 F_1 中 A、B 的对应点,则 A_1B_1 与 l 的交角等于 AB 与 l 的交角,所以 A_1B_1 与 l 的交角等于 $A'B'$ 与 l 的交角.因此 $A_1B_1 /\!/ A'B'$,或 A_1B_1 与 $A'B'$ 重合.

因为 F_1 与 F 镜像合同,F' 与 F 镜像相似,所以 F_1 与 F' 真正相似且不合同,并且它们有一双对应线段平行或重合,由定理 6.11 知,F_1 与 F' 是位似图形.

设 O 为 F_1 与 F' 的位似中心,连 A_1M、B_1N.由 l 平分 $\angle AMA_1$,知 l 外分线段 A_1A' 的比等于 MA_1 与 MA' 的比.又因为 $\dfrac{MA_1}{MA'}=\dfrac{MA}{MA'}=\dfrac{AB}{A'B'}$,所以 l 外分 A_1A' 的比等于 $\dfrac{AB}{A'B'}$.同理,l 外分线段 B_1B' 的比也等于 $\dfrac{AB}{A'B'}$.设 l 与 A_1A' 交于 O_1,l 与 B_1B' 交于 O_2,若 O_1、O_2、O 三点不重合,则有 $\dfrac{O_1A_1}{O_1A'}=\dfrac{O_2B_1}{O_2B'}$,又因为 $A_1B_1 /\!/ A'B'$,所以 $O_1O_2 /\!/ A'B'$,即 $l /\!/ A'B'$,从而 $l /\!/ AB$,所以 $A'B' /\!/ AB$,这与当初的假定不合.故 O_1、O_2、O 三点重合,所以 l 通过 O

点,即反射轴通过位似中心.

本定理所说的两个变换是可以互换的,即先施行位似变换后施行直线反射(图6.7),结果也一样.

在这两个变换的乘积中,点 O、直线 l 以及过 O 且垂直于 l 的直线 l' 都不变.直线 l 和 l' 称为这两个镜像相似图形的相似轴,它们是这两个变换的二重线,或称自对应线;点 O 是这两个变换的二重点,或称自对应点.

推论　非合同的两个镜像相似图形的相似轴内外分每双对应点所连成线段的比都等于两图形的相似比.

从定理 6.11—定理 6.13 可知,两个相似但不合同的图形中的一个总可以经过一次位似变换或经过一次旋转及一次位似变换或经过一次直线反射及一次位似变换而得到另一个.

6.4　相似变换在解题中的应用

1. 相似变换在证明题中的应用

例1　BC 是半圆的直径,过 B 作 BC 的垂线,在这垂线上任取一点 A,过 A 作半圆的切线 AD,D 为切点,作 DF $\perp BC$,连 AC,交 DF 于 E,求证:DE $= EF$.

分析　因为 $AB \perp BC$,$DF \perp BC$,所以 $AB // DF$,AB 是 EF 的位似对应线段$\left(\text{以 } C \text{ 为位似中心,}\dfrac{BC}{FC} \text{ 为位似比}\right)$.欲

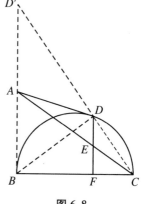

图 6.8

证 E 为 DF 的中点,只需证明 A 为 DF 的位似对应线段的中点即可.为此,连 CD 并延长,与 BA 的延长线交于 D',连 BD(图 6.8).因为 BC 为直径,所以 $\angle BDC = 90°$,$\angle BDD' = 90°$,即 $\triangle BDD'$ 为直角三角形.欲证 $AB = AD'$,只需证 $AB = AD$ 及 $AD' = AD$ 即可.因为 AB、AD 同为切线,所以 $AB = AD$,故只需证 $AD' = AD$,即只需证 $\angle ADD' = \angle AD'D$.但 $\angle ADD' = 90° - \angle ADB$,$\angle AD'D = 90° - \angle ABD$,于是问题不难解决.

证明　连 CD 并延长,与 BA 的延长线交于 D',连 BD.因为 BC 为直径,所以 $\angle BDC = 90°$,$\angle BDD' = 90°$.又因为 AB 与 AD 为同圆的切线,所以 $AB = AD$,故 $\angle ABD = \angle ADB$.而 $\angle ADD' = 90° - \angle ADB$,$\angle AD'D = 90° - \angle ABD$,所以 $\angle ADD' = \angle AD'D$,故 $AD = AD'$,因此 $AB = AD'$.因为 $AB /\!/ DF$,由 5.4 节的例 1,得 $DE = EF$.

例 2　AD 是 $\triangle ABC$ 的外接圆 O 的直径,过 D 作切线,交直线 BC 于 P,连 PO,分别交 AB、AC 于 M、N,求证:$OM = ON$.

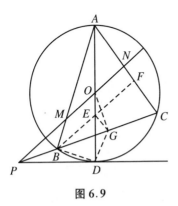

图 6.9

分析　欲证 $OM = ON$,可设法寻求与 MN 位似的线段,证明直线 AO 平分这线段.为此,过 B 作 BF $/\!/ MN$,交 AC 于 F,交 AO 于 E.若 E 为 BF 的中点,取 BC 的中点 G,连 EG(图 6.9),则 EG 应为 $\triangle BCF$ 的中位线,故只需证 $EG /\!/ FC$,即证 $\angle BGE = \angle C$.但 $\angle C = \angle BDA$,故只需证 $\angle BGE = \angle BDA = \angle BDE$,即证 B、D、G、E 四点共圆,也就是证 $\angle BED = \angle BGD$.因为 $BF /\!/ MN$,所以 $\angle BED = \angle POD$,故只需证 $\angle BGD = \angle POD$,即证 P、O、

G、D 四点共圆. 而 G 为 BC 的中点, 所以 $OG \perp PC$; 又因为 $OD \perp$ PD, 所以 P、O、G、D 四点共圆, 于是问题不难解决.

证明 过 B 作 $BF \parallel PN$, 分别交 AD、AC 于 E、F, 取 BC 的中点 G, 连 EG、OG、BD、DG. 因为 $OG \perp BC$、$OD \perp PD$, 所以 P、O、G、D 四点共圆, 因此 $\angle POD = \angle PGD$. 因为 $BF \parallel PN$, 所以 $\angle POD =$ $\angle BED$, 故 $\angle BGD = \angle BED$, 所以 B、D、G、E 四点共圆, 因此 $\angle BDE = \angle BGE$. 因为 $\angle BDE = \angle C$, 所以 $\angle BGE = \angle C$, 因此 EG $\parallel CF$. 因为 $BG = GC$, 所以 $BE = EF$. 由 5.4 节的例 1, 得 $MO = ON$.

2. 相似变换在作图题中的应用

例 3 已知一角 α、夹这角的两边的比 m : n 及周长 l, 求作三角形.

作法 作 $\triangle AB_1C_1$, 使 $\angle B_1AC_1 = \alpha$, AB_1 $= m$, $AC_1 = n$, 在射线 AC_1 上取 $AK_1 = AB_1 +$ $AC_1 + B_1C_1$ 及 $AK = l$. 以 A 为位似中心、$\dfrac{AK_1}{AK}$ 为位似系数, 作 B_1、C_1 的位似对应点 B、C, 连 BC, 则 $\triangle ABC$ 即为所求 (图 6.10).

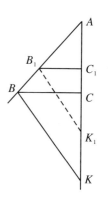

图 6.10

证明 因为 $\triangle ABC \backsim \triangle AB_1C_1$, 所以 $\dfrac{AB}{AC} =$ $\dfrac{AB_1}{AC_1} = \dfrac{m}{n}$, $\angle B_1AC_1 = \alpha$. 因为相似三角形周长之比等于它们的相似比 (在此即为位似比), 所以 $\dfrac{AB_1 + AC_1 + B_1C_1}{AB + AC + BC}$ $= \dfrac{AK_1}{AK}$. 又因为 $AB_1 + AC_1 + B_1C_1 = AK_1$, 所以 $AB + AC + BC =$ $AK = l$. 故 $\triangle ABC$ 符合条件.

讨论 本题必有一解且仅有一解.

例 4　已知三条高的长,求作三角形.

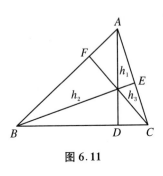

图 6.11

分析　设 $\triangle ABC$ 为所求三角形,三条高 $AD = h_1$,$BE = h_2$,$CF = h_3$(图 6.11).令 $BC = a$,$CA = b$,$AB = c$,则因为 $2S_{\triangle ABC} = ah_1 = bh_2 = ch_3$,所以 $a : b : c = \dfrac{1}{h_1} : \dfrac{1}{h_2} : \dfrac{1}{h_3}$.由此可知 $\triangle ABC$ 的形状已经确定,故可先作三条线段 a'、b'、c',使 $a'h_1 = b'h_2 = c'h_3$,再以 a'、b'、c' 为三边作一个与 $\triangle ABC$ 相似的三角形,然后利用位似变换将它适当地放大或缩小.

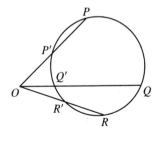

图 6.12

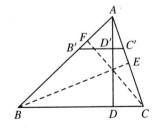

图 6.13

作法　从 O 作三条射线 OP、OQ、OR,使 $OP = h_1$,$OQ = h_2$,$OR = h_3$,过 P、Q、R 三点作圆,与这三条射线分别再相交于 P'、Q'、R'(图 6.12).则 $OP' \cdot OP = OQ' \cdot OQ = OR' \cdot OR$,即 $OP' \cdot h_1 = OQ' \cdot h_2 = OR' \cdot h_3$.以 OP'、OQ'、OR' 为三边作 $\triangle AB'C'$,使 $B'C' = OP'$,$C'A = OQ'$,$AB' = OR'$.作 $AD' \perp B'C'$ 并延长至 D,使 $AD = h_1$.过 D 作 $BC /\!/ B'C'$,分别交 AB'、AC'(或延长线)于 B、C,则 $\triangle ABC$ 即为所求(图 6.13).

证明　由作法可知

$$B'C' \cdot h_1 = C'A \cdot h_2 = AB' \cdot h_3,　　　　　①$$

即 $B'C' : \dfrac{1}{h_1} = C'A : \dfrac{1}{h_2} = AB' : \dfrac{1}{h_3}$,所以△$AB'C'$相似于所求的

三角形.因为△$ABC \backsim \triangle AB'C'$,所以△$ABC$也相似于所求的三角

形.又由作法知,$AD = h_1$.作 $BE \perp AC$,$CF \perp AB$.因为

$$BC \cdot AD = CA \cdot BE = AB \cdot CF,　　　　　②$$

②÷①,得

$$\frac{BC}{B'C'} \cdot \frac{AD}{h_1} = \frac{CA}{C'A} \cdot \frac{BE}{h_2} = \frac{AB}{AB'} \cdot \frac{CF}{h_3},$$

而

$$\frac{BC}{B'C'} = \frac{CA}{C'A} = \frac{AB}{AB'},$$

且 $AD = h_1$,所以 $BE = h_2$,$CF = h_3$.故△ABC符合条件.

注意,另一作法如下:

因为 $ah_1 = bh_2 = ch_3$,所以 $a : \dfrac{1}{h_1} = b : \dfrac{1}{h_2} = c : \dfrac{1}{h_3}$,以 $h_1 h_2$

遍乘此式,得 $a : h_2 = b : h_1 = c : \dfrac{h_1 h_2}{h_3}$,这里 $\dfrac{h_1 h_2}{h_3}$可用求第四比

项的方法作出,故以 h_2、h_1、$\dfrac{h_1 h_2}{h_3}$为三边作出的三角形必相似于所

求三角形.然后利用位似变换将它适当地放大或缩小.

下面这个作法是错误的:

以 h_1、h_2、h_3 为三边作△PQR,作△PQR 的三条高 h'、h''、h'''.

再以 h'、h''、h'''为三边作△$P'Q'R'$,则△$P'Q'R'$必相似于所求三

角形,然后利用位似变换将它适当地放大或缩小.

这种作法之所以错误,是因为 h_1、h_2、h_3 三条线段不一定符合

"任何两条之和大于第三条"的条件,故△PQR可能不存在,而问题依然有解.

讨论　本题有唯一解的充要条件为

$$\begin{cases} \dfrac{1}{h_2} + \dfrac{1}{h_3} > \dfrac{1}{h_1}, \\[2mm] \dfrac{1}{h_3} + \dfrac{1}{h_1} > \dfrac{1}{h_2}, \\[2mm] \dfrac{1}{h_1} + \dfrac{1}{h_2} > \dfrac{1}{h_3}. \end{cases}$$

例 5　在已知三角形内,求作一内接正方形,使其两个顶点在三角形的一边(不包括延长线)上,另两个顶点分别在其余两边上(与习题 23 的第 5 题比较).

分析　设正方形 $DEFG$ 已作,E、F 在△ABC 的 BC 边上,D、G 分别在 AB、AC 上.

由图 6.14 可见,只要先作出和 $DEFG$ 位似的正方形(图中未标字母的正方形),就可以利用位似变换作出所求的正方形 $DEFG$.

作法及证明请读者自行补足.

讨论　若△ABC 为钝角三角形,本题只有一解,所求正方形有

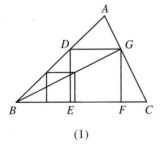
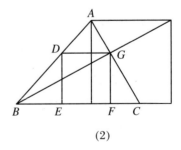

(1)　　　　　　　　　　　　(2)

图 6.14

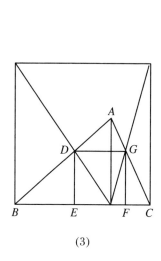

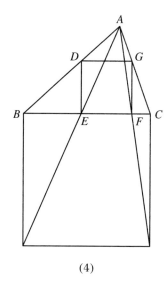

(3)　　　　　　　　　　　　(4)

图 6.14(续)

两个顶点在钝角所对的边上.若△ABC 为直角三角形,本题有两解,其中一个正方形的两顶点在斜边上,另一个正方形有两边分别在两条直角边上.若△ABC 为锐角三角形而三边互不相等,本题有三解,所求正方形的两个顶点可以在三角形的任何一边上;如为锐角等腰三角形,这三解中有两解大小相等;如为等边三角形,三解的大小都相等.

例 6　求作已知弓形的内接矩形,使它的一边在弓形的弦上,另两个顶点在弓形弧上,并与已知矩形相似.

分析　设矩形 $EFGH$ 已作,EF 在弓形的弦 AB 上,H 和 G 在弓形弧 $\overset{\frown}{AB}$ 上,并相似于已知矩形 $E_0F_0G_0H_0$(图 6.15).显然,这个图形是轴对称图形,取 EF 的中点 P,则 $PE = PF$.连 PH、PG 并延长,分别与 AB 的垂线 AH'、BG' 交于 H'、G',则 $\dfrac{PE}{PA} = \dfrac{PH}{PH'} = \dfrac{PG}{PG'} = \dfrac{PF}{PB}$,

所以矩形 $EFGH$ 与 $ABG'H'$ 位似. 因为 $PE = PF$, 所以 $PA = PB$, 故 P 为两位似图形的位似中心. 因此只要作出矩形 $ABG'H'$ 及点 P, 就可以作出矩形 $EFGH$.

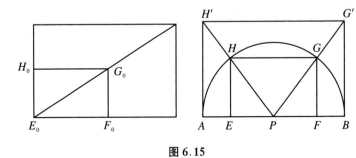

图 6.15

作法及证明请读者自行补足.

讨论　本题必有一解且仅有一解.

注意　利用如图 6.16(1) 所示的方法, 也可以作出所求的矩形. 但如果按图 6.16(2) 所示的方法, 先作出矩形 $E_0F_0G_0H_0$, 再过 A、G_0 引射线, 交弓形弧于 G, 过 G 作 $GF \perp AB$, 垂足为 F, $GH /\!/ AB$, 交弓形弧于 H, 过 H 作 $HE \perp AB$, 垂足为 E, 则尽管 $EFGH$ 也是矩形, 但不与 $E_0F_0G_0H_0$ 相似. 这是因为 A、H_0、H 三点不在一直线上, 所以这种作法是错误的.

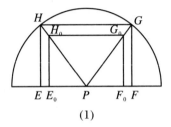

(1)

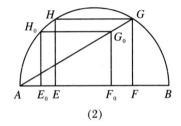

(2)

图 6.16

例 7　已知 OX、OY、OZ 三条射线及 $\angle YOZ$ 内一点 P,求作三角形,使它以 OX、OY、OZ 为三个内角的平分线,且有一边通过点 P.

分析　如果能够先作出一个 $\triangle A'B'C'$,以 OX、OY、OZ 为它的三个内角的平分线,就可以利用位似变换的方法,以点 O 为位似中心,将 $\triangle A'B'C'$ 适当地放大或缩小,使它有一边通过点 P.因为角的平分线是两条边的对称轴,所以点 A' 关于 $\angle B$ 的平分线的对称点必定在 $B'C'$ 上;同理,点 A' 关于 $\angle C$

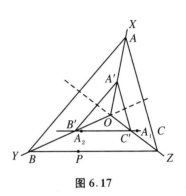

图 6.17

的平分线的对称点也在 $B'C'$ 上.因此,只要在 OX 上任取一点作为 A',再分别作出 A' 关于 OY、OZ 的对称点 A_1、A_2,连 A_1A_2,它和 OY、OZ 的交点就分别是 B'、C',于是 $\triangle A'B'C'$ 可作,OY 和 OZ 显然分别是 $\angle B'$ 和 $\angle C'$ 的平分线.由于三角形的三个内角平分线共点,所以 OX 也就是 $\angle A'$ 的平分线.$\triangle A'B'C'$ 作出后,再利用位似变换,$\triangle ABC$ 就不难作出了.

作法及证明请读者自行补足.

讨论　本题有唯一解的充要条件是 $\angle XOY$、$\angle YOZ$、$\angle ZOX$ 都大于 $90°$.

习　题　24

1. 证明:连接三角形各边中点所得的三角形必位似于原三角形,位似中心为两三角形的公共重心,位似比为 $-\dfrac{1}{2}$.

2. 如图,延长△ABC 的三条高 AD、BE、CF,分别与△ABC 的外接圆相交于 D′、E′、F′,求证:△DEF 与△D′E′F′为位似形,位似中心为△ABC 的垂心 H,位似比为 1 : 2.

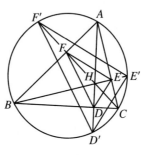

第 2 题图

3. AD、BE、CF 为△ABC 的三条高. (1) 求 证:△AEF、△DBF、△DEC 都和△ABC 镜像相似;(2) 求证:△AEF 与△ABC、△DBF 与△ABC、△DEC 与△ABC 的六条相似轴中每三条交于一点;(3) 试求△AEF、△DBF、△DEC 这三个真正相似的三角形中每两个三角形的相似中心.

4. 已知顶角与底边及其他两边的比,求作三角形.

5. 在△ABC 的两边 AB、AC 上求两点 D、E,使 BD = DE = EC.

6. 求作一个四边形和已知四边形相似,并且使已知四边形与所作四边形的:(1) 周长之比为 3 : 2;(2) 面积之比为 1 : 3.

7. 求作已知扇形的内接正方形,使它的两个顶点在扇形的弧上,另两个顶点在扇形的两条半径上.

8. 过已知圆内一点 P,求作弦 AB,使 $AP = \frac{1}{2}BP$.

9. 在已知圆中,求作一弦,使它被两条已知的半径三等分.

10. 求作已知圆的外切三角形,使它的三边之比等于 $m : n : p$.

总 复 习 题

1. 在△ABC 的一边 AB 上向外作正方形 $ABDE$,延长△ABC 的高 HA 至 K,使 $AK = BC$,求证:$KB = CD$.

2. 在△ABC 中,$\angle A = 90°$,以 BC、CA、AB 为边向外作正方形,它们的中心分别为 D、E、F,求证:(1) E、A、F 三点共线;(2) $AD \perp EF$.

3. 已知 AB 是⊙O 的弦,将 AB 向两方分别延长至 C 和 D,使 $AC = BD$.自 C、D 分别作⊙O 的切线 CE、DF,且使 CE、DF 在 AB 的两侧,求证:两切点的连线 EF 平分 AB 弦.

4. H 是△ABC 的垂心,AK 是△ABC 的外接圆直径,求证:HK 与 BC 互相平分.

5. E 为⊙O 内两弦 AB、CD 的交点,直线 $EF /\!/ CB$,EF 交 AD 的延长线于 F,作 FG 切⊙O 于 G,求证:$EF = FG$.

6. $ABCD$ 是正方形,E 为以 A 为圆心、AB 为半径所作弧上一点,过 E 作 $EH \perp BC$,垂足为 H,连 AE,交以 AB 为直径的半圆于 F,求证:$EF = EH$.

7. P 为以 AB 为直径的半圆 O 上的任意一点.过 AB 上任一点 E 引 AB 的垂线 EF,与 PB 交于 D,与 AP 的延长线交于 C,与半圆交于 F,过 P 引半圆的切线,交 EC 于 M,则 $MC = MD = MP$.

8. 在正方形 $ABCD$ 的 CD 边的延长线上取两点 E 和 F,使 DE

$= DA$, $DF = DB$, 连 BF, 交 AD 于 H, 交 AE 于 G, 求证: $GD = GH$.

9. 已知 A、B 为 $\angle APC$ 的边 PA 上的两点, C、D 为 PC 上的两点, AD 与 BC 交于 F, 若 $\dfrac{1}{PA} + \dfrac{1}{PD} = \dfrac{1}{PB} + \dfrac{1}{PC}$, 求证: PF 平分 $\angle APC$.

10. $\triangle DEF$ 为 $\triangle ABC$ 的内切圆的三切点所连成的三角形, $\triangle A'B'C'$ 为 $\triangle DEF$ 的垂足三角形, 求证: $\triangle ABC$ 与 $\triangle A'B'C'$ 为位似形.

11. A、B、C 是直线 l 上的三点, A'、B'、C' 是直线 l' 上的三点, 若 $BC' /\!/ B'C$, $CA' /\!/ C'A$, 求证: $AB' /\!/ A'B$.

12. 通过 $\triangle ABC$ 的顶点 A、B、C 引三直线, 分别交对边于 D、E、F, 且使 $AD = BE = CF = k$. O 为 $\triangle ABC$ 内的任一点, 自 O 引 $OA' /\!/ AD$、$OB' /\!/ BE$、$OC' /\!/ CF$, 分别交对边 BC、CA、AB 于 A'、B'、C', 求证: $OA' + OB' + OC' = k$.

13. 在 $\triangle ABC$ 中, $AB = AC$, $AD \perp BC$ 于 D, 以 AD 为直径作圆, 从 B、C 作切线, 分别切圆于 E、F, 连 EF, 与 AB、AC、AD 分别相交于 G、H、M, 求证: $GH = EG + HF$.

14. 如图, 在矩形 $ABCD$ 中, $BC = 3AB$, $BE = EF = FC$, 求证: $\angle 1 + \angle 2 + \angle 3 = 90°$.

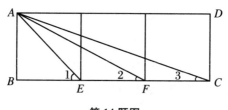

第 14 题图

15. 设⊙O 与⊙O'交于 P，M 是 OO'的中点，过 P 任作割线，分别交两圆于 A、A'，若 Q 是 AA'的中点，求证：$MP = MQ$.

16. 过△ABC 的顶点 A 作外接圆的切线 AD，从 B 点作 $BE /\!/ AD$，交 AC（或延长线）于 E，求证：$AC : AB = AB : AE$.

17. 在△ABC 中，$\angle A = 90°$，$AD \perp BC$，求证：△ABD 和△ACD 的内切圆的面积之比等于 $BD : CD$.

18. 在△ABC 中，三条高 AD、BE、CF 交于 H 点，求证：

(1) $DA \cdot DH = DE \cdot DF$；

(2) $BE \cdot BH + CF \cdot CH = BC^2$；

(3) $AD \cdot AH + BE \cdot BH + CF \cdot CH = \dfrac{1}{2}(AB^2 + BC^2 + CA^2)$.

19. 在圆内接四边形 $ABCD$ 中，若 $BC = CD$，求证：$AB \cdot AD = AC^2 - BC^2$.

20. 过△ABC 的顶点 B 和 C 分别作 AB 和 AC 的垂线，相交于 D，作 $CS \perp AD$，垂足为 S，交 AB 于 E，求证：△$ACE \backsim$△ABC.

21. $ABCD$ 是圆内接四边形，从$\overset{\frown}{AB}$上任一点P分别作$PE \perp AB$、$PF \perp BC$、$PG \perp CD$、$PH \perp DA$，垂足为 E、F、G、H，求证：四边形 $PEAH \backsim$ 四边形 $PFCG \backsim$ 四边形 $PEBF \backsim$ 四边形 $PHDG$.

22. 如图，两圆⊙O、⊙O'外切于 T，外公切线切两圆于 A、B，AB 与 OO'交于 S，过 S 作割线，顺次交⊙O、⊙O'于 C、D、E、F，求证：

(1) 四边形 $MABT \backsim$ 四边形 $ATNB$；

(2) 四边形 $MCDT \backsim$ 四边形 $TEFN$；

(3) 五边形 $AMCDT \backsim$ 五边形 $BTEFN$.

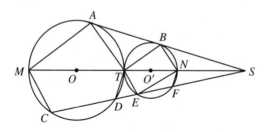

第 22 题图

23. AD 是 $\triangle ABC$ 中 $\angle A$ 的平分线, AD 的垂直平分线交 BC 的延长线于 F, 求证: $FD^2 = FB \cdot FC$.

24. $\odot O$ 的半径为 R, AB、CD 为 $\odot O$ 内互相垂直的两弦, 相交于 P, 求证:

(1) $PA^2 + PB^2 + PC^2 + PD^2 = 4R^2$;

(2) $AB^2 + CD^2 = 8R^2 - 4OP^2$.

25. 在 $\triangle ABC$ 中, $AB = AC$, 求证: 若 P 在 BC 上, 则 $AB^2 - AP^2 = PB \cdot PC$; 若 P 在 BC 的延长线上, 则 $AP^2 - AB^2 = PB \cdot PC$.

26. 在四边形 $ABCD$ 中, M、N 分别为对角线 AC、BD 的中点, O 为 MN 的中点, P 为平面内任一点, 求证:

(1) $AB^2 + BC^2 + CD^2 + DA^2 = AC^2 + BD^2 + 4MN^2$;

(2) $PA^2 + PB^2 + PC^2 + PD^2 = OA^2 + OB^2 + OC^2 + OD^2 + 4PO^2$.

27. 在直角 $\triangle ABC$ 中, $\angle A = 90°$, $AK \perp BC$, $KP \perp AB$, $KQ \perp AC$, 且 $BP = m$, $CQ = n$, 求 BC 的长.

28. 已知梯形的底边分别为 $3\,\text{cm}$ 和 $5\,\text{cm}$, 直线 MN 平行于梯形的底, 且分梯形的面积为 $1:2$, 求 MN 的长.

29. 在 $\triangle ABC$ 中, $\angle C = 90°$, M 为斜边 AB 的中点, D 为 AC 上

一点,E 为 MB 上一点,且 $\angle AMD = \angle MCE$,又作 $MF /\!/ AC$,交 CE 于 F,求证:(1) $MF = AD$;(2) $AD : DC = ME : MB$.

30. AB 为半圆的直径,从圆周上任两点 C 和 D 分别引 AB 的垂线 CE、DF,求证:$AD^2 - AC^2 = BC^2 - BD^2 = AB \cdot EF$.

31. 在△ABC 中,$\angle C = 90°$,$CD \perp AB$ 于 D,$DE \perp AC$ 于 E,$DF \perp BC$ 于 F,$EG \perp AD$ 于 G,$FH \perp BD$ 于 H,求证:

(1) $AD : BD = AC^2 : BC^2$;

(2) $AE : BF = AC^3 : BC^3$;

(3) $AG : BH = AC^4 : BC^4$.

32. 在四边形 $ABCD$ 中,$BD^2 = AB \cdot BC$,且 BD 平分 $\angle B$,BD 交 AC 于 E,求证:$AE : CE = AD^2 : CD^2$.

33. 在正△ABC 中,M、N 分别为 AB、AC 的中点,D 为 MN 上任一点,直线 BD 交 AC 于 E,直线 CD 交 AB 于 F,求证:$\dfrac{1}{BF} + \dfrac{1}{CE} = \dfrac{3}{BC}$.

34. 在△ABC 中,$\angle A$ 的平分线交 BC 于 D,$\angle A$ 的外角平分线交 BC 的延长线于 E,M 是 DE 的中点,求证:(1) $MA^2 = MB \cdot MC$;(2) $AB^2 : AC^2 = MB : MC$.

35. 如果一个不等边三角形的三边的长与三条中线的长成比例,试求其比值.

36. 求证:如果一个三角形的三个内接正方形都全等,则其必为正三角形.

37. 在△ABC 中,作一内接三角形与已知三角形相似,且使其中的一边平行于 BC.

38. 已知三角形三条高的垂足的位置,求作这个三角形.

39. 设 A 为定点,$\odot O$ 为定圆,l 为定直线,在 $\odot O$ 及直线 l 上各取一点 B、C,使 $\triangle ABC$ 为正三角形.

40. 在三个同心圆上各取一点,使其为一正三角形的三顶点.

41. 已知一梯形,求作平行于底边的直线,使它被两腰及两条对角线截成三条相等的线段.

42. 求作已知三角形一边的垂线,使其平分这三角形的面积.

43. 设 $\angle AOB$ 内有一点 P,过 P 点求作直线,分别交 OA、OB 于 C、D,使 CP∶PD 等于已知比 m∶n.

44. 求证:$\triangle ABC$ 的内切圆的半径为

$$r = \sqrt{\frac{(p-a)(p-b)(p-c)}{p}},$$

a 边外的旁切圆的半径为

$$r_a = \sqrt{\frac{p(p-b)(p-c)}{p-a}}.$$

这里,a、b、c 为三边的长,p 为周长的一半.

45. 自四边形的对角线交点引直线平行于每边而与对边(所在直线)相交,求证:所得四个交点共线.

46. 设 D、E、F 分别在 $\triangle ABC$ 的边 BC、CA、AB 上,P、Q、R 分别在 BC、AC、AB 的延长线上,并且 $(BDCP) = -1$,$(AECQ) = -1$,$(AFBR) = -1$,又 AD、BE、CF 三线共点,求证:P、Q、R 三点共线.

47. 在四边形 $ABCD$ 中,AB、DC 延长后交于 E,AD、BC 延长后交于 F,这样的图形叫做完全四边形.求证:完全四边形的三条对角线 AC、BD、EF 的中点 L、M、N 共线(牛顿(Newton)线).

习题、总复习题解答与提示

习 题 1

10. 因为$\angle ABC < 180°$，$\angle ACB < 180°$，所以它们的一半的和小于$180°$，故 BE 与 CF 必相交.

11. 因 $AC \perp CB$，$AB \perp CD$，由定理 1.13，得$\angle A = \angle BCD$. 其余同理.

习 题 2

1. 先证$\triangle DAB \cong \triangle DCE$，次证$\angle DAB = \angle DCE$.

2. 先证$\triangle BAH \cong \triangle FAC$（SAS）.

3. 先证$\angle ABP = 90° - \angle BAC = \angle QCA$，次证$\triangle ABP \cong \triangle QCA$（SAS）.

4. 先证 $AF \parallel BC$，$AG \parallel BC$，再用公理 IV.

5. 先证$\triangle ABE \cong \triangle ACD$（SAS），因此$\angle E = \angle D$，$\angle ABE = \angle ACD$，所以$\angle DBO = \angle ECO$. 次证$\triangle DBO \cong \triangle ECO$（ASA），所以 $BO = CO$. 再证$\triangle ABO \cong \triangle ACO$（SSS）.

6. 先证$\triangle PAB \cong \triangle QBA$（ASA），次证$\triangle AQP \cong \triangle BPQ$（SAS）.

习　题　3

1. 延长 BD,交 AC 于 E.(1)先证$\angle BDC > \angle BEC$,$\angle BEC >$ $\angle A$;(2)先证 $AB + AE > BD + DE$,$DE + EC > DC$,两式相加即得.

2. 在$\triangle BAD$ 与$\triangle ABC$ 中,由定理2.11,得 $BD > AC$.在$\triangle BCD$ 与$\triangle ADC$ 中,由定理2.12,得$\angle BCD > \angle ADC$.

3. 先在$\triangle PAB$ 中,证明 $PA > PB$.次在$\triangle AOP$ 与$\triangle BOP$ 中,利用定理2.12,证明$\angle AOP > \angle BOP$.

4. 延长 BA 至 E,使 $AE = AC$,连 DE.先证 $DE = DC$,次证 $DB + DE > BE$.

5. 同上.

6. 过 D 作 $EF /\!/ BC$,分别与 AB、AC 交于 E、F.因为 $AB > AC > BC$,所以$\angle C > \angle B > \angle A$,因此 $\angle AFE > \angle AEF > \angle A$,故 $\angle ADE > \angle AFD > \angle AED$,所以 $AE > AD$,$AF > EF$.因为 $BE + ED > BD$,$DF + FC > DC$,所以 $BE + ED + DF + FC + AE + AF > BD + DC + AD + EF$,因此 $AB + AC + EF > BD + DC + AD + EF$.

7. 在 BA 上取 $BE = BC$,过 E 作 $EF \perp BC$、$EG \perp AC$,则 $CD = EF$,$EF = GC$,$AE > AG$,所以 $AE + EF > AC$,故 $AE + CD + BE > AC + BC$,即 $AB + CD > AC + BC$.

8. 在 PB 上取 $PD = AC$,连 AD.因为 $AB + AC = PB + PC$,所以 $PB - AC + PC = AB$,即 $BD + PC = AB$.但 $BD + AD > AB$,所以 $AD > PC$.在$\triangle APD$ 和$\triangle PAC$ 中,$PD = AC$,$AP = PA$,$AD > PC$,所以$\angle DPA > \angle CAP$,故 $AQ > PQ$.

习　题　4

1. 因为 $AB = AC$，$\angle A = 36°$，所以 $\angle ACB = \angle B = 72°$，因此 $\angle BCD = 36°$，故 $\angle BDC = 72°$，所以 $BC = CD$.

2. $OD = BD$，$OE = CE$，所以 $OD + OE = BD + CE$.

3. $\angle ADB = \dfrac{1}{2}(180° - \angle A) = 90° - \dfrac{1}{2}\angle A$；$\angle BEC = \dfrac{1}{2}(180° - \angle C) = 90° - \dfrac{1}{2}\angle C$. 所以 $\angle EBD = 180° - \left(90° - \dfrac{1}{2}\angle A + 90° - \dfrac{1}{2}\angle C\right) = \dfrac{1}{2}(\angle A + \angle C) = 45°$.

4. $\angle C = 90° - \dfrac{1}{2}\angle A$，$\angle DBC = 90° - \angle C = \dfrac{1}{2}\angle A$.

5. 先证 $\angle BIH = \angle IBA = \angle IBH$，所以 $BH = IH$. 同理，$CG = IG$.

6. $\angle CAD = \angle ACE = \angle BCE = \angle D$，所以 $\triangle CAD$ 为等腰三角形.

7. $\angle EDB = \angle CBD = \angle EBD$，所以 $EB = ED$. $\angle FDC = 180° - \angle BCD = \angle FCD$，所以 $FC = FD$. 因此 $EF = |ED - FD| = |EB - FC|$.

8. $FG \parallel CA$，$FH \parallel CB$，所以 $\angle GFH = \angle C = 60°$. $\angle GFA = \angle CAF = \angle GAF = 30°$，所以 $AG = GF$. 同理，$BH = HF$. 又因为 $\angle AGF = 120°$，所以 $\angle FGH = 60°$，因此 $\triangle FGH$ 为等边三角形，$FG = GH = HF$，所以 $AG = GH = BH$.

9. 因为 $\angle BCD : \angle ACD = 3 : 1$，$\angle BCD + \angle ACD = 90°$，所以 $\angle ACD = 22.5°$，故 $\angle B = \angle ACD = 22.5°$. 因为 $CE = BE$，所以

$\angle ECB = \angle B = 22.5°$，因此 $\angle DCE = 45°$，所以 $CD = DE$.

10. $\angle FEC = \angle AED = \dfrac{1}{2}\angle BAC$，所以 $\angle C + \angle FEC = \dfrac{1}{2}(\angle BAC + 2\angle C) = \dfrac{1}{2}(\angle BAC + \angle B + \angle C) = 90°$.

11. 取 ED 的中点 F，则 $AF = \dfrac{1}{2}ED$. 因为 $AB = \dfrac{1}{2}ED$，所以 $\angle ABD = \angle AFB = 2\angle ADB = 2\angle DBC$.

12. 取 BD 的中点 E，连 AE，则 $BE = AE$，所以 $\angle AEC = 2\angle B = \angle ACB$，因此 $AE = AC = \dfrac{1}{2}BD$.

13. $\angle ABC = 2\angle C$，$\angle ABC = 2\angle E$，所以 $\angle E = \angle C$. 因为 $\angle E = \angle BDE = \angle FDC$，所以 $\angle FDC = \angle C$，因此 $DF = FC$. 由此可证 $AF = DF = FC$.

14. 连 OD、OE，则 $OD = OE$，因为 M 为 ED 的中点，所以 $OM \perp ED$.

15. 先证 $\triangle ADC \cong \triangle ABE$（SAS），所以 $\angle ADO = \angle ABO$. 因此 $\angle BOC = \angle BDO + \angle DBO = \angle BDO + \angle DBA + \angle ABO = \angle BDO + \angle DBA + \angle ADO = \angle DBA + \angle BDA = 120°$.

16. 先证 $\triangle ACE \cong \triangle DCB$（SAS），所以 $\angle AEC = \angle DBC$. 次证 $\triangle PCE \cong \triangle QCB$（ASA）.

17. 连 AP，证明 $AP = BP$，$AF = ED = BE$，$\angle PAF = \angle PBE = 45°$，所以 $\triangle PAF \cong \triangle PBE$，因此 $\angle APF = \angle BPE$，所以 $\angle APF + \angle APE = \angle BPE + \angle APE$.

18. 延长 FG 至 H，使 $GH = FG$，连 BH，则 $\triangle GHB \cong \triangle GFC$，所以 $CF = BH$，$\angle BHG = \angle CFG$. 又因为 $\angle BEH = \angle BAD = \angle CAD$

$= \angle CFG$，所以 $BE = BH = CF$，且 $AE = AF$．故 $AB + AC = AE + EB + AC = AF + EB + AC = CF + BE = 2BE = 2CF$．

习　题　5

1．因为 $\angle ABC < \angle ACB$，所以 $AC < AB$，因此 $CD < BD$，所以 $PC < PB$，故 $\angle PBC < \angle PCB$．

2．因为 $AC > AD$，所以 $\angle ADO > \angle ACO$，且 $CO > OD$，因此 $BC > BD$，所以 $\angle BDO > \angle BCO$．故 $\angle ADO + \angle BDO > \angle ACO + \angle BCO$．

3．设 $\triangle ABC$ 中，$AB = AC$．若点 P 在 BC 上，作 $PD \perp AB$、$PE \perp AC$，又作 $BH \perp AC$、$PG \perp BH$．先证 $\triangle PGB \cong \triangle BDP$，所以 $PD = BG$．次证 $PE = GH$，则 $PD + PE = BH$．若点 P 在 BC 的延长线上，作法同上，但 $BH = BG - GH$，所以 $PD - PE = BH$（此时 P 与 B 在 AC 的异侧，故 PE 之前用负号）．

4．设等边三角形为 $\triangle ABC$，从点 P 作 $PD \perp BC$、$PE \perp CA$、$PF \perp AB$．过 P 作直线平行于 BC，交 AB 于 G、H，仿照上题可证 PE 与 PF 的代数和等于 $\triangle AGH$ 的高．再加上 PD，即等于等边 $\triangle ABC$ 的高．

习　题　6

1．延长 AD，交 BC 于 G，证明 $\triangle ABD \cong \triangle GBD$，所以 $AD = DG$，故 DE 为 $\triangle AGC$ 的中位线．

2．延长 CE，交 AB 于 K，仿照上题证明 $\triangle AEC \cong \triangle AEK$，$EF$ 为 $\triangle ACK$ 的中位线．

3．取 CD 的中点 F，连 BF．先证 $BF = \dfrac{1}{2}AC = \dfrac{1}{2}AB = BE$．次证

$\triangle BEC \cong \triangle BFC$(SAS),所以 $CE = CF = \dfrac{1}{2}CD$.

4. 连 BD,取 BD 的中点 M,连 EM、FM,仿照例 4 的方法进行证明.

5. 延长 AC、BE,相交于 F,则 E 为 BF 的中点,取 FC 的中点 G,连 EG,则 $GE /\!/ BC$.因为 $AC = \dfrac{1}{3}AB = \dfrac{1}{3}AF$,所以 $AD = DE$.

6. 取 BF 的中点 G,连 DG,则 $DG /\!/ CF$.因为 E 为 AD 的中点,所以 $AF = FG$,因此 $AF = \dfrac{1}{3}AB$.

7. 取 AE 的中点 G,连 DG.证明 $DG = \dfrac{1}{2}BE$,$EF = \dfrac{1}{2}DG$.

8. 取 BD 的中点 G,连 GE、GF,$GE = \dfrac{1}{2}AD$,$GF = \dfrac{1}{2}BC$,$GE + GF > EF$,所以 $EF < \dfrac{1}{2}(AD + BC)$.

9. 作 $AD \perp BC$,则 $BM /\!/ AD /\!/ CN$.因为 $AB = AC$,所以 $BD = CD$,因此 $AM = AN$.

10. 取 AD 的中点 P,连 PM、PN,则 $PM = \dfrac{1}{2}BD$,$PN = \dfrac{1}{2}AC$,所以 $PM = PN$,因此 $\angle PMN = \angle PNM$.又因为 $PM /\!/ BD$,$PN /\!/ AC$,所以 $\angle EFG = \angle PMN$,$\angle EGF = \angle PNM$,因此 $\angle EFG = \angle EGF$,故 $EF = EG$.

习 题 7

1. 在 $\triangle ABC$ 中,设 $\angle A$ 的平分线为 AD,BC 边上的中线为 AM,则 $AD < AM$,而 $AM < \dfrac{1}{2}(AB + AC)$.

2. 设 AD、BE、CF 为△ABC 的三条中线,M 为重心.则 $2AD<AB+AC$,$2BE<AB+BC$,$2CF<AC+BC$,三式相加,可得 $AD+BE+CF<AB+AC+BC$.又 $BM+CM>BC$,$AM+CM>AC$,$AM+BM>AB$,三式相加,得 $\frac{4}{3}(AD+BE+CF)>AB+AC+BC$.

3. 在△ABC 中,设 $AB>BC>CA$,AD、BE、CF 为三条高,则 $CF<AD<BE$.又设 P 为△ABC 内任意一点,PX、PY、PZ 分别为 P 点到 BC、CA、AB 的距离,则 $AB \cdot CF = BC \cdot PX + CA \cdot PY + AB \cdot PZ < AB \cdot PX + AB \cdot PY + AB \cdot PZ$,所以 $CF<PX+PY+PZ$.因为 $CA \cdot BE = BC \cdot PX + CA \cdot PY + AB \cdot PZ > CA \cdot PX + CA \cdot PY + CA \cdot PZ$,所以 $BE>PX+PY+PZ$.

4. 设 BE 与 AC 交于 H,先证 $BH = HE$,△$AHE \cong$ △CHB,次证 $AE \parallel BC$.同理,$AF \parallel BC$,所以 F、A、E 三点共线.

5. 设 BO、CO 的垂直平分线分别与 BC 交于 E、F,则 $BE = OE$,$CF = OF$,$\angle BOE = \angle OBE = 30°$,$\angle COF = \angle OCF = 30°$,所以 $\angle BEO = \angle CFO = 120°$,因此 $\angle OEF = \angle OFE = 60°$,故△$OEF$ 为等边三角形.

6. 以 A、B、C 表示△ABC 各内角的度数,则:

(1)
$$\angle BIC = \angle BII_1 + \angle CII_1$$
$$= \frac{A}{2} + \frac{B}{2} + \frac{A}{2} + \frac{C}{2}$$
$$= \frac{1}{2}(A + B + C) + \frac{A}{2}$$
$$= 90° + \frac{A}{2}.$$

(2)

$$\angle BI_1C = 180° - \angle I_1BC - \angle I_1CB$$

$$= 180° - \frac{1}{2}(180° - B) - \frac{1}{2}(180° - C)$$

$$= \frac{B}{2} + \frac{C}{2} = 90° - \frac{A}{2}.$$

(3) 因 $BI_2 \perp BI_1$,故

$$\angle BI_2C = \angle BI_2I_1 = 90° - \angle BI_1C = \frac{A}{2}.$$

7. 若 O 在△ABC 内,延长 AO,交 BC 于 E.因为 $OA = OB = OC$,所以 $\angle BOE = 2\angle OAB$,$\angle COE = 2\angle OAC$,因此 $\angle BOC = \angle BOE + \angle COE = 2(\angle OAB + \angle OAC) = 2\angle A$.若 O 在△ABC 外,则 $\angle BOC = \angle BOA + \angle COA = 180° - 2\angle OAB + 180° - 2\angle OAC = 360° - 2\angle A$.

8. 若 $\angle A = 90°$,则 $\angle BHC = 90° = \angle A$;若 $\angle A \neq 90°$,则 $\angle BHC = 180° - \angle A$.

习　题　8

1. 设△ABC 已作出,中线 $BE = m_b$,高 $CD = h_c$,则△ACD 可先作出.取 AC 的中点 E,则点 B 在以 E 为圆心、m_b 为半径的圆上,又在直线 AD 上,故点 B 可得.

2. 设△ABC 已作出,高 $CD = h_c$,则△ADC 可作.作出△ADC 后,延长 AD 至 B,使 $AB = b + c - AC$,即得点 B.

3. 设△ABC 已作出,在 AB 上截取 $AD = AC$,则 $BD = c - b$.作 $AE \perp CD$,则 $CE = DE$,所以 $\angle BDC = \angle DAE + \angle AED = \frac{1}{2}\angle A +$

$90°$,故 $\triangle BDC$ 可作.作出 $\triangle BDC$ 后,作 CD 的垂直平分线,与 BD 的延长线相交,即得点 A.

4. 设 $\triangle ABC$ 已作出,$\angle C = 90°$,$BC = a$,$AB - AC = c - b$.延长 AC 至 D,使 $AD = AB$,连 BD,则 $CD = c - b$,故 $\triangle BCD$ 可先作出.

5. 设 $\triangle ABC$ 已作出,$\angle C = 90°$,$\angle A$ 等于已知锐角,$AB + AC = c + b$.延长 CA 至 D,使 $AD = AB$,连 BD,则 $CD = c + b$,$\angle D = \dfrac{1}{2}\angle A$,故 $\triangle BCD$ 可先作出.

6. 设 $\triangle ABC$ 已作出,$AC = b$,$BC - AB = a - c$.延长 BA 至 D,使 $BD = BC$,则 $AD = a - c$,$\angle DAC = 180° - \angle A$,故 $\triangle DAC$ 可先作出.

7. 设 $\triangle ABC$ 已作出,$BC = a$,$AB + AC = b + c$,延长 BA 至 D,使 $AD = AC$,则 $\triangle DBC$ 可先作出.

习　题　9

1. 设简单四边形 $ABCD$ 中,$\angle C$ 的平分线交 AD 于 F,$\angle A$ 的平分线交 CD 于 E,交 BC 的延长线于 G,CF 与 AE 交于 P,则 $\angle FPA = 180° - \angle EPF = 180° - (\angle FAP + \angle AFP) = 180° - \left(\dfrac{1}{2}\angle A + \angle D + \dfrac{1}{2}\angle C\right)$.又因为 $\angle FPA = \angle EPC = \angle BCP - \angle BGP = \dfrac{1}{2}\angle C - \left(180° - \dfrac{1}{2}\angle A - \angle B\right)$.两式相加,得 $2\angle FPA = \angle B - \angle D$.

2. 设星形四边形 $ABCD$ 中 $\angle A$ 的平分线交 BC 于 F,$\angle C$ 的平分线交 AD 于 G,两平分线交于 E.则 $\angle AEC = \angle AFC - \dfrac{1}{2}\angle C =$

$\angle B + \dfrac{1}{2}\angle A - \dfrac{1}{2}\angle C$. 又因为 $\angle AEC = \angle CGA - \dfrac{1}{2}\angle A = \angle D +$

$\dfrac{1}{2}\angle C - \dfrac{1}{2}\angle A$, 所以 $2\angle AEC = \angle B + \angle D$.

3. 设四边形 $ABCD$ 的对角线 AC 与 BD 交于 O. 因为 $AB + AD$
$> BD$, $BC + CD > BD$, $AB + BC > AC$, $AD + DC > AC$, 四式相加,
得 $2(AB + AD + BC + CD) > 2(BD + AC)$. 因为 $AO + DO > AD$,
$AO + BO > AB$, $BO + CO > BC$, $CO + DO > CD$, 四式相加, 得
$2(AO + BO + CO + DO) > AD + AB + BC + CD$.

4. 因凸多边形各外角之和等于 $360°$, 如有四个或四个以上的锐
角, 则外角之和要大于 $360°$, 与定理矛盾.

5. $\angle 1 + \angle 2 = \angle 3$, $\angle 3 + \angle 4 = \angle 5$, $\angle 5 + \angle 6 + \angle 7 = 180°$. 第一
种七角星形的内角和为 $540°$, 第二种七角星形的内角和为 $180°$.

习　题　10

1. 连 BD, 证明 BD 和 EF 互相平分.

2. $\triangle ADE \cong \triangle CBF$, 所以 $AE = CF$, $\angle AED = \angle CFB$, 因此 AE
$/\!/ CF$.

3. 设 FG 与 CA、BA(或延长线)分别相交于 H、I. 在四边形
$BCED$ 中, $BD = CE$, F、G 分别为 BC、DE 的中点, 由 2.6 节的例 4,
得 FG 与 AB、AC 成等角, 即 $\angle BIF = \angle CHF$, 故 $\angle BAC = \angle BIF +$
$\angle AHI = 2\angle BIF$. 因为 AK 平分 $\angle BAC$, 所以 $\angle BAK = \angle BIF$, 因此
$AK /\!/ IF$.

4. $DH \underline{\underline{/\!/}} GB$, 所以 $DGBH$ 为平行四边形, 因此 $DG /\!/ BH$, 所以
$AE = EF$, $EF = FC$.

5. $AFCE$ 为平行四边形, 所以 $AF = CE$, 因此 $BF \underline{\underline{/\!/}} DE$, 所以

$BEDF$ 为平行四边形,故 $FHEG$ 为平行四边形.

6. 连 NP,则 $NP \parallel BD$,$QN = QM$,所以 $\triangle QNP \cong \triangle QME$,因此 $QP = QE$.连 PM、EN,则 $PMEN$ 为平行四边形,所以 $PM \underline{\parallel} EN$.因此 $PM \parallel AC$.因为 N 为 CD 的中点,所以 E 为 AD 的中点.

7. 连 AG、EF,因为 $BEGF$ 为平行四边形,所以 $GE \underline{\parallel} FB$.因为 $AF = FB$,所以 $GE \underline{\parallel} AF$,因此 $AFEG$ 为平行四边形,故 $AG \underline{\parallel} EF$.又因为 $EF \parallel BC$,$EF = \dfrac{1}{2} BC$,所以 $EF \underline{\parallel} DC$,因此 $AG \underline{\parallel} DC$,故 $ADCG$ 为平行四边形.

8. 连 QR、MQ.因为 $QR \underline{\parallel} BP$,所以 $BPQR$ 为平行四边形.又因为 M 是 PR 的中点,所以 B、M、Q 三点共线.因为 $PR \underline{\parallel} QA$,$MP = \dfrac{1}{2} PR = \dfrac{1}{2} QA$,$M$、$P$ 分别在 AN、QN 上,所以 M、P 必分别为 AN、QN 的中点,因此 $MQ \parallel CN$,即 $BM \parallel CN$.

9. 设 BF 交 AD 于 G,$\triangle ABG \cong \triangle DFG$,所以 $AG = GD$.连 CG.因为 $AD = 2AB$,所以 $GD = AB = CD = DF$,因此 $\angle CGF = 90°$,故 $CG \perp BF$.因为 G 为 AD 的中点,C 为 DE 的中点,所以 $CG \parallel AE$,$AE \perp BF$.

10. 作 $BG \perp AE$,$BH \perp CF$.连 BE、BF、AC,则 $S_{\triangle ABE} = S_{\triangle ABC}$,$S_{\triangle FBC} = S_{\triangle ABC}$,所以 $S_{\triangle ABE} = S_{\triangle FBC}$,于是 $BG \cdot AE = BH \cdot FC$.因为 $AE = CF$,所以 $BG = BH$,故点 B 在 $\angle APC$ 的平分线上.

11. 证明 $EHFG$、$GMHN$ 都是平行四边形,故对角线互相平分.

习　题　11

4. 仿照例 4 的方法证明.

5. 因为 $\angle DAE = 60°$,所以 $\angle EAB = \angle AED = 30°$,故 $AE = 2AD$

$= AB$,因此$\angle ABE = \dfrac{1}{2}(180° - 30°) = 75°$,$\angle CBE = 15°$.

6. 取 CD 的中点 G,连 FG,则 $FBCG$ 为菱形.连 FC,则$\angle BFC$ $= \angle GFC$. $FG /\!/ AE$,G 为 CD 的中点,延长 FG,交 CE 于 H,则 H 为 CE 的中点.又因为 $FH \perp CE$,所以 FH 为 CE 的垂直平分线,$\triangle FHC \cong \triangle FHE$,故$\angle HFC = \angle HFE$.又因为$\angle HFE = \angle AEF$,所以$\angle BFE = 3\angle AEF$.

7. 连 PC.因为 $PECF$ 为矩形,所以 $EF = PC$.因为$\triangle APB \cong$ $\triangle CPB$,所以 $AP = PC = EF$.延长 FP,与 AB 交于 H,则 $PH \perp AB$. 延长 AP,交 EF 于 G.在$\triangle APH$ 与$\triangle FPG$ 中,$\angle APH = \angle FPG$,$\angle PAH = \angle PCE = \angle PFG$,所以$\angle PGF = \angle PHA = 90°$.

8. 作 $DG /\!/ BC$,分别与 AC、AA_1 交于 G、A_2,则 A_1EDA_2 为矩形,所以 $A_1E = A_2D$.因为 AA_1 是 BC 上的高,也是 BC 上的中线,所以 $A_2D = \dfrac{1}{2}DG$,因此 $A_1E = \dfrac{1}{2}DG$.作直角$\triangle CDF$ 斜边上的中线 DM,则 $CM = DM = FM$,$\angle GCD = \angle DCM = \angle CDM$,所以 $DM /\!/$ AC,$CMDG$ 为菱形,因此 $DG = DM$,所以 $CF = 2DM = 2DG$ $= 4A_1E$.

9. 作 $AG \perp DE$,则 $AH = DG$,又因为 $AE = AF$,所以 $EG = GF$,故 $DE + FD = 2DG = 2AH$.

10. 作 $DM \perp AE$,交 AE 于 M,作 $BN \perp AE$,交 AE 的延长线于 N,则$\angle DAM = 75°$,$\angle ABN = 75°$,又因为 $DA = AB$,所以$\triangle DAM \cong$ $\triangle ABN$,因此 $AM = BN$.但$\angle BEN = \angle EAB + \angle EBA = 30°$,所以 $BN = \dfrac{1}{2}BE = \dfrac{1}{2}AE$,因此 $AM = \dfrac{1}{2}AE = EM$,所以$\triangle DAM \cong$ $\triangle DEM$,故 $DA = DE$.同理,$CB = CE$.故$\triangle ECD$ 是等边三角形.

11. 连 AC,交 BD 于 O. 作 $DG \perp CE$,垂足为 G,则 $\triangle DGC$ 为等腰直角三角形,所以 $DG = CG = CO = \dfrac{1}{2}BD = \dfrac{1}{2}DE$,因此 $\angle CED = 30°$,所以 $\angle EFC = 180° - (90° + 45° + 30°) = 15°$. 因为 $CE /\!/ BD$,所以 $\angle BEC = \angle DBE = \angle DEB$,因此 $\angle DEB = 15°$. 所以 $BF = BE$.

12. $\angle FAC = 45° - \angle CAB$,$\angle F = \angle ACE - \angle FAC$. 但 $\angle ACE = 90° - \angle ACD - \angle BCE = 90° - 2\angle CAB = 2\angle FAC$,所以 $\angle F = 2\angle FAC - \angle FAC = \angle FAC$,故 $AC = CF$.

13. 设平行四边形为 $ABCD$,对角线 AC、BD 交于 O,各边上正方形的中心顺次为 P、Q、R、S. 仿照例 1 的方法,可证 $OP = OQ = OR = OS$;$OP \perp OQ$,$OQ \perp OR$,$OR \perp OS$,$OS \perp OP$,故 $PQRS$ 为正方形.

14. 取 AC 的中点 O,先仿照例 1 的方法,证明 $OM = ON$,$OM \perp ON$,及 $OP = OQ$,$OP \perp OQ$. 次证 $\triangle OMP \cong \triangle ONQ$,所以 $MP = NQ$. 再设 MP 与 NQ 相交于 E,MP 与 ON 相交于 F,在 $\triangle OFM$ 与 $\triangle EFN$ 中,有 $\angle M = \angle N$,$\angle OFM = \angle EFN$,所以 $\angle NEF = \angle MON = 90°$.

习 题 12

3. 取 AB 的中点 F,连 EF,则 $EF = \dfrac{1}{2}(AD + BC) = \dfrac{1}{2}AB$,所以 $EF = BF$,因此 $\angle FBE = \angle FEB$. 因为 $EF /\!/ BC$,所以 $\angle FEB = \angle EBC$,因此 $\angle FBE = \angle EBC$. 同理,$\angle FAE = \angle EAD$.

4. 取 BO 的中点 M,作 $MP \perp XY$,垂足为 P,又设 BO 交 AC 于 E,作 $EQ \perp XY$. 因为 $BM = MO = OE$,所以 $HP = PL = LQ$. 因此

$OL = \dfrac{1}{2}(MP + EQ)$，$MP = \dfrac{1}{2}(BH + OL)$，$EQ = \dfrac{1}{2}(AG + CK)$．将后两式代入前式，化简即得．

5. 设梯形 $ABCD$ 中，$AB // CD$，$\angle ABC > \angle BAD$．自 A 引 AE，使 $\angle BAE = \angle ABC$，AE 与 CD 的延长线交于 E，则 $ABCE$ 为等腰梯形．连 BE，则 $AC = BE$．因为 $\angle BDE > \angle BCD$，而 $\angle BCD = \angle AED > \angle BED$，所以 $\angle BDE > \angle BED$．在 $\triangle BDE$ 中，$BE > BD$，所以 $AC > BD$．

6. 作中位线 MN．因为 $\angle MCD = \angle MCN$，$\angle NMC = \angle MCD$，所以 $\angle NMC = \angle MCN$，因此 $MN = NC$．同理，$MN = BN$．所以 $BC = 2MN = 2 \cdot \dfrac{1}{2}(AB + CD)$．

7. 设梯形 $ABCD$ 中，AD 为上底，BC 为下底，延长 BA、CD 交于 E，则 $\angle E = 90°$．取 AD 的中点 N，连 EN，则 $EN = AN = \dfrac{1}{2}AD$．所以 $\angle EAN = \angle AEN$．同理，取 BC 的中点 M，连 EM，则 $\angle EBM = \angle BEM$．所以 E、N、M 三点共线．故 $MN = EM - EN = BM - AN = \dfrac{1}{2}(BC - AD)$．

8. 设梯形 $ABCD$ 中，$AB // CD$，$AD = BC$．各外角平分线顺次相交于 E、F、G、H，点 E 与 CD 在 AB 的异侧．因为 $\angle DAB = \angle CBA$，所以 $\angle EAB = \dfrac{1}{2}(180° - \angle DAB) = \dfrac{1}{2}(180° - \angle CBA) = \angle EBA$，因此 $EA = EB$．同理，$GD = GC$．又依同理，$\angle DAH = \angle CBF$，$\angle ADH = \angle BCF$，而 $AD = BC$，所以 $\triangle DAH \cong \triangle CBF$，因此 $AH = BF$，$DH = CF$．所以 $EA + AH = EB + BF$，$GD + DH = GC + CF$，故 $EFGH$ 为筝形．内角平分线同理．

9. 设筝形 $ABCD$ 中, $AB=AD$, $CB=CD$. $\angle A$ 的外角平分线为 EH , $\angle C$ 的外角平分线为 FG . 因为 AC 平分一组对角 $\angle A$ 和 $\angle C$, 所以 $EH\perp AC$, $FG\perp AC$, 因此 $EH/\!/FG$. 又因为 $\angle B=\angle D$, 所以 $\angle ABE=\dfrac{1}{2}(180°-\angle B)=\dfrac{1}{2}(180°-\angle D)=\angle ADH$, $\angle BAE=\angle DAH$. 又因为 $AB=AD$, 所以 $\triangle ABE\cong\triangle ADH$, 因此 $EB=HD$. 同理, $BF=DG$, 故 $EFGH$ 为等腰梯形.

习　题　13

1. 证明各边相等, 各角等于 $150°$.

2. 在 $\triangle AOF$ 中, $AO=AF$, $\angle OAF=45°$, 所以 $\angle AOF=\angle AFO=67.5°$. 同理, $\angle BEO$ 、 $\angle CGO$ 都等于 $67.5°$. 又因 $\triangle BFG$ 为等腰直角三角形, 故 $\angle BFG=\angle BGF=45°$, 所以 $\angle OFG=\angle OGF=67.5°$. 因此 $\triangle OEF\cong\triangle OGF(\text{AAS})$, 所以 $EF=FG$. 同理, 其他各边也都相等. 又得 $\angle EFG=135°$. 同理, 其他各角也等于 $135°$.

3. 等角半正八边形.

4. 等边半正八边形.

习　题　14

1. 设 $\square ABCD$ 已作, BC 边上的高 AE 等于已知长, 则 $\triangle ABE$ 可先作出.

2. 设 $\square ABCD$ 已作, AC 、 BD 及 BC 边上的高 AE 分别等于已知长 m 、 n 、 h , 则 $\triangle AFC$ 可先作出. 取 AC 的中点 O , 以 O 为圆心、 $\dfrac{1}{2}n$ 为半径作弧, 与直线 EC 交于 B , 延长 BO 至 D , 使 $OD=BO$, 则四边形 $ABCD$ 为所求(可能有两解).

3. 设 $\square ABCD$ 已作，BC、BD、$\angle ABC$ 分别等于已知长 a、m 及已知角 α，则 $\angle C = 180° - \alpha$，故 $\triangle BCD$ 可先作出（可能有两解）.

4. 设矩形 $ABCD$ 已作，延长 BC 至 E，使 $CE = CD$，则在 $\triangle BDE$ 中，BD、BE 等于已知长，$\angle E = 45°$，故 $\triangle BDE$ 可先作出（$\triangle BDE$ 有两解，但所得两矩形全等）.

5. 设菱形 $ABCD$ 已作，对角线 AC、BD 交于 O，在 OC 上截取 $OE = OD$，连 DE，则在 $\triangle ADE$ 中，AD 等于定长，AE 等于两对角线之和的一半，$\angle AED = 45°$，故 $\triangle AED$ 可先作出.

6. 设正方形 $ABCD$ 已作，在 BD 的延长线上（或在 BD 上）从点 D 起截取 $DE = DC$，连 CE，又作 $EF \perp BC$，交 BC 的延长线（或 BC）于 F，则 $\triangle BEF$ 为等腰直角三角形，BE 等于对角线与一边之和（或差），EC 为 $\angle BEF$（或其外角）的平分线，故 $\triangle BEF$ 可作，点 C 亦可求得.

7. 设梯形 $ABCD$ 已作，$AD /\!/ BC$，作 $AE \perp BC$，又作中位线 GH，则 AB、BC、AE、GH 均为已知长.$\triangle ABE$ 可先作出，从而点 C 及点 G 均可作出.因 G 为 AB 的中点，$GH /\!/ BC$，故 GH 可作.点 D 为过点 A 而平行于 BC 的直线与 CH 的交点，亦可作出.

8. 设梯形 $ABCD$ 已作，$AD /\!/ BC$，作 $AE \perp BC$，则 BC、BD、AC、AE 分别等于已知长，$\triangle AEC$ 可以作出，因而点 B 可得.由 $AD /\!/ BC$，BD 为已知长，故点 D 可得.

9. 设梯形 $ABCD$ 已作，$AD /\!/ BC$.作 $DE /\!/ AB$，交 BC 于 E，则 EC 等于两底之差，$DE = AB$，在 $\triangle DEC$ 中，三边皆为已知长，故 $\triangle DEC$ 可作.因 BD 为已知长，故点 B 可得.$BA /\!/ DE$，$DA /\!/ BC$，故点 D 可得（可能有两解）.

10. 设筝形 $ABCD$ 已作，$AB = AD$，$CB = CD$，$AC = m$，$BD = n$，

$AB = AD = a$，则 B、D 两点必在平行于 AC 而与 AC 距离为 $\frac{1}{2}n$ 的两条平行线上，又在以 A 为圆心、a 为半径的圆周上，故 B、D 两点可作出.

习 题 15

1. 设 $\triangle ABC$ 的中线 BD、CE 交于 O，$BO = \frac{2}{3}BD$，$CO = \frac{2}{3}CE$，所以 $BO = CO$，因此 $\angle OBC = \angle OCB$. 分别延长 BD、CE 至 B'、C'，使 $DB' = BD$，$EC' = CE$，连 CB'、BC'. 因为 $CC' = BB'$，所以 $\triangle BB'C \cong \triangle CC'B$，因此 $\angle B' = \angle C'$. 又 $\angle B' = \angle ABD$，$\angle C' = \angle ACE$，所以 $\angle ABD = \angle ACE$，因此 $\angle B = \angle C$，所以 $AC = AB$.

2. 将 $\triangle ABP$ 绕点 A 旋转 $90°$，使 AB 与 AD 重合，点 P 旋转到点 P' 的位置. 因为 $\angle BAP + \angle QAD = 45°$，所以 $\angle QAD + \angle DAP' = 45°$，即 $\angle QAP' = 45°$，所以 $\triangle APQ \cong \triangle AP'Q$，因此 $PQ = P'Q = DQ + DP' = DQ + BP$.

3. 将 $\triangle ABE$ 绕点 A 旋转，使 AB 和 AC 重合，点 E 转到点 E' 的位置. 设 EC 与 AD 交于 G，则 $BG = CG$，$BG + EG > BE$，所以 $CG + EG > BE$，即 $CE > BE$，所以 $CE > CE'$，故 $\angle EE'C > \angle E'EC$. 因为 $\angle AEE' = \angle AE'E$，所以 $\angle AE'C > \angle AEC$，即 $\angle AEB > \angle AEC$.

4. 将 $\triangle BPC$ 绕点 B 旋转 $60°$，使 BC 和 BA 重合，若 $\angle BCP \neq \angle BAP$，则点 P 不落在 AP 上，设点 P 落到点 P' 的位置，连 PP'，则 $\triangle BPP'$ 为等边三角形，$PP' = PB$. 又有 $P'A = PC$. 在 $\triangle APP'$ 中，$PP' + P'A > PA$，即 $PB + PC > PA$. 若 $\angle BCP = \angle BAP$，则 P 点落在 AP 上，$PB + PC = PA$.

5. 作 $\angle ADF$ 的平分线 DG，交 AB 于 G，作点 A 关于 DG 的轴

对称点 A'，则 $DA' = DA$. 因为 $DF = AB + BF$，$AD = AB$，所以 $A'F = BF$. 连 $A'B$，则 $\angle FA'B = \angle FBA'$. 因为 $\angle GA'F = \angle ABC = 90°$，所以 $\angle GA'B = \angle GBA'$，因此 $GA' = GB$，故 $AG = GB$，所以 $\angle A'DG = \angle ADG = \angle EDC$，因此 $\angle ADF = 2\angle EDC$.

6. 作点 B 关于 XY 的对称点 B'，过 A、B' 作直线，与 XY 交 N，点 N 即为所求. 对 XY 上除 N 外的任何一点 N'，总有 $|N'B' - N'A| < AB$. 但 $|NB - NA| = AB$，故为最大.

7. 设四边形 $ABCD$ 为所求，$AB = a$，$BC = b$，$CD = c$，$DA = d$，对角线 BD 平分 $\angle ADC$. 在 CD 上取点 A 关于 BD 的对称点 A'，则 $DA' = d$，$A'B = a$，$A'C = c - d$，故 $\triangle A'BC$ 可作. $\triangle A'BC$ 作出后，延长 CA' 至 D，使 $CD = c$，连 BD，过 A' 作 $A'F \perp BD$，延长 $A'F$ 至 A，使 $FA = A'F$，则点 A 可得.

8. 分别作点 P 关于 OA、OB 的对称点 P'、P''，连 $P'P''$，分别交 OA、OB 于 Q、R，连 PQ、PR，则 $\triangle PQR$ 为所求（$\angle AOB < 90°$ 时有解）.

9. 作直线 l 关于点 P 的点反射对应直线 l'，设直线 l' 与 $\odot O$ 交于 B，直线 PB 即所求.

10. 设正 $\triangle ABC$ 已作，$\angle O$ 为定角，A 为定点，B、C 分别在 OB、OC 上. 作 $AD \perp OC$，以 AD 为一边在 $\triangle ABC$ 的同侧作正 $\triangle ADE$，连 BE. 因为 $AD = AE$，$AB = AC$，$\angle BAE = \angle CAD$，所以 $\triangle BAE \cong \triangle CAD$，故 $\angle AEB = \angle ADC = 90°$. 因 AD 确定，故 E 为定点. 过 E 作 $EB \perp EA$，交 OB 于 B，则点 B 可得，点 C 亦随之确定（可能有两解）.

11. 设四边形 $ABCD$ 已作，$AB = a$，$BC = b$，$CD = c$，$DA = d$，E 和 F 分别为 AB 和 CD 的中点，$EF = m$. 将 DA 沿 DF 平移至 FG，CB 沿 CF 平移至 FH，则 $AGFD$ 和 $BHFC$ 都是平行四边形，$AG = BH = \dfrac{c}{2}$，$AG \parallel BH$. 所以 $\triangle AGE \cong \triangle BHE$，$G$、$E$、$H$ 三点共线，$GE = HE$.

延长 FE 至 K, 使 $EK = FK = m$, 连 GK. 则在 $\triangle FGK$ 中, $FG = d$, $GK = FH = b$, $FK = 2m$, 故 $\triangle FGK$ 可作. $\triangle FGK$ 作出后, 取 FK 的中点, 即得点 E, 连 GE, 并延长一倍, 即得点 H. 因 $EA = \dfrac{a}{2}$, $AG = \dfrac{c}{2}$, 故点 A 可得. 同理, 点 B 亦可作出. 再过 F 作直线平行于 AG 及 BH, 并截取 $FC = FD = \dfrac{c}{2}$, 即得点 C 与点 D.

12. 设已知三直线 OX、OY、OZ 分别为 $\triangle ABC$ 中 BC、CA、AB 的垂直平分线, 且已知点 P 在 BC 上. 取 P 关于 OX 的对称点 P_1, 取 P_1 关于 OY 的对称点 P_2, 取 P_2 关于 OZ 的对称点 P_3. 点 B 关于 OX、OY、OZ 的对称点顺次为 C、A、B, 点 O 关于 OX、OY、OZ 的对称点仍为 O, 所以 $OP = OP_3$, $BP = BP_3$, 故点 B 在 PP_3 的垂直平分线上. 又因 $PB \perp OX$, 故点 B 为 PP_3 的垂直平分线与过 P 而垂直于 OX 的垂线的交点, 故点 B 可作, 从而点 C、A 亦可作出.

习　题　16

1. 因为 $AB /\!/ A'B'$, 所以 $OA : OA' = OB : OB'$. 因为 $BC /\!/ B'C'$, 所以 $OB : OB' = OC : OC'$. 因此 $OA : OA' = OC : OC'$, 所以 $AC /\!/ A'C'$.

2. 过 D 作 $DG /\!/ AC$, 交 BC 于 G, 则 $DF : FE = GC : CE = GC : AD$. 但 $GC : AD = BG : BD = (GC + BG) : (AD + BD) = BC : AB$, 故 $DF : FE = BC : AB$.

3. 过 M 作 $MD /\!/ BQ$, 交 AC 于 D, 则 $AP : PM = AQ : QD$. 因为 M 为 BC 的中点, 所以 $CD = QD$, 因此 $AQ : QD = AQ : \dfrac{1}{2}QC = 2AQ : QC$.

4. 因为 $BE \mathbin{/\!/} AD$，所以 $PE : PA = PB : PD$. 又因为 $AB \mathbin{/\!/} DF$，所以 $PA : PF = PB : PD$，因此 $PE : PA = PA : PF$.

5. 先证 $PE : PG = PA : PC$，次证 $PH : PF = PA : PC$.

6. 先证 $AG : AB = AP : AC = AE : AD$，所以 $EG \mathbin{/\!/} DB$. 同理，$CF : CB = CP : CA = CH : CD$，所以 $HF \mathbin{/\!/} DB$.

7. 延长 BH，与 AC 交于 D，则 H 为 BD 的中点，且 $AB = AD$. 连 HM 并延长，交 AB 于 E，则 $MH \mathbin{/\!/} AD$，且 E 为 AB 的中点，故 HE 为 $\triangle HAB$ 的中线. 延长 ME 至 G，使 $EG = ME$，则 $AMBG$ 为平行四边形，所以 $BG \mathbin{/\!/} AQ$，$AG \mathbin{/\!/} BP$，因此 $HQ : HB = HM : HG$，$HP : HA = HM : HG$，所以 $HQ : HB = HP : HA$，故 $PQ \mathbin{/\!/} AB$.

8. 参看图 5.6，$\dfrac{AO}{AD} = \dfrac{BG}{BD} = \dfrac{CH}{CD} = \dfrac{BG + CH}{BD + CD} = \dfrac{BG + CH}{BC}$；$\dfrac{BO}{BE} = \dfrac{BH}{BC}$；$\dfrac{CO}{CF} = \dfrac{CG}{BC}$. 三式相加即得.

9. 作 $DK \mathbin{/\!/} BC$，交 AF 于 K，连 KH，则 $AK : KF = AD : DB = m : n$，$HC : FH = EC : AE = m : n$，所以 $AK : KF = HC : FH$，故 $KH \mathbin{/\!/} AC$，$AKHE$ 为平行四边形. 又因为 $DGFK$ 为平行四边形，所以 $DG = KF$，$AK = EH$.

习　题　17

1. 因为 $AD : DC = AB : BC$，$AE : EB = AC : BC$，若 $DE \mathbin{/\!/} BC$，则 $AD : DC = AE : EB$，所以 $AB : BC = AC : BC$，即 $AB = AC$.

2. 因为 $\dfrac{AE}{EB} = \dfrac{AD}{BD}$，$\dfrac{AF}{FC} = \dfrac{AD}{DC}$，且 $BD = DC$，所以 $\dfrac{AE}{EB} = \dfrac{AF}{FC}$，因此 $EF \mathbin{/\!/} BC$.

3. 仿照上题,先证 $EH \parallel BD$,次证 $FG \parallel BD$.

4. $CD : BD = AC : AB$, $CD : AC = BD : AB = 1 : \sqrt{3}$. 故
$\tan\angle CAD = \dfrac{CD}{AC} = \dfrac{1}{\sqrt{3}}$,所以 $\angle CAD = 30°$,因此 $\angle BAC = 60°$.

5. 过 N 作 $NE \parallel DA$,$NF \parallel CB$,分别交 AB 于 E、F. $\dfrac{MA}{MB} = \dfrac{ND}{NC}$
$= \dfrac{MA - ND}{MB - NC} = \dfrac{MA - EA}{MB - FB} = \dfrac{ME}{MF} = \dfrac{m}{n} = \dfrac{AD}{BC} = \dfrac{NE}{NF}$,所以 NE、NF 与
NM 成等角,故 AD、BC 亦与 NM 成等角.

6. 设 $\angle BAD$、$\angle BCD$ 的平分线交于 BD 上的 E 点,则 $AB : AD$
$= BE : ED = CB : CD$,所以 $AB : CB = AD : CD$. 作 $\angle ABC$ 的平
分线 BF,交 AC 于 F,连 DF,则 $AB : CB = AF : FC$,所以 $AD : CD$
$= AF : FC$,故 DF 平分 $\angle ADC$.

7. 连 AC、BC. 因 $\angle PCA = \angle B$,$\angle ACD = \angle B$,故 AC 为
$\angle PCD$ 的平分线.因为 $BC \perp AC$,所以 BC 为 $\angle PCD$ 的外角的平分
线.因此 $PA : AD = PC : CD = PB : BD$.

8. 因为 $\overset{\frown}{BD} = \overset{\frown}{BE}$,所以 $\angle ECB = \angle BCD$. 因为 $\overset{\frown}{AE} = \overset{\frown}{ACD}$,所以
$\angle ACE = \angle PCA$,因此 $PA : AF = PC : CF = PB : BF$,故 $PA \cdot BF$
$= PB \cdot AF$.

9. 连 AC、BC.因为 D 是 $\overset{\frown}{AF}$ 的中点,E 是 $\overset{\frown}{BF}$ 的中点,所以 CD、
CE 分别为 $\angle ACF$、$\angle BCF$ 的平分线,因此 $AG : PG = AC : PC$,
$BH : PH = BC : PC$.因为 $AC = BC$,所以 $AG : PG = BH : PH$,故
$GH \parallel AB$.

10. 因为 A、B 分别为 $\overset{\frown}{PAQ}$、$\overset{\frown}{PBQ}$ 的中点,所以 DM、CM 分别为
$\angle PDQ$、$\angle PCQ$ 的平分线.因此 $PD : QD = PM : MQ = PC : QC$,
所以 $PD \cdot QC = PC \cdot QD$.

习　题　18

1. 连 BD，交 EC 于 F，则 $\triangle BCF \backsim \triangle DEF$，所以 $BC : DE = FB : FD$；$\triangle BGF \backsim \triangle DCF$，所以 $BG : CD = FB : FD$．因此 $BC : DE = BG : CD$，$BG \cdot DE = CD \cdot BC = AB \cdot AD$．

2. 因为 $\triangle BEG \backsim \triangle BAD$，所以 $EG : AD = EB : AB$．同理，$HF : AD = FC : DC$．但 $EB : AB = FC : DC$，所以 $EG : AD = HF : AD$，故 $EG = HF$．

3. 连 HG，交 AD 于 E'，交 BC 于 F'，则 $\triangle HAE' \backsim \triangle HBF'$，所以 $\dfrac{AE'}{BF'} = \dfrac{HE'}{HF'}$．同理，$\dfrac{E'D}{F'C} = \dfrac{HE'}{HF'}$．所以 $\dfrac{AE'}{BF'} = \dfrac{E'D}{F'C}$ ①．又有 $\triangle GAE' \backsim \triangle GCF'$，所以 $\dfrac{AE'}{F'C} = \dfrac{E'G}{GF}$．同理，$\dfrac{E'D}{BF'} = \dfrac{E'G}{GF'}$．所以 $\dfrac{AE'}{F'C} = \dfrac{E'D}{BF'}$ ②．①×②，得 $AE'^2 = E'D^2$，所以 $AE' = E'D$，即 E' 重合于 E；①÷②，得 $BF'^2 = F'C^2$，所以 $BF' = F'C$，即 F' 重合于 F．故 H、E、G、F 四点共线．

4. 过 A 作 $AG /\!/ BC$，与 FD 的延长线交于 G，则 $\triangle FBE \backsim \triangle FAG$，所以 $FB : FA = EB : AG$．但 $EC = AG$，所以 $FB : FA = EB : EC$．

5. 因为直角 $\triangle AHE \backsim$ 直角 $\triangle BHD$，所以 $AH : BH = HE : HD$，故 $AH \cdot HD = BH \cdot HE$．同理，$BH \cdot HE = CH \cdot HF$．

6. 延长 DC、AB，相交于 K．由例 1 知，$GO : GF = BK : AK$．同理，$GE : GO = BK : AK$．所以 $GO : GF = GE : GO$，即 $GO^2 = GE \cdot GF$．

7. 因为 A、B、D、C 四点共圆，所以 $\angle ABC = \angle ADC$．又因为

$\angle ACE = \angle ADC$，所以 $\angle ABC = \angle ACE$，因此 $\triangle ABC \backsim \triangle ACE$，所以 $AB : AC = AC : AE$，即 $AC^2 = AB \cdot AE$.

8. 因为 $AC /\!/ FE /\!/ BD$，所以 $AF : FB = AE : ED$，$AC : BD = AE : ED$，故 $AF : FB = AC : BD$，因此 $\triangle ACF \backsim \triangle BDF$，所以 $\angle AFC = \angle BFD$.

9. 过 A 点作两圆的公切线 GH，则 $\angle GAB = \angle CAH$. 又 $\angle GAB = \angle D$，$\angle HAC = \angle E$（或 $\angle HAB = \angle D$，$\angle GAC = \angle E$），所以 $\angle D = \angle E$，因此 $\triangle ABD \backsim \triangle ACE$，所以 $AB : AC = AD : AE$.

10. 过 A 点作内公切线，交 PQ 于 M，则 $MP = MA = MQ$，所以 $\angle PAQ = 90°$. （1）因为 $\angle SAQ = 180° - 90° - \angle PAB = 90° - \angle PAB = \angle B = \angle SPA$，所以 $\triangle SAQ \backsim \triangle SPA$，因此 $SA : SP = SQ : SA$，所以 $SA^2 = SP \cdot SQ$. （2）因为直角 $\triangle BPA \backsim$ 直角 $\triangle PAQ \backsim$ 直角 $\triangle AQC$，所以 $AB : PQ = AP : AQ$，$PQ : AC = AP : AQ$，因此 $AB : PQ = PQ : AC$，所以 $PQ^2 = AB \cdot AC$.

11. 连 AM、BN，相交于 H，则 H 为 $\triangle PAB$ 的垂心，所以 $PH \perp AB$. 设 PH 交 AB 于 E，则直角 $\triangle ABN \backsim$ 直角 $\triangle APE$，故 $AP : AB = AE : AN$，所以 $AP \cdot AN = AB \cdot AE$. 同理，$BP \cdot BM = AB \cdot BE$. 两式相加即得.

12. 延长 DC，交 $\odot O$ 于 F，连 AD、BF，则 $\triangle ACD \backsim \triangle FCB$，所以 $AC : CF = CD : BC$，因此 $AC \cdot BC = CD \cdot CF$. 连 DO，延长后交 $\odot O$ 于 G，连 GF，则 $\angle CDE = \angle G$，所以直角 $\triangle CDE \backsim$ 直角 $\triangle DGF$，故 $CE : CD = DF : DG = DF : AB$，于是 $CE \cdot AB = DF \cdot CD = (CF + CD) \cdot CD = CF \cdot CD + CD^2 = AC \cdot BC + CD^2$.

13. 过 A 作直线平行于 BC，分别与 BE、CF、DE、DF 相交于 K、L、M、N，则由例 1 知，$AM : DC = AK : BC$，所以 $AM \cdot BC = AK$

· DC ①. 同理，$AN : BD = LA : BC$. 所以 $AN \cdot BC = LA \cdot BD$ ②. ①÷②，得 $\dfrac{AM}{AN} = \dfrac{AK \cdot DC}{LA \cdot BD}$. 但 $\dfrac{AK}{BD} = \dfrac{LA}{DC}$，所以 $\dfrac{AK \cdot DC}{LA \cdot BD} = 1$，因此 $AM = AN$，再由 $\triangle ADM \cong \triangle ADN$，可知 $\angle ADM = \angle ADN$，即 AD 平分 $\angle EDF$.

习　题　19

1. 在 $\square AGEF$ 与 $\square ABCD$ 中，证明 $\triangle AGE \backsim \triangle ABC$，$\triangle AFE \backsim \triangle ADC$；再应用定理 5.18.

2. 先证 $\triangle AEF \backsim \triangle ABC$，次证 $\triangle HEF \backsim \triangle KBC$；再应用定理 5.18.

3. 先证 $\triangle BCD \backsim \triangle DEF$，次证 $\triangle BDE \backsim \triangle DFG$；再应用定理 5.18.

4. 连 PD、PE、QE、QF. 由定理 5.14，得 $\triangle ADP \backsim \triangle BEQ$，$\triangle BEP \backsim \triangle CFQ$. 其次，$\angle DEP = \angle PQE$，$\angle EPQ = \angle QEF$，所以直角 $\triangle DEP \backsim$ 直角 $\triangle PQE \backsim$ 直角 $\triangle EFQ$. 再应用定理 5.18.

5. 因为 $\angle ABP = \angle ACD$，所以直角 $\triangle ABP \backsim$ 直角 $\triangle ACD$. 同理，直角 $\triangle ABD \backsim$ 直角 $\triangle ACQ$. 再应用定理 5.18.

6. 连 AC、BC. 因为 E、A、D、C 四点共圆，所以 $\angle E = \angle CDB$. 又因为 $\angle ECA = \angle CBA$，所以 $\triangle ECA \backsim \triangle DBC$. 同理，$\triangle ACD \backsim \triangle CBF$. 再应用定理 5.18.

7. 连 AE、BE. 因 A、C、E、F 四点共圆，故 $\angle CAF = \angle DEF$. $\angle CAE = \angle CAF - \angle EAF = \angle DEF - \angle BEF = \angle DEB$，所以直角 $\triangle ACE \backsim$ 直角 $\triangle EDB$. 又有 $\triangle AEF \backsim \triangle EBF$. 再应用定理 5.18.

8. 连 OM、$O'M$，仿照以前各题进行证明.

9. 先证 $\triangle TAB \backsim \triangle TA'B'$，$\triangle TBC \backsim \triangle TB'C'$，$\triangle TCD \backsim \triangle TC'D'$，再应用定理 5.18.

10. 设内切圆圆心为 O，作 $OE \perp BC$，则 $OE = r$. 延长 CB 至 F，使 $BF = AB$；延长 BC 至 G，使 $CG = AC$，连 AF、AG、OB、OC，则 $\triangle AFG \backsim \triangle OBC$，由定理 5.19，可得 $\triangle ABC$ 的周长 $= FG = 80$.

11. 因为 $\dfrac{r}{BC} = \dfrac{r_1}{AB} = \dfrac{r_2}{AC}$，所以 $\dfrac{r^2}{BC^2} = \dfrac{r_1^2}{AB^2} = \dfrac{r_2^2}{AC^2} = \dfrac{r_1^2 + r_2^2}{AB^2 + AC^2}$. 但 $BC^2 = AB^2 + AC^2$，所以 $r^2 = r_1^2 + r_2^2$.

习 题 20

1. 设正方形边长为 $4a$，则 $AE = a$，$AO = BO = 2a$，$DE = 3a$. 所以 $OE = \sqrt{5}a$，$OC = \sqrt{20}a$，$CE = 5a$. 因为 $OE^2 + OC^2 = CE^2$，所以 $\angle EOC = 90°$，又 OK 为斜边上的高，所以 $OK^2 = EK \cdot KC$.

2. 作 $KP \perp DB$，交 DB 的延长线于 P，作 $HQ \perp FC$，交 FC 的延长线于 Q. 则 $\angle PBK = \angle ABC$，$BK = BC$，所以 $\triangle PBK \cong \triangle ABC$，因此 $PB = AB$. 同理，$\triangle QHC \cong \triangle ABC$，所以 $QC = AC$. 在 $\triangle DKB$ 中，$DK^2 = BD^2 + BK^2 + 2BD \cdot PB$；在 $\triangle FHC$ 中，$FH^2 = CF^2 + CH^2 + 2CF \cdot QC$. 但 $BD = AB$，$BK = BC$，$CF = AC$，$CH = BC$，所以 $DK^2 = AB^2 + BC^2 + 2AB \cdot AB = 3AB^2 + BC^2$；$FH^2 = AC^2 + BC^2 + 2AC \cdot AC = 3AC^2 + BC^2$. 因此 $DK^2 + FH^2 = 3(AB^2 + AC^2) + 2BC^2 = 5BC^2$.

3. 设直角三角形的面积为 S，则 $S = \dfrac{1}{2}ab = \dfrac{1}{2}ch = \dfrac{1}{2}\sqrt{a^2 + b^2} \cdot h$，所以 $a^2 b^2 = (a^2 + b^2)h^2$，因此 $\dfrac{a^2 + b^2}{a^2 b^2} = \dfrac{1}{h^2}$，即 $\dfrac{1}{a^2} + \dfrac{1}{b^2} = \dfrac{1}{h^2}$.

4. $AB^2 = BM^2 - AM^2 = BM^2 - MC^2 = (BD^2 + MD^2) - (CD^2 + MD^2) = BD^2 - CD^2$.

5. 延长 EM 至 F, 使 $MF = EM$, 连 BF、DF. 则 $BF \underline{\underline{/\!/}} CE$, 所以 $BF \perp BD$. 又因为 MD 为 EF 的垂直平分线, 所以 $DE = DF$. 易知 $BD^2 + BF^2 = DF^2$, 即 $BD^2 + CE^2 = DE^2$.

6. 将 $\triangle PBC$ 绕点 C 旋转 $60°$, 则 BC 落在 AC 上, 设点 P 落在 D 点上, 则 $\triangle PCD$ 为正三角形, $PD = PC$, $\angle PDC = 60°$. 因为 $\angle ADC = \angle BPC = 150°$, 所以 $\angle ADP = 150° - 60° = 90°$, 故 $AD^2 + PD^2 = PA^2$, 即 $PB^2 + PC^2 = PA^2$.

7. $AE^2 = AM^2 + ME^2$, $DE^2 = DM^2 - ME^2$, 所以 $AE^2 + DE^2 = AM^2 + DM^2$. 但 DM 为直角 $\triangle DBC$ 斜边上的中线, 所以 $DM = BM$, 代入上式即得待证式.

8. 因 $\angle B = 90° - \angle M = \angle N$, 故直角 $\triangle BAM \backsim$ 直角 $\triangle NAD$, 所以 $AB : AM = AN : AD$, 故 $AB \cdot AD = AM \cdot AN$. 连 MC、NC, 则 $\angle MCN = 90°$, 所以 $AC^2 = AM \cdot AN$, 故 $AC^2 = AB \cdot AD$.

9. $AB^2 = BC \cdot BD = BE \cdot BF$, 又因为 $\angle A = 90°$, 所以 $AF \perp BE$.

10. 连 AT、BT、CT, 则 $\angle ATB = 90°$, $\angle ATC = 90°$, 所以 B、T、C 三点共线. 因为 $AC^2 = CB \cdot CT$, $CD^2 = CB \cdot CT$, 所以 $AC = CD$.

11. 作 $EI \perp AD$, 连 EK、ED. 则 $AK = EK$, $ED = CD = BD$, 故 $\angle KEA = \angle KAE$, $\angle DEC = \angle C$. 因为 $\angle C + \angle KAE = 90°$, 所以 $\angle KED = 180° - 90° = 90°$, 因此 $DE^2 = DI \cdot DK = EF \cdot DK = DG \cdot DK$, 所以 $BD^2 = DG \cdot DK$. 因为 $BD \perp GK$, 所以 $\angle GBK = 90°$.

12. 作 $AD \perp BC$ 并延长, 垂足为 D, 交外接圆于 E. 因 $AB = AC$, 故 AE 为外接圆直径. 连 BE, 则 $AB^2 = AD \cdot AE = AD \cdot 2R$. 而

$AD^2 = AB^2 - BD^2 = 4BC^2 - \dfrac{1}{4}BC^2 = \dfrac{15}{4}BC^2$，所以 $AB^2 = \dfrac{\sqrt{15}}{2}BC$ ·

$2R = \sqrt{15}R \cdot \dfrac{1}{2}AB$，因此 $AB = \dfrac{\sqrt{15}}{2}R$，所以 $\dfrac{R^2}{AB^2} = \dfrac{4}{15}$.

13. 仿照例 5 证明.

14. 本题与上题方法相同.

15. 设 AD、BE、CF 为 $\triangle ABC$ 的三条中线，相交于 G.（1）GD 为 $\triangle GBC$ 的中线，由定理 5.32 知，$GB^2 + GC^2 = 2GD^2 + \dfrac{1}{2}BC^2$. 同理，$GC^2 + GA^2 = 2GE^2 + \dfrac{1}{2}AC^2$，$GA^2 + GB^2 = 2GF^2 + \dfrac{1}{2}AB^2$. 三式相加，并注意 $GD = \dfrac{1}{2}GA$，$2GD^2 = \dfrac{1}{2}GA^2$，代入即得.（2）$AB^2 +$ $AC^2 = 2AD^2 + \dfrac{1}{2}BC^2$，$AC^2 + BC^2 = 2CF^2 + \dfrac{1}{2}AB^2$，两式相减，得 $AB^2 - BC^2 = 2AD^2 - 2CF^2 + \dfrac{1}{2}BC^2 - \dfrac{1}{2}AB^2$. 将 $AD = \dfrac{3}{2}GA$、$CF = \dfrac{3}{2}GC$ 代入，化简即得.（3）$MB^2 + MC^2 = 2MD^2 + \dfrac{1}{2}BC^2$. 但由斯图尔特定理，得 $MD^2 \cdot GA + MA^2 \cdot GD = MG^2 \cdot AD + GA \cdot GD \cdot AD$，将 $GD = \dfrac{1}{2}GA$、$AD = \dfrac{3}{2}GA$ 代入，化简得 $2MD^2 = 3MG^2 + \dfrac{3}{2}GA^2 - MA^2$. 代入前式，得 $MA^2 + MB^2 + MC^2 = 3MG^2 + \dfrac{3}{2}GA^2 + \dfrac{1}{2}BC^2 = 3MG^2 + GA^2 + \dfrac{1}{2}GA^2 + \dfrac{1}{2}BC^2 = 3MG^2 + GA^2 + 2GD^2 + \dfrac{1}{2}BC^2 = 3MG^2 + GA^2 + GB^2 + GC^2$.

16. 连 EF、FG、GH、HE，则 $EFGH$ 为平行四边形，设其对角线

EG、FH 相交于 O，则 GO 为 $\triangle GHF$ 的中线，所以 $GH^2 + GF^2 = 2GO^2 + \dfrac{1}{2}HF^2$. 但 $GH = \dfrac{1}{2}AC$，$GF = \dfrac{1}{2}BD$，$GO = \dfrac{1}{2}EG$，代入后，化简即得.

17. 利用定理 5.31 中的公式(3)可证.

18. 第 17 题中根号下的式子展开后为 $-a^4 - b^4 - c^4 + 2a^2b^2 + 2b^2c^2 + 2c^2a^2$.

习 题 21

2. 因为直线与 $\triangle ABC$ 的三边(或延长线)分别交于 E、F、G，所以 $\dfrac{\overline{EB}}{\overline{EC}} \cdot \dfrac{\overline{FC}}{\overline{FA}} \cdot \dfrac{\overline{GA}}{\overline{GB}} = 1$. 但 $\overline{E'B} = -\overline{EC}$，$\overline{E'C} = -\overline{EB}$，$\overline{F'C} = -\overline{FA}$，$\overline{F'A} = -\overline{FC}$，$\overline{G'A} = -\overline{GB}$，$\overline{G'B} = -\overline{GA}$，代入上式后，乘积仍等于 1，故 E'、F'、G' 三点共线.

3. 因 $\dfrac{\overline{DB}}{\overline{DC}} \cdot \dfrac{\overline{EC}}{\overline{EA}} \cdot \dfrac{\overline{FA}}{\overline{FB}} = \dfrac{AB}{AC} \cdot \dfrac{BC}{AB} \cdot \dfrac{AC}{BC} = 1$，故 D、E、F 三点共线，再依照上题可证 D'、E'、F' 三点共线.

4. 因 $BM = BN$，$CN = CP$，$AP = AM$，故由塞瓦定理可证.

5. 因 AL、BM、CN 三线共点，故 $\dfrac{\overline{LB}}{\overline{LC}} \cdot \dfrac{\overline{MC}}{\overline{MA}} \cdot \dfrac{\overline{NA}}{\overline{NB}} = -1$，再仿照第 2 题的方法进行证明.

6. 设 $A'L$、$B'M$、$C'N$ 分别与 $B'C'$、$C'A'$、$A'B'$ 相交于 L'、M'、N'. 因 AL、BM、CN 共点，故 $\dfrac{\overline{LB}}{\overline{LC}} \cdot \dfrac{\overline{MC}}{\overline{MA}} \cdot \dfrac{\overline{NA}}{\overline{NB}} = -1$. 因 $B'C' \mathbin{/\mkern-5mu/} CB$，故 $\dfrac{\overline{L'C'}}{\overline{L'B'}} = \dfrac{\overline{LB}}{\overline{LC}}$；同理，$\dfrac{\overline{M'A'}}{\overline{M'C'}} = \dfrac{\overline{MC}}{\overline{MA}}$，$\dfrac{\overline{N'B'}}{\overline{N'A'}} = \dfrac{\overline{NA}}{\overline{NB}}$. 三式相乘，仍等于 -1，故 $A'L'$、$B'M'$、$C'N'$ 三线共点.

7. 易知 $\dfrac{\overline{RC}}{\overline{RB}} \cdot \dfrac{\overline{QB}}{\overline{QA}} \cdot \dfrac{\overline{PA}}{\overline{PC}} = 1$，$\dfrac{\overline{TD}}{\overline{TC}} \cdot \dfrac{\overline{PC}}{\overline{PA}} \cdot \dfrac{\overline{SA}}{\overline{SD}} = 1$．设 QS 与 BD 交于 F，则 $\dfrac{\overline{QA}}{\overline{QB}} \cdot \dfrac{\overline{FB}}{\overline{FD}} \cdot \dfrac{\overline{SD}}{\overline{SA}} = 1$．三式相乘，得 $\dfrac{\overline{RC}}{\overline{RB}} \cdot \dfrac{\overline{TD}}{\overline{TC}} \cdot \dfrac{\overline{FB}}{\overline{FD}} = 1$，所以 R、T、F 三点共线，即 QS、BD、RT 三线交于一点 F．若 $QS /\!/ BD$，则 $\dfrac{\overline{QA}}{\overline{QB}} = \dfrac{\overline{SA}}{\overline{SD}}$．因为 $\dfrac{\overline{RB}}{\overline{RC}} \cdot \dfrac{\overline{PC}}{\overline{PA}} \cdot \dfrac{\overline{QA}}{\overline{QB}} = \dfrac{\overline{TD}}{\overline{TC}} \cdot \dfrac{\overline{PC}}{\overline{PA}} \cdot \dfrac{\overline{SA}}{\overline{SD}} = 1$，所以 $\dfrac{\overline{RB}}{\overline{RC}} = \dfrac{\overline{TD}}{\overline{TC}}$，因此 $RT /\!/ BD$，即 QS、BD、RT 互相平行．

8. 设 ED 与 CB 交于 P，AF 与 DE、CB 分别交于 Q、R，则 BXA、DZC、AEC、EYF、DBF 五条直线都是 $\triangle PQR$ 的截线，所以 $\dfrac{\overline{XP}}{\overline{XQ}} \cdot \dfrac{\overline{AQ}}{\overline{AR}} \cdot \dfrac{\overline{BR}}{\overline{BP}} = 1$，$\dfrac{\overline{ZQ}}{\overline{ZR}} \cdot \dfrac{\overline{CR}}{\overline{CP}} \cdot \dfrac{\overline{DP}}{\overline{DQ}} = 1$，$\dfrac{\overline{AQ}}{\overline{AR}} \cdot \dfrac{\overline{CR}}{\overline{CP}} \cdot \dfrac{\overline{EP}}{\overline{EQ}} = 1$，$\dfrac{\overline{YR}}{\overline{YP}} \cdot \dfrac{\overline{EP}}{\overline{EQ}} \cdot \dfrac{\overline{FQ}}{\overline{FR}} = 1$，$\dfrac{\overline{BR}}{\overline{BP}} \cdot \dfrac{\overline{DP}}{\overline{DQ}} \cdot \dfrac{\overline{FQ}}{\overline{FR}} = 1$，五式连乘，得 $\dfrac{\overline{XP}}{\overline{XQ}} \cdot \dfrac{\overline{ZQ}}{\overline{ZR}} \cdot \dfrac{\overline{YR}}{\overline{YP}} = 1$．又因 X、Y、Z 分别为 $\triangle PQR$ 三边（或延长线）上的点，故 X、Z、Y 三点共线．

9. 作 $AD \perp BC$，$BE \perp CA$，$CF \perp AB$，垂足分别为 D、E、F，则 AD、BE、CF 交于一点，所以 $BD^2 + CE^2 + AF^2 = CD^2 + AE^2 + BF^2$．但 $BCAA'$ 是等腰梯形，故为轴对称图形，所以 $BD' = CD$，$CD' = BD$．同理，$CE' = AE$，$AE' = CE$；$AF' = BF$，$BF' = AF$，所以 $BD'^2 + CE'^2 + AF'^2 = CD'^2 + AE'^2 + BF'^2$，故 $A'D'$、$B'E'$、$C'F'$ 三线共点．

习　题　22

1. 由定理 5. 37 知，$\dfrac{\overline{PB}}{\overline{PC}} = \dfrac{AB \cdot \sin \overline{\angle PAB}}{AC \cdot \sin \overline{\angle PAC}}$，$\dfrac{\overline{QB}}{\overline{QC}} =$

$\dfrac{AB \cdot \sin \overline{\angle QAB}}{AC \cdot \sin \overline{\angle QAC}}$，两式相乘，并注意 $\sin \overline{\angle PAB} = -\sin \overline{\angle QAC}$，

$\sin \overline{\angle PAC} = -\sin \overline{\angle QAB}$，化简即得.

2. $\dfrac{\overline{AB}}{\overline{AC}} = \dfrac{OB \cdot \sin \overline{\angle AOB}}{OC \cdot \sin \overline{\angle AOC}}$，$\dfrac{\overline{A'B'}}{\overline{A'C'}} = \dfrac{OB' \cdot \sin \overline{\angle A'OB'}}{OC' \cdot \sin \overline{\angle A'OC'}}$，两

式相除即得.

3. 由第 1 题知，$\dfrac{\overline{PB}}{\overline{PC}} \cdot \dfrac{\overline{P'B}}{\overline{P'C}} = \dfrac{AB^2}{AC^2}$，$\dfrac{\overline{QC}}{\overline{QA}} \cdot \dfrac{\overline{Q'C}}{\overline{Q'A}} = \dfrac{BC^2}{AB^2}$，$\dfrac{\overline{RA}}{\overline{RB}}$

$\cdot \dfrac{\overline{R'A}}{\overline{R'B}} = \dfrac{AC^2}{BC^2}$，所以 $\dfrac{\overline{PB}}{\overline{PC}} \cdot \dfrac{\overline{P'B}}{\overline{P'C}} \cdot \dfrac{\overline{QC}}{\overline{QA}} \cdot \dfrac{\overline{Q'C}}{\overline{Q'A}} \cdot \dfrac{\overline{RA}}{\overline{RB}} \cdot \dfrac{\overline{R'A}}{\overline{R'B}} =$

1. 但 AP、BQ、CR 三线共点，所以 $\dfrac{\overline{PB}}{\overline{PC}} \cdot \dfrac{\overline{QC}}{\overline{QA}} \cdot \dfrac{\overline{RA}}{\overline{RB}} = -1$，因此

$\dfrac{\overline{P'B}}{\overline{P'C}} \cdot \dfrac{\overline{Q'C}}{\overline{Q'A}} \cdot \dfrac{\overline{R'A}}{\overline{R'B}} = -1$，故 AP'、BQ'、CR' 三线共点.

4. 延长 AO，交 EF 于 K，则 $(AOCK) = -1$. 所以 $E(AOCK) = -1$，但 $EA \parallel GO$，由定理 5.41 知，OG 被 DE 所平分. 其余同理.

5. 延长 AO，交 EF 于 K，又延长 BD、EF，相交于 L，则 $(EKFL) = -1$，所以 $O(EKFL) = -1$. 但 $OK \perp OL$，由定理 5.42 知，OK 平分 $\angle EOF$.

6. 设 GH 与 BC 相交于一点 P，则 $(BDCP) = -1$. 故 P 为定点.

习　题　23

2. 先作 $\triangle AB'C'$, 使它的三边的比为 $4:5:6$. 延长 $C'B'$ 至 D', 使 $B'D' = AB'$; 延长 $B'C'$ 至 E', 使 $C'E' = AC'$. 在 AD' 上任取一点 D'', 作 $D''E''/\!/D'E'$, 并使 $D''E''$ 等于已知的周长. 作 $E''E/\!/AD''$, 交 AE' 于 E. 过 E 作 $DE/\!/D''E''$, 交 AB' 于 B, 交 AC 于 C. 则 $\triangle ABC$ 即为所求.

3. 设已知三角形为 $\triangle ABC$, 将 BA 延长至 D, 使 $AD = \dfrac{3}{2}BA$. 以 BD 为直径作半圆, 过点 A 作 BD 的垂线, 交半圆于 E. 以 A 为圆心、AE 为半径作弧, 交 BD 于 F, 连 FC. 过 A 作 $AG/\!/FC$, 交 BC 于 G, 则点 G 即为所求.

4. 设已知三角形为 $\triangle ABC$, 将 BC 延长至 D, 使 $CD = \dfrac{2}{3}BC$. 以 BD 为直径作半圆, 过 C 作 $CE \perp BD$, 交半圆于 E. 以 C 为圆心、CE 为半径作弧, 交 BC 于 F. 过 F 作 $FG/\!/AC$, 交 AB 于 G. 过 G 作 $GH/\!/BC$, 交 AC 于 H. 则 $\triangle AGH$ 即为所求.

5. 设 $DEFG$ 为已知 $\triangle ABC$ 的内接正方形, DE 在 BC 上, G、F 分别在 AB、AC 上. 作 $AH \perp BC$, 交 GF 于 K. 设正方形的边长为 x, $BC = a$, $AH = h$, $AK = h - x$. 因为 $\triangle ABC \backsim \triangle AGF$, 所以 $AH : AK = BC : GF$, 即 $h : (h - x) = a : x$, 所以 $x = \dfrac{ah}{a + h}$, 故 x 可作.

6. 设已知梯形上下两底的长分别为 a、b, 高为 h. 又设正方形的边长为 x, 则 $x^2 = \dfrac{1}{2}(a + b)h$. x 为 $\dfrac{1}{2}(a + b)$ 与 h 的比例中项, 故 x 可作.

7. (1) 设 $x^2 = ab$，$y^2 = bc$，$z^2 = ca$，则线段 x、y、z 分别为 a 与 b、b 与 c、c 与 a 的比例中项而可作出. 作直角 $\triangle ABC$，使 $\angle ABC = 90°$，$AB = x$，$BC = y$，又过 C 作 $CD \perp AC$，使 $CD = z$，则 AD 即为所求线段. (2) $\sqrt[4]{a^4 + b^4} = \sqrt{a \sqrt{a^2 + \left(\dfrac{b^2}{a}\right)^2}}$，先作 $x = \dfrac{b^2}{a}$，次作 $y = \sqrt{a^2 + x^2}$，再作 $z = \sqrt{ay}$，则 z 即为所求线段. (3) $\sqrt[4]{5}c = \sqrt{c \sqrt{c \cdot 5c}}$，先作 $x = \sqrt{c \cdot 5c}$，再作 $y = \sqrt{cx}$，则 y 即所求线段.

习　题　24

2. 连 BD'，则 $\angle HBD = 90° - \angle ACB$，$\angle D'BD = \angle D'AC = 90° - \angle ACB$，所以 $\angle HBD = \angle D'BD$，因此直角 $\triangle HBD \cong$ 直角 $\triangle D'BD$，所以 $HD = DD'$，$HD : HD' = 1 : 2$. 同理，$HE : HE' = HF : HF' = 1 : 2$.

3. (1) 因为 B、F、E、C 四点共圆，所以 $\angle AEF = \angle ABC$，$\angle AFE = \angle ACB$，故 $\triangle AEF \backsim \triangle ABC$. 其余同理. (2) $\triangle AEF$ 与 $\triangle ABC$ 的两条相似轴就是 $\angle BAC$ 的平分线和外角平分线，其余同理. (3) $\triangle AEF$ 与 $\triangle DBF$ 的相似中心为点 F. 其他两组三角形的相似中心分别为点 D 和点 E.

4. 作 $\triangle AB'C'$，使 $\angle A = $ 顶角 α，$AB' : AC' = m : n$，在 $B'C'$（或延长线）上取 $B'E = $ 底边 a，过 E 作 $EC // AB'$，交 AC' 于 C，过 C 作 $CB // EB'$，交 AB' 于 B，则 $\triangle ABC$ 即为所求.

5. 在 BA 上取 BD'，在 CA 上取 CE'，使 $BD' = CE'$. 过 E' 作 $FE' // BC$，以 D' 为圆心、$D'B$ 为半径作弧，交 FE' 于 G，作 $GH // AC$，交 BC 于 H，则 $BD' = D'G = GH$. 连 BG 并延长，交 AC 于 E，过 E 作 $ED // GD'$，交 AB 于 D，则 D、E 两点即为所求.

6. 取已知四边形的任一顶点为位似中心,作已知四边形的位似形:(1) 以 $3:2$ 为位似系数;(2) 以 $1:\sqrt{3}$ 为位似系数.

7. 在扇形的两条半径 OA、OB 上取 $OE' = OF'$,以 $E'F'$ 为一边在扇形内作正方形 $E'F'G'H'$.连 OG'、OH',延长后分别交扇形的弧于 G、H.连 GH,作 $GF /\!/ G'F'$,$HE /\!/ H'E'$,分别交扇形的半径于 F、E.连 EF,则 $EFGH$ 即为所求.

8. 连 OP,并延长至 O',使 $PO' = \dfrac{1}{2}PO$,以 O' 为圆心、$\odot O$ 半径的一半为半径作 $\odot O'$.$\odot O'$ 与 $\odot O$ 相交于 A,连 $O'A$.过 O 作 $\odot O$ 的半径 $OB /\!/ AO'$,则 A、P、B 三点共线,AB 即为所求.

9. 设 OA、OB 为 $\odot O$ 中的两条定半径,连 AB,并向两方分别延长至 C、D,使 $CA = AB = BD$.连 OC、OD,分别交 $\odot O$ 于 E、F,则 EF 即为所求.

10. 以 m、n、p 为三边作 $\triangle A'B'C'$,作它的内切圆 $\odot O'$,设它的半径为 r'.以已知圆的圆心 O 为圆心、r' 为半径作同心圆 $\odot O(r')$.作 $\odot O(r')$ 的外切三角形 $\triangle A''B''C''$,使 $\triangle A''B''C'' \backsim \triangle A'B'C'$.作已知圆 $\odot O$ 的切线,分别平行于 $\triangle A''B''C''$ 的三边,则这三条切线所围成的 $\triangle ABC$ 即为所求.

总 复 习 题

1. 因为 $\angle ABC + \angle BAH = \angle EAK + \angle BAH = 90°$,所以 $\angle ABC = \angle EAK$,因此 $\angle DBC = 90° + \angle ABC = 90° + \angle EAK = \angle BAK$,故 $\triangle DBC \cong \triangle BAK$(SAS),所以 $CD = BK$.

2. (1) 因为 $\angle CAE = 45°$,$\angle FAB = 45°$,$\angle BAC = 90°$,所以 $\angle FAE = 180°$.(2) 因为 A、B、D、C 四点共圆,而 $BD = CD$,所以

$\angle BAD = \angle CAD = 45°$, 因此 $\angle FAD = 90°$.

3. 取 AB 的中点 M, 连 EM、FM、OM、OE、OF. 则 C、M、O、E 四点共圆, 所以 $\angle CME = \angle COE$; O、M、F、D 四点共圆, 所以 $\angle FMD = \angle FOD$. 因为 $\triangle CEO \cong \triangle DFO$, 所以 $\angle COE = \angle DOF$, 因此 $\angle CME = \angle FMD$, 所以 E、M、F 三点共线, 即 EF 平分 AB.

4. 连 BK、CK. 因 AK 为直径, 故 $BK \perp AB$, $CK \perp AC$. 又因为 $CH \perp AB$, $BH \perp AC$, 所以 $BH /\!/ CK$, $CH /\!/ BK$. 因此 $BKCH$ 为平行四边形, 所以 HK 与 BC 互相平分.

5. 因为 $EF /\!/ BC$, 所以 $\angle DEF = \angle DCB = \angle DAB$. 因为 $\angle EFD = \angle AFE$, 所以 $\triangle EFD \backsim \triangle AFE$, 因此 $EF : AF = FD : EF$, 即 $EF^2 = AF \cdot FD$. 又因为 $FG^2 = AF \cdot FD$, 所以 $EF = FG$.

6. 连 FB、EB. 因 $EH /\!/ AB$, 故 $\angle HEB = \angle ABE$. 又因为 $AE = AB$, 所以 $\angle ABE = \angle AEB$, 故 $\angle HEB = \angle AEB$. 所以直角 $\triangle HEB \cong$ 直角 $\triangle FEB$, 因此 $EF = EH$.

7. 因为 $\angle MPD = \angle A$, $\angle MDP = \angle BDE = 90° - \angle B = \angle A$, 所以 $\angle MPD = \angle MDP$, 因此 $MP = MD$. 因为 $\angle MPC = 90° - \angle MPD = 90° - \angle A = \angle B$, $\angle MCP = 90° - \angle A = \angle B$, 所以 $\angle MPC = \angle MCP$, 因此 $MP = MC$.

8. 因为 $\angle BDF = 135°$, $DB = DF$, 所以 $\angle DBF = \angle F = 22.5°$, 故 $\angle GHD = \angle DBF + \angle BDA = 67.5°$. 因为 $AB \underline{/\!/} ED$, 所以 $ABDE$ 为平行四边形, 故 $AE /\!/ BD$, 所以 $\angle AGB = \angle ABG = 22.5°$, 因此 $AG = AB = AD$. 但 $\angle DAG = 45°$, 所以 $\angle GDA = \frac{1}{2}(180° - 45°) = 67.5°$. 因此 $\angle GDA = \angle GHD$, 故 $GD = GH$.

9. 作 $FH /\!/ AP$, 与 PC 交于 H, 作 $FG /\!/ CP$, 与 PA 交于 G. 则

$\dfrac{GF}{PD}=\dfrac{AF}{AD},\dfrac{HF}{PA}=\dfrac{FD}{AD}$,所以$\dfrac{GF}{PD}+\dfrac{HF}{PA}=\dfrac{AF}{AD}+\dfrac{FD}{AD}=1$.同理,$\dfrac{HF}{PB}+\dfrac{GF}{PC}$

$=1$. 所以 $\dfrac{GF}{PD}+\dfrac{HF}{PA}=\dfrac{HF}{PB}+\dfrac{GF}{PC}$, 因此 $GF\left(\dfrac{1}{PD}-\dfrac{1}{PC}\right)=$

$HF\left(\dfrac{1}{PB}-\dfrac{1}{PA}\right)$. 因 $\dfrac{1}{PA}+\dfrac{1}{PD}=\dfrac{1}{PB}+\dfrac{1}{PC}$,故 $\dfrac{1}{PD}-\dfrac{1}{PC}=\dfrac{1}{PB}-\dfrac{1}{PA}$,所

以 $GF=HF$,因此 $PHFG$ 为菱形,所以 PF 平分 $\angle APC$.

10. 因 B'、C'、E、F 四点共圆,故 $\angle DB'C'=\angle DEF$.但 $\angle DEF$ $=\angle FDB$,所以 $\angle DB'C'=\angle FDB$,因此 $B'C'\,/\!/\,BC$.同理,$C'A'\,/\!/$ CA,$A'B'\,/\!/\,AB$,故 $\triangle ABC$ 与 $\triangle A'B'C'$ 为位似形.

11. 若 l 与 l' 相交于 O,因为 $BC'\,/\!/\,B'C$,所以 $\dfrac{OB}{OC}=\dfrac{OC'}{OB'}$.同理,

$\dfrac{OC}{OA}=\dfrac{OA'}{OC'}$.两式相乘,得 $\dfrac{OB}{OA}=\dfrac{OA'}{OB'}$,所以 $AB'\,/\!/\,A'B$.若 $l\,/\!/\,l'$,因为

$BC'\,/\!/\,B'C$,$CA'\,/\!/\,C'A$,所以 $BCB'C'$、$CAC'A'$ 都是平行四边形.故

$BC=B'C'$,$CA=C'A'$,因此 $AB=A'B'$,所以 $ABA'B'$ 为平行四边

形,故 $AB'\,/\!/\,A'B$.

12. 连 AO、BO、CO,延长后分别交 BC、CA、AB 于 G、H、I,则

$\dfrac{OG}{AG}=\dfrac{OA'}{AD},\dfrac{OH}{BH}=\dfrac{OB'}{BE},\dfrac{OI}{CI}=\dfrac{OC'}{CF}$.由 5.2 节的例 3 知,$\dfrac{OG}{AG}+\dfrac{OH}{BH}+$

$\dfrac{OI}{CI}=1$,所以 $\dfrac{OA'}{AD}+\dfrac{OB'}{BE}+\dfrac{OC'}{CF}=1$.但 $AD=BE=CF=k$,所以 OA'

$+OB'+OC'=k$.

13. 过点 A 作圆的切线,分别与 BE、CF 的延长线相交于 K、L,

易证 $KBCL$ 为等腰梯形,AD 为两底中点连线,$BE=BD=CD=$

CF,$EF\,/\!/\,BC\,/\!/\,KL$.所以 $EM=FM$,$GM=HM$,因此 $EG=FH$.因

$\dfrac{HM}{CD}=\dfrac{AH}{AC}=\dfrac{LF}{LC}$,故 $HM=\dfrac{CD\cdot LF}{LC}$.因 $\dfrac{FH}{AL}=\dfrac{CF}{LC}$,故 $FH=$

$\dfrac{AL \cdot CF}{LC}$.因为 $LF = AL$，$CF = CD$，所以 $HM = FH$.因此 $GH = EG + FH$.

14. 在 $\triangle EFA$ 和 $\triangle EAC$ 中，$\angle AEF = \angle CEA$，$\dfrac{EF}{EA} = \dfrac{1}{\sqrt{2}} = \dfrac{\sqrt{2}}{2}$，

$\dfrac{EA}{EC} = \dfrac{\sqrt{2}}{2}$，所以 $\triangle EFA \backsim \triangle EAC$，故 $\angle EFA = \angle EAC$.因为 $\angle BAE + \angle EAC + \angle DAC = 90°$，而 $\angle BAE = \angle 1$，$\angle EAC = \angle EFA = \angle 2$，$\angle DAC = \angle 3$，所以 $\angle 1 + \angle 2 + \angle 3 = 90°$.

15. 作 $MN \perp AA'$，$OB \perp AA'$，$O'C \perp AA'$，则 $MN \parallel OB \parallel O'C$.因为 M 为 OO' 的中点，所以 N 为 BC 的中点，且 $BC = \dfrac{1}{2}AA'$.

因为 $QA' = \dfrac{1}{2}AA'$，所以 $BC = QA'$，因此 $BQ = CA' = PC$，所以 $PN = QN$，故 $MP = MQ$.

16. 因为 $\angle AEB = \angle DAC = \angle ABC$，所以 $\triangle ABC \backsim \triangle AEB$，因此 $AC : AB = AB : AE$.

17. 设 $\triangle ABD$、$\triangle ACD$ 的内切圆半径分别为 R、r.因 $\triangle ABD \backsim \triangle CAD$，故 $AD^2 = BD \cdot CD$，所以 $\dfrac{\pi R^2}{\pi r^2} = \dfrac{R^2}{r^2} = \dfrac{BD^2}{AD^2} = \dfrac{BD^2}{BD \cdot CD} = \dfrac{BD}{CD}$.

18. (1) 因为 $\triangle DHF \backsim \triangle DEA$，所以 $DH : DE = DF : DA$，故 $DA \cdot DH = DE \cdot DF$.(2) 因为 D、H、E、C 四点共圆，所以 $BE \cdot BH = BD \cdot BC$.因为 D、H、F、B 四点共圆，所以 $CF \cdot CH = BC \cdot DC$.两式相加即得.(3) 易知 $BE \cdot BH + CF \cdot CH = BC^2$.同理，$CF \cdot CH + AD \cdot AH = CA^2$，$AD \cdot AH + BE \cdot BH = AB^2$.三式相加即得.

19. 设 AC、BD 交于 E，则 $\angle BAC = \angle DAC = \angle EBC$，$\angle BCA = \angle ECB$，所以 $\triangle CAB \backsim \triangle CBE$，因此 $AC : BC = BC : CE$，所以 $AC \cdot CE = BC^2$，即 $AC(AC - AE) = BC^2$，所以 $AC \cdot AE = AC^2 - BC^2$. 但 $\angle ABD = \angle ACD$，$\angle BAE = \angle CAD$，所以 $\triangle ABE \backsim \triangle ACD$，因此 $AB : AE = AC : AD$，所以 $AB \cdot AD = AC \cdot AE$，代入上式即得.

20. 因为 A、B、D、C 四点共圆，所以 $\angle ABC = \angle ADC = \angle ACE$，又因为 $\angle BAC = \angle CAE$，所以 $\triangle ACE \backsim \triangle ABC$.

21. 连 PA，PC，则 $PCDA$ 为圆内接四边形，$\angle PAH = \angle PCD$，所以 $\angle APH = \angle GPC$，因此直角 $\triangle PAH \backsim$ 直角 $\triangle PCG$，同理，$\triangle PEA \backsim \triangle PFC$. 再应用定理 5.18. 其余同理.

22. (1) 先证 $\angle ATB = 90°$，次证 $\angle BTN = \angle NBS = 90° - \angle TBA = \angle TAB$，所以直角 $\triangle NBT \backsim$ 直角 $\triangle BTA$. 同理，$\triangle BTA \backsim \triangle TAM$. 再应用定理 5.18. (2)(3) 连 OA、$O'B$，设 $OA = R$，$O'B = r$，先证 $\dfrac{SO}{SO'} = \dfrac{R}{r}$，次证 $\dfrac{SM}{ST} = \dfrac{SO + R}{SO' + r} = \dfrac{R}{r}$ 及 $\dfrac{ST}{SN} = \dfrac{SO - R}{SO' - r} = \dfrac{R}{r}$. 再连 OC，作 $O'E' /\!/ OC$，交 SC 于 E'，证明 $\dfrac{OC}{O'E'} = \dfrac{SO}{SO'} = \dfrac{R}{r}$，所以 $O'E' = r$，故 E' 在圆周上，即 $\dfrac{SC}{SE} = \dfrac{R}{r}$. 同理，$\dfrac{SD}{SF} = \dfrac{R}{r}$. 故 $MCDT$ 与 $TEFN$ 为位似形，$AMCDT$ 与 $BTEFN$ 亦为位似形.

23. 连 FA，则 $FA = FD$. 因为 $\angle FAC = \angle FAD - \angle DAC = \angle FDA - \angle DAB = \angle B$，$\angle AFB = \angle AFB$，所以 $\triangle FAC \backsim \triangle FBA$，故 $FC : FA = FA : FB$，将 $FA = FD$ 代入即得.

24. (1) 连 DO，延长后交圆于 E，则 DE 为直径，连 AE、CE，因为 $\angle ECD = 90°$，所以 $EC /\!/ AB$，因此 $\overset{\frown}{AE} = \overset{\frown}{BC}$，所以 $AE = BC$. 易知 $PB^2 + PC^2 = BC^2 = AE^2$，$PA^2 + PD^2 = AD^2$，两式相加，得 $PA^2 +$

$PB^2 + PC^2 + PD^2 = AE^2 + AD^2 = DE^2 = 4R^2$. (2) 作 $OM \perp AB$, $ON \perp CD$, 垂足分别为 M、N, 则 M、N 分别为 AB、CD 的中点. 连 OA, 则 $AB^2 = (2AM)^2 = 4AM^2 = 4(OA^2 - OM^2) = 4R^2 - 4OM^2$. 同理, $CD^2 = 4R^2 - 4ON^2$. 所以 $AB^2 + CD^2 = 8R^2 - 4(OM^2 + ON^2)$. 但 $OMPN$ 为矩形, 所以 $OM^2 + ON^2 = OP^2$, 代入上式即得.

25. 作 $AM \perp BC$, 则 M 为 BC 的中点.(1)设 P 在 BC 上, 则 $AB^2 - AP^2 = AM^2 + BM^2 - (AM^2 + PM^2) = BM^2 - PM^2 = (BM + PM) \cdot (BM - PM) = (CM + PM)(BM - PM) = PC \cdot PB$.(2)同理可证.

26.(1)连 BM、DM, 则 $AB^2 + BC^2 = 2BM^2 + \dfrac{1}{2}AC^2$, $CD^2 + DA^2 = 2DM^2 + \dfrac{1}{2}AC^2$. 两式相加, 得 $AB^2 + BC^2 + CD^2 + DA^2 = 2(BM^2 + DM^2) + AC^2 = 2\left(2MN^2 + \dfrac{1}{2}BD^2\right) + AC^2 = 4MN^2 + AC^2 + BD^2$.(2) $PA^2 + PC^2 = 2PM^2 + \dfrac{1}{2}AC^2$, $PB^2 + PD^2 = 2PN^2 + \dfrac{1}{2}BD^2$, 两式相加, 得 $PA^2 + PB^2 + PC^2 + PD^2 = 2(PM^2 + PN^2) + \dfrac{1}{2}(AC^2 + BD^2) = 2\left(2PO^2 + \dfrac{1}{2}MN^2\right) + \dfrac{1}{2}(AC^2 + BD^2) = 4PO^2 + MN^2 + \dfrac{1}{2}(AC^2 + BD^2)$. 又有 $OA^2 + OC^2 = 2OM^2 + \dfrac{1}{2}AC^2$, $OB^2 + OD^2 = 2ON^2 + \dfrac{1}{2}BD^2$, 两式相加, 得 $OA^2 + OB^2 + OC^2 + OD^2 = 2(OM^2 + ON^2) + \dfrac{1}{2}(AC^2 + BD^2)$. 但 $OM = ON = \dfrac{1}{2}MN$, $2(OM^2 + ON^2) = MN^2$, 代入前式即得.

27. 设 $KP = x, KQ = y$. 因为 $APKO$ 为矩形, 所以 $AQ = x, AP = y$. 因为 $KP^2 = BP \cdot AP, KQ^2 = CQ \cdot AQ$, 所以 $x^2 = my, y^2 = nx$. 因此 $x = \sqrt[3]{m^2 n}, y = \sqrt[3]{mn^2}$. 但 $BC^2 = AB^2 + AC^2 = (m + y)^2 + (n + x)^2 = m^2 + n^2 + x^2 + y^2 + 2my + 2nx = m^2 + n^2 + 3my + 3nx = m^2 + n^2 + 3m\sqrt[3]{mn^2} + 3n\sqrt[3]{m^2 n} = (\sqrt[3]{m^2} + \sqrt[3]{n^2})^3$, 所以 $BC = (m^{\frac{2}{3}} + n^{\frac{2}{3}})^{\frac{3}{2}}$.

28. 设 MN 与梯形的两腰 AB、CD 分别相交于 M、N, 过 A 作 $AF /\!/ CD$, 交 BC 于 F, 交 MN 于 G; 又作 $AE \perp BC$, 交 BC 于 E, 交 MN 于 H. 设 $AE = h, AH = h_1$, 则 $\dfrac{h_1}{h} = \dfrac{MG}{BF} = \dfrac{MN - 3}{5 - 3}$. 又因为 $3(AD + MN)h_1 = (AD + BC)h$, 所以 $\dfrac{h_1}{h} = \dfrac{AD + BC}{3(AD + MN)} = \dfrac{8}{3(MN + 3)}$. 因此 $\dfrac{MN - 3}{2} = \dfrac{8}{3(MN + 3)}$, 解得 $MN = \sqrt{\dfrac{43}{3}}$(cm).

29. (1) 因为 $\angle AMD = \angle MCF, \angle MAD = \angle MCA = \angle CMF$, 所以 $\triangle AMD \backsim \triangle MCF$, 因此 $AD : AM = MF : MC$, 但 $AM = MC$, 所以 $AD = MF$. (2) 因为 $MF : AC = ME : AE$, 所以 $MF : (AC - MF) = ME : (AE - ME)$, 即 $AD : (AC - AD) = ME : AM$, 亦即 $AD : DC = ME : MB$.

30. 因为 $AD^2 = AF \cdot AB, AC^2 = AE \cdot AB$, 所以 $AD^2 - AC^2 = AB(AF - AE) = AB \cdot EF$. 其余同理.

31. (1) $AC^2 = AD \cdot AB, BC^2 = BD \cdot BC$, 两式相除即得.

(2) $AD^2 = AE \cdot AC, BD^2 = BF \cdot BC$, 两式相除, 得 $\dfrac{AD^2}{BD^2} = \dfrac{AE}{BF} \cdot \dfrac{AC}{BC}$, 所以 $\dfrac{AE}{BF} = \left(\dfrac{AD}{BD}\right)^2 \cdot \dfrac{BC}{AC} = \left(\dfrac{AC^2}{BC^2}\right)^2 \cdot \dfrac{BC}{AC} = \dfrac{AC^3}{BC^3}$. (3) $AE^2 = AG$

· AD，$BF^2 = BH \cdot BD$，两式相除，得 $\dfrac{AE^2}{BF^2} = \dfrac{AG}{BH} \cdot \dfrac{AD}{BD}$，所以 $\dfrac{AG}{BH} =$

$\left(\dfrac{AE}{BF}\right)^2 \cdot \dfrac{BD}{AD}$，将前两小题的结果代入即得.

32. 因 $\angle ABD = \angle DBC$，$AB : BD = BD : BC$，故 $\triangle ABD \backsim$

$\triangle DBC$，因此 $\dfrac{AD}{CD} = \dfrac{AB}{BD} = \dfrac{BD}{BC}$，所以 $\dfrac{AD^2}{CD^2} = \dfrac{AB}{BD} \cdot \dfrac{BD}{BC} = \dfrac{AB}{BC}$. 又因为

$\dfrac{AE}{CE} = \dfrac{AB}{BC}$，所以 $\dfrac{AE}{CE} = \dfrac{AD^2}{CD^2}$.

33. 过 D 作 $DG /\!/ AB$，$DH /\!/ AC$，分别交 BC 于 G、H，则

$\triangle DGH$ 亦为正三角形. 因 $\dfrac{DG}{BF} = \dfrac{GC}{BC}$，$\dfrac{DH}{CE} = \dfrac{BH}{BC}$，两式相加，得 $\dfrac{DG}{BF} +$

$\dfrac{DH}{CE} = \dfrac{GC + BH}{BC} = \dfrac{GH + HC + BH}{BC} = \dfrac{GH + BC}{BC}$. 又因 $DG = DH =$

$GH = \dfrac{1}{2} BC$，代入上式，化简即得.

34.（1）$MA = MD = ME$，由定理 5.39 可证.（2）因 $MA^2 = MB$

· MC，故 $MB : MA = MA : MC$，又因 $\angle CMA = \angle AMB$，故 $\triangle CMA$

$\backsim \triangle AMB$，所以 $\dfrac{AB}{AC} = \dfrac{MB}{MA} = \dfrac{MA}{MC}$，因此 $\dfrac{AB^2}{AC^2} = \dfrac{MB}{MA} \cdot \dfrac{MA}{MC} = \dfrac{MB}{MC}$.

35. 设三角形的三边为 a、b、c，各边上的中线为 m_a、m_b、m_c.
现在分三种情况讨论：

（1）设 $\dfrac{m_a}{a} = \dfrac{m_b}{b} = \dfrac{m_c}{c} = k$，将定理 5.31 的中线公式代入，化简

后得 $\dfrac{2b^2 + 2c^2 - a^2}{a^2} = \dfrac{2c^2 + 2a^2 - b^2}{b^2} = \dfrac{2a^2 + 2b^2 - c^2}{c^2} = 4k^2$. 由等比

定理，得 $\dfrac{3a^2 + 3b^2 + 3c^2}{a^2 + b^2 + c^2} = 4k^2$，所以 $k^2 = \dfrac{3}{4}$，$k = \dfrac{\sqrt{3}}{2}$. 但这种情况是

正三角形，与题目的要求不合.

(2) 设 $\dfrac{m_a}{b} = \dfrac{m_b}{a} = \dfrac{m_c}{c}$，即分子的下标只有一个与分母相同. 仿照情况 (1)，可得 $\dfrac{2b^2 + 2c^2 - a^2}{b^2} = \dfrac{2c^2 + 2a^2 - b^2}{a^2} = 4k^2$. 由等比定理，得 $\dfrac{3b^2 - 3a^2}{b^2 - a^2} = 4k^2$，所以 $k = \dfrac{\sqrt{3}}{2}$. 这种情况是存在的，其充要条件为 $a^2 + b^2 = 2c^2$，例如 $a = 5, b = 3, c = \sqrt{17}$.

(3) 设 $\dfrac{m_a}{b} = \dfrac{m_b}{c} = \dfrac{m_c}{a}$，即分子的下标与分母全不相同. 仿照情况 (1)，可得 $k = \dfrac{\sqrt{3}}{2}$. 但这时 $\dfrac{2b^2 + 2c^2 - a^2}{b^2} = \dfrac{2c^2 + 2a^2 - b^2}{c^2} = 3$，由等比定理，得 $\dfrac{3b^2 - 3a^2}{b^2 - c^2} = 3$，所以 $a = c$. 同理，$b = a$. 所以这种情况仍与题目的要求不合.

36. 设三角形各边长为 a、b、c，各边上的高为 h_a、h_b、h_c，三角形面积为 S. 由习题 23 的第 5 题知，三个正方形的边长分别为 $\dfrac{ah_a}{a + h_a}$、$\dfrac{bh_b}{b + h_b}$、$\dfrac{ch_c}{c + h_c}$. 若此三式相等，因分子都等于 $2S$，必有 $a + h_a = b + h_b = c + h_c$. 设其值为 m，则 a 与 h_a、b 与 h_b、c 与 h_c 都是方程 $x^2 - mx + 2S = 0$ 的根. 这个方程显然不能有等根，否则三角形的三边与三条高全都相等，这是不可能的. 设此方程的根为 x_1、x_2. 若 $a \neq b$，设 $a = x_1, b = x_2$，则 $h_a = x_2, h_b = x_1$. 由垂线的唯一性知，a 和 h_b、b 和 h_a 都要重合，它们的夹角必为直角. 但由习题 3 的第 7 题知，这时 $a + h_a = b + h_b = a + b < c + h_c$，与已知条件矛盾，所以 $a \neq b$ 是不可能的. 同理 $b \neq c$ 也是不可能的. 所以 $a = b = c$.

37. 作 $E'F' \parallel BC$，与 AB、AC 分别相交于 E'、F'. 以 $E'F'$ 为一边作 $\triangle D'E'F'$ 相似于已知三角形，且使 D' 与 A 在 $E'F'$ 的异侧. 连

AD'并延长，交 BC 于 D；作 $DE \parallel D'E'$，交 AB 于 E；作 $DF \parallel D'F'$，交 AC 于 F，连 EF. 则$\triangle DEF$ 即为所求.

38. 设三条高的垂足分别为 D、E、F，作$\triangle DEF$ 的三个旁心和内心. 在这四点中任取三点连成三角形，即为所求. 只需 D、E、F 三点不共线，必有四解.

39. 设正$\triangle ABC$ 已作，B 在$\odot O$ 上，C 在 l 上. 过 A 作 $AC' \perp l$，以 AC' 为一边作正$\triangle AC'B'$，连 BB'. 则在$\triangle ABB'$ 和$\triangle ACC'$中，$AB' = AC'$，$AB = AC$，$\angle BAB' = 60° - \angle B'AC = \angle CAC'$，所以$\triangle ABB' \cong \triangle ACC'$，因此$\angle AB'B = \angle AC'C = 90°$，$BB' \perp AB'$. 因$\triangle AB'C'$可作，这个三角形作出后，过 B' 作 AB' 的垂线，如果与$\odot O$ 相交，则交点即为点 B. AB 作出后，正$\triangle ABC$ 即可作出. 若直线 BB' 与$\odot O$ 交于两点，则有两解；此外，作$\triangle AB'C'$关于 AC 的轴对称图形$\triangle AB''C''$，过 B''作 AB'' 的垂线，若与$\odot O$ 相交，又可得两解. 故本题最多可有四解.

40. 设$\triangle ABC$ 已作出，A 在最外圆上，B 在中间圆上，C 在最内圆上，其中点 A 可以任意选取. 因 $AB = AC$，$\angle A = 60°$，故 B、C 是以 A 为旋转中心、$60°$为旋转角的旋转对应点. 因此，只要在最外圆上任取一点 A，以 A 为旋转中心、$60°$为旋转角作最内圆的对应圆$\odot O'$. 设$\odot O'$与中间圆交于点 B. 再以 A 为旋转中心、$60°$为旋转角，在相反方向作 B 的旋转对应点 C，连 AB、AC、BC，则$\triangle ABC$ 即为所求.

41. 设直线 EF 已作，与腰 AB、CD 分别相交于 E、F，与对角线 BD、AC 分别相交于 G、H. 由习题 18 的第 2 题知，EG 一定等于 HF，故只需使 $EG = GH$ 即可. 连 AG，交 BC 于 M，则 $EG : GH = BM : MC$，故 M 为 BC 的中点. 因此，先取下底 BC 的中点 M，连

AM,交 BD 于 G,过 G 作直线平行于 BC,即为所求.此外,取上底 AD 的中点 N,连 BN,交对角线 AC 于 G',过 G' 作直线平行于 BC,亦为所求.

42. 设△ABC 中,$AB > AC$,$EF \perp BC$,EF 交 AB 于 E,交 BC 于 F,且 EF 平分△ABC 的面积,则 $BE \cdot BF = \dfrac{1}{2}AB \cdot BC$.作 $AD \perp BC$,则 $\dfrac{BF}{BE} = \dfrac{BD}{AB}$.两式相乘,得 $BF^2 = \dfrac{1}{2}BD \cdot BC$,故 BF 为 $\dfrac{1}{2}BD$ 与 BC 的比例中项,从而点 F 可求得.

43. 设直线 CPD 已作,$PC : PD = m : n$,则点 C 是以 P 为逆位似心、$-\dfrac{m}{n}$ 为位似系数的点 D 的位似对应点.又由于 C 在 OA 上,D 在 OB 上,因此,以 P 为逆位似心、$-\dfrac{m}{n}$ 为位似系数作 OA 的对应直线,与 OB 交于 D,连 DP,延长后交 OA 于 C,则 CD 即为所求.

44. 设⊙I 为△ABC 的内切圆,⊙I_a 为与 BC 相切的旁切圆,⊙I 与 BC、CA、AB 分别相切于 D、E、F,⊙I_a 与 BC、CA、AB 分别相切于 D_a、E_a、F_a,则 $AE = p - a$,$AE_a = p$,$CE_a = p - b$,$CE = p - c$.因为△$AIE \backsim \triangle AI_aE_a$,所以 $\dfrac{IE}{I_aE_a} = \dfrac{AE}{AE_a}$,即 $\dfrac{r}{r_a} = \dfrac{p-a}{p}$ ①.因为 △$CIE \backsim \triangle I_aCE_a$,所以 $\dfrac{IE}{CE_a} = \dfrac{CE}{I_aE_a}$,即 $\dfrac{r}{p-b} = \dfrac{p-c}{r_a}$,亦即 $rr_a = (p-b)(p-c)$ ②.①×②,得 $r^2 = \dfrac{(p-a)(p-b)(p-c)}{p}$.由①式,有 $\dfrac{r_a}{r} = \dfrac{p}{p-a}$ ③,②×③,得 $r_a^2 = \dfrac{p(p-b)(p-c)}{p-a}$.

45. 设四边形 $ABCD$ 的对角线相交于 O,$OX \parallel CD$,交 BA 于 X,$OY \parallel AD$,交 BC 于 Y,$OZ \parallel BA$,交 CD 于 Z,$OW \parallel BC$,交 AD

于 W. 又设 AD、BC 交于 E，BA、CD 交于 F. 因 $OX /\!/ CD$，故 $\dfrac{\overline{XA}}{\overline{XF}} =$

$\dfrac{\overline{OA}}{\overline{OC}}$，$\dfrac{\overline{XF}}{\overline{XB}} = \dfrac{\overline{OD}}{\overline{OB}}$，所以 $\dfrac{\overline{XA}}{\overline{XF}} \cdot \dfrac{\overline{XF}}{\overline{XB}} = \dfrac{\overline{XA}}{\overline{XB}} = \dfrac{\overline{OA}}{\overline{OC}} \cdot \dfrac{\overline{OD}}{\overline{OB}}$①. 因

$OY /\!/ AD$，故 $\dfrac{\overline{YB}}{\overline{YE}} = \dfrac{\overline{OB}}{\overline{OD}}$②. 因 $OW /\!/ BC$，故 $\dfrac{\overline{WE}}{\overline{WA}} = \dfrac{\overline{OC}}{\overline{OA}}$③. ①×②

×③，得 $\dfrac{\overline{XA}}{\overline{XB}} \cdot \dfrac{\overline{YB}}{\overline{YE}} \cdot \dfrac{\overline{WE}}{\overline{WA}} = \dfrac{\overline{OA}}{\overline{OC}} \cdot \dfrac{\overline{OD}}{\overline{OB}} \cdot \dfrac{\overline{OB}}{\overline{OD}} \cdot \dfrac{\overline{OC}}{\overline{OA}} = 1$. 又因

为 X、Y、W 是△ABE 三边（或延长线）上的点，所以 X、Y、W 三点共线. 同理，X、Y、Z 三点共线. 因此 X、Y、Z、W 四点共线.

46. 由已知条件可得 $\dfrac{\overline{DB}}{\overline{DC}} \cdot \dfrac{\overline{EC}}{\overline{EA}} \cdot \dfrac{\overline{FA}}{\overline{FB}} = -1$. 但 $\dfrac{\overline{DB}}{\overline{DC}} =$

$-\dfrac{\overline{PB}}{\overline{PC}}$，$\dfrac{\overline{EC}}{\overline{EA}} = -\dfrac{\overline{QC}}{\overline{QA}}$，$\dfrac{\overline{FA}}{\overline{FB}} = -\dfrac{\overline{RA}}{\overline{RB}}$，所以 $\dfrac{\overline{PB}}{\overline{PC}} \cdot \dfrac{\overline{QC}}{\overline{QA}} \cdot \dfrac{\overline{RA}}{\overline{RB}} = 1$.

47. 取 BE 的中点 P、CE 的中点 Q、BC 的中点 R，先证 P、Q、N

三点共线，Q、R、L 三点共线，P、R、M 三点共线；次证 $\dfrac{\overline{LQ}}{\overline{LR}} = \dfrac{\overline{AE}}{\overline{AB}}$，

$\dfrac{\overline{MR}}{\overline{MP}} = \dfrac{\overline{DC}}{\overline{DE}}$，$\dfrac{\overline{NP}}{\overline{NQ}} = \dfrac{\overline{FB}}{\overline{FC}}$；再在△$BCE$ 中，将直线 ADF 看做截线，证

明 $\dfrac{\overline{AE}}{\overline{AB}} \cdot \dfrac{\overline{DC}}{\overline{DE}} \cdot \dfrac{\overline{FB}}{\overline{FC}} = 1$.

中国科学技术大学出版社
中小学数学用书(部分)

母函数(第2版)/*史济怀*

磨光变换/*常庚哲*

抽屉原则/*常庚哲*

反射与反演(第2版)/*严镇军*

从勾股定理谈起(第2版)/*盛立人 严镇军*

数列与数集/*朱尧辰*

三角不等式及其应用(第2版)/*张运筹*

三角恒等式及其应用(第2版)/*张运筹*

根与系数的关系及其应用(第2版)/*毛鸿翔*

递推数列/*陈泽安*

组合恒等式/*史济怀*

三角函数/*单壿*

向量几何/*余生*

同中学生谈排列组合/*苏淳*

趣味的图论问题/*单壿*

有趣的染色方法/*苏淳*

不定方程/*单壿 余红兵*

概率与期望/*单壿*

组合几何/*单壿*

解析几何的技巧(第4版)/*单壿*

高中数学竞赛教程(第2版)/严镇军　单墫　苏淳　等

全俄中学生数学奥林匹克(2007—2019)/苏淳

第51—76届莫斯科数学奥林匹克/苏淳　申强

解析几何竞赛读本/蔡玉书

平面几何题的解题规律/周沛耕　刘建业

高中数学进阶与数学奥林匹克.上册/马传渔　张志朝　陈荣华

高中数学进阶与数学奥林匹克.下册/马传渔　杨运新

名牌大学学科营与自主招生考试绿卡·数学真题篇(第2版)
　　/李广明　张剑

重点大学自主招生数学备考用书/甘志国

强基计划校考数学模拟试题精选/方景贤

数学思维培训基础教程/俞海东

从初等数学到高等数学.第1卷/彭翕成

亮剑高考数学压轴题/王文涛　薛玉财　刘彦永

理科数学高考模拟试卷(全国卷)/安振平

研究特例/冯跃峰

考察极端/冯跃峰

更换角度/冯跃峰

改造命题/冯跃峰

逐步逼近/冯跃峰

巧妙分解/冯跃峰

充分条件/冯跃峰

引入参数/冯跃峰

图表转换/冯跃峰

建立对应/冯跃峰

借桥过河/冯跃峰

递归求解/冯跃峰